Ehrenstein
Mikroskopie

Gottfried W. Ehrenstein

Mikroskopie

Lichtmikroskopie, Polarisation, Rasterkraftmikroskopie, Fluoreszenzmikroskopie, Rasterelektronenmikroskopie

Erlanger Kunststoff-Schadensanalyse

HANSER

Der Herausgeber:

Prof. em. Dr.-Ing. habil Dr. h. c. Gottfried Wilhelm Ehrenstein, Universität Erlangen-Nürnberg

MIX
Papier aus verantwortungsvollen Quellen
FSC® C016439
www.fsc.org

Bibliografische Information der Deutschen Nationalbibliothek:

Die Deutsche Nationalbibliothek verzeichnet diese Publikation in der Deutschen Nationalbibliografie; detaillierte bibliografische Daten sind im Internet über <http://dnb.ddb.de> abrufbar.

www.hanser-fachbuch.de
Coverconcept: Marc Müller-Bremer, www.rebranding.de, München
Coverrealisierung: Max Kostopoulos
Logo Erlanger Kunststoff-Schadensanalyse: Tobias Mattner, M. Sc.
Satz: Kösel Media GmbH, Krugzell
Druck und Bindung: Druckerei Hubert & Co GmbH und Co KG BuchPartner, Göttingen
Printed in Germany

ISBN: 978-3-446-46130-7
E-Book-ISBN: 978-3-446-46201-4

FIAT IUSTITIA ET PEREAT MUNDUS

von Martin Luther und zuvor von Papst Hadrian

Meiner Frau Ute Threde-Ehrenstein in Dankbarkeit!

Der Herausgeber

(LKT Erlangen)

Prof. em. Dr.-Ing. habil Dr. h. c. Gottfried Wilhelm Ehrenstein wurde 1937 in Danzig geboren und hat nach einem humanistischen Abitur an der Technischen Hochschule Hannover Allgemeinen Maschinenbau studiert. Nach der Promotion (Prof. Matting) arbeitete er 10 Jahre in der Anwendungstechnischen Abteilung Kunststoffe der BASF AG und war gleichzeitig Lehrbeauftragter und nach der Habilitation 1976 Privatdozent der Fakultät für Maschinenbau der Universität Karlsruhe (TH, Prof. Macherauch). Von 1977 bis 1989 war er Inhaber des Lehrstuhls für Werkstoffkunde/Kunststoffe der Universität-Gesamthochschule Kassel. Nach Rufen an die TU Harburg, die Montanuniversität Leoben und die TU Berlin war er ab 1989 Professor für Kunststofftechnik des von ihm neu eingerichteten Lehrstuhls der Universität Erlangen-Nürnberg.

Von 1987 bis 1992 war er nebenamtlich Leiter des Süddeutschen Kunststoffzentrums in Würzburg. 1992 wurde er Honorarprofessor des Chemischen Instituts der Universität Qingdao, China, und 1996 Ehrendoktor der Technischen Universität Budapest. Prof. Ehrenstein ist vereidigter Sachverständiger der IHK Nürnberg für Kunststoffe und Sonderwerkstoffe auf Kunststoffbasis und des Deutschen Instituts für Bautechnik (DIBt), Berlin.

Vorwort

Mikroskopische Untersuchungsmethoden stellen häufig die direkteste und beste Möglichkeit dar, die strukturellen Merkmale von Kunststoffen zu erfassen und daraus Erkenntnisse für die Entwicklung von Schadenshypothesen abzuleiten. Durch geeignete Präparation entsteht ein Kontrast durch unterschiedliches Reflexions- und Absorbtionsvermögen der Materialstruktur in der Abbildung mit dem Mikroskop. Artefaktfreie Präparationstechniken sind für aussagefähige mikroskopische Untersuchungen daher ebenso wie Kenntnisse über die verschiedenen Mikroskopieverfahren eine notwendige Grundvoraussetzung.

Zur lichtmikroskopischen Abbildung werden bei Bedarf Eingriffe in die Beleuchtungsanordnung am Mikroskop vorgenommen. Der Kontrast entsteht bei Durchlichtmikroskopie an Dünnschnitten und Dünnschliffen wahlweise mit Phasenkontrast, Differenzial-Interferenz- und Polarisations-Kontrast.

Bei Auflichtmikroskopie an Anschliffen kann mit Dunkelfeld, schräger Beleuchtung, Differential-Interferenzkontrast und der Fluoreszenzmikroskopie in speziellen Fällen zur Risserkennung der Abbildungskontrast verstärkt werden. Die Auflichtabbildung kann ergänzend mit chemischer und Plasmaätzung zur Reliefbildung auf unterschiedlich angegriffene Präparat-Oberflächen verdeutlicht werden. Nähere Darstellungen hierzu sind im Kapitel 4 „Ätzen für Strukturuntersuchungen“ im Buch „Präparation“ der Reihe „Erlanger Kunststoff-Schadensanalyse“ zu finden. Die mikroskopische Untersuchung von unverstärkten Kunststoffen wird normalerweise am Durchlichtmikroskop mit polarisiertem Licht vorgenommen. Man erkennt in diesem Verfahren:

- das Auftreten und den Verlauf von Rissen
- Lunker und Einschlüsse
- Entmischungen bei mehrphasigen Materialien
- Fließlinien, die z. B. Rückschlüsse auf den Formfüllvorgang und Qualität von Fügevorgängen zulassen
- die Ausbildung von Bindenähten, die als wichtige Anhaltspunkt für den richti-

gen Ort der Angussstelle und die Beurteilung der gewählten Spritzgießparameter dienen

- bei teilkristallinen Thermoplasten die Größe und Form

Weitere Aufnahmetechniken zur Beurteilung von Füll- und Verstärkungsstoffen und deren Anordnung sind mit der Auflichttechnik und der REM gegeben.

Zur mikroskopischen Untersuchung von Oberflächen - insbesondere Bruchflächen - reicht die Tiefenschärfe eines Lichtmikroskops häufig nicht aus. Aus diesem Grund und wegen der hohen Vergrößerungsmöglichkeiten bedient man sich des Rasterelektronenmikroskops (REM), besonders bei:

- Fraktographischen Untersuchungen zur Beschreibung des Bruchverhaltens und Bruchverlaufs mit Aussagen über spröde und duktile Verlaufsmerkmale, Gewalt und Schwingbruch
- Fraktographischen Untersuchungen zur Beschreibung der Bruchmechanismen, besonders bei Füll und Verstärkungsmittel/Matrixkoppelung
- Untersuchungen der Verarbeitung, mit Beurteilung der Polymerisationsgrundstrukturen
- Oberflächenabbildungen zur Kennzeichnung von Kavitation und Tropfenschlag
- Oberflächenabbildungen von Schäden aus äußeren Einwirkungen mit Chemikalien, Temperatur und Strahlung
- Untersuchungen zu Reib- und Verschleißvorgängen, Verschleißrichtungen und Verschleißgrad

Spezialmikroskopieverfahren wie die Rasterkraftmikroskopie und die Fluoreszensmikroskopie erlauben spezielle Untersuchungen. Die Rasterkraftmikroskopie erlaubt die präzise Messung von Wechselwirkungskräften und somit die Untersuchung von Adhäsion, Reibung, Elastizität, Härte und die molekulare Erkennung von funktionalen Oberflächen.

Die Fluoreszenzmikroskopie ermöglicht eine sehr sensitive und spezifische Analyse mit fluoreszierenden Stoffen.

Wesentliche Unterstützung für dieses Fachbuch gab es durch die Leiterinnen der Mikroskopie des Lehrstuhl für Kunststofftechnik der Universität Erlangen Frau Birgit Kaiser, Frau Dipl.-Ing. (FH) Helene Petukhov und Frau Marion Untheim.

Prof. Gottfried W. Ehrenstein, im Juli 2019

Inhalt

1 Lichtmikroskopie

1.1 Mikroskopie

Mikroskopische Untersuchungsmethoden stellen häufig die direkteste und beste Möglichkeit dar, die inneren strukturellen Merkmale von Kunststoffen zu erfassen und zu beurteilen. Da einzelne Moleküle lichtmikroskopisch nicht auflösbar sind, können nur übergeordnete Strukturen oder Beeinflussungen von größeren Bereichen identifiziert und beurteilt werden. Aufgrund des Aufbaus der Kunststoffe sind mehrphasige Systeme, wie teilkristalline Thermoplaste, Polymermischungen sowie gefüllte und verstärkte Kunststoffe leichter mikroskopisch zu beurteilen als amorphe ungefüllte Kunststoffe.

Durch geeignete Präparation und Eingriffe in die Beleuchtungsanordnung bzw. durch geeignete Wahl eines Detektors kann das unterschiedliche Reflexions- und Absorptionsvermögen des Materials zur Darstellung genutzt werden. Es können die verschiedensten Aufgabenstellungen untersucht werden.

Die häufigsten Verarbeitungs- und Beanspruchungsschäden von Formteilen, die mit Dünnschnitt- und Dünnschliffverfahren erkennbar sind, sind in Tabelle 1.1 dem im Normalfall geeignetsten Mikroskopieverfahren zugeordnet.

Tabelle 1.1 Mikroskopieverfahren für die Schadensanalyse

Al-Interferenzkontrast	DL, polarisiert	DL-Phasenkontrast	AL-Dunkelfeld	Durchlicht (DL)	Auflicht (AL)	Mit Mikroskop erkennbar bei Dünnschnitt und Dünnschliff	Untersuchung (Verarbeitungs- und Beanspruchungsfehler)
	•					Scherorientierung, teilkristalline Thermoplaste	
•		•				Scherorientierung, amorphe Thermoplaste	
				•		Scherorientierung, Füll- u. Verstärkungsstoffe	

Tabelle 1.1 Mikroskopieverfahren für die Schadensanalyse *(Fortsetzung)*

Al-Interferenzkontrast	DL, polarisiert	DL-Phasenkontrast	AL-Dunkelfeld	Durchlicht (DL)	Auflicht (AL)	Mit Mikroskop erkennbar bei Dünnschnitt und Dünnschliff	Untersuchung (Verarbeitungs- und Beanspruchungsfehler)
•					•	Scherorientierung, treibmittelh. Kunststoffe	
			•		•	Pigmentfarben (Regranulat)	
	•					Sphärolithgröße	
				•	•	Faserlängen, Pigmentgröße	
			•	•	•	Fremdmaterial	
•			•			Prägefolien mit Lackaufbau	
	•			•		Lunker	
	•	•				Mikro- und Gefügerisse	
	•					Druckzeitlinien	
	•					Spärolitharme Randzonen	
•	•	•			•	Medienangriffe	
				•		Inhomogene Formmasse	
	•					Kerb- und Spannungszustände	
	•	•	•	•	•	Kalte Masseteilchen	
	•			•	•	Bindenähte	
•	•			•		Schweißnähte	
	•				•	Dickenmessung	

Die physikalischen Eigenschaften, wie sie an genormten Probekörpern bestimmt werden und von den Rohstoffherstellern vermittelt werden, differieren oft mit den im Bauteil realisierten, zumal das Verarbeitungsverfahren und die konstruktive Gestaltung einen erheblichen Einfluss auf die Strukturen und Eigenschaften haben. Mittels der Mikroskopieverfahren sind beispielsweise spezielle Aussagen zu folgenden damit verbundenen Effekten möglich:

- Sphärolithstrukturen (Struktur und Abweichungen vom idealen Zustand durch Verarbeitungsunregelmäßigkeiten und unsachgemäße Verarbeitungsparameter bzw. Mehrfachverarbeitung
- Lunker, Fehlstellen, Bindenähte, Delaminationen
- Anisotropien, Molekülorientierungen und Eigenspannungen
- Verunreinigungen, nicht aufgeschmolzenes Material, kalte Pfropfen, ungleiche Strukturen
- Verteilung und Orientierung von Füll- und Verstärkungsstoffen, Pigmenten

- Verbindung zu Einlegeteilen und anderen Komponenten
- übergeordnete Molekülorientierungen, Eigenspannungen durch innere und äußere Kräfte; Deformationen durch Schadensablauf
- chemische Angriffe, Crazes und übergeordnete Sphärolithstrukturen
- keine Feinstrukturen (Lamellen) oder einzelne Makromoleküle oder direkte Molekülorientierungen
- indirekte Hinweise auf Fehler im Werkzeugaufbau oder Bauteilkonstruktion, Gestalten von Ecken, Radien und Wanddicken, Auswerfermarkierungen
- Schichtaufbauten und -dicken

1.1.1 Einleitung

In der optischen Dokumentation stehen vielfältige Ausrüstungen und Möglichkeiten zur Verfügung, um Objekte von der Übersicht, beispielsweise eines Schadens, bis hin zur detaillierten Aufnahme ihrer Struktur zu erfassen und zu beurteilen. Je nach geforderter Vergrößerung kann die Fotografie, die Makrofotografie, die Makro- oder Mikroskopie angewandt werden, Bild 1.1.

Die Makro- und Mikroskopie siedeln sich dabei in Vergrößerungsbereichen von etwa 5- bis 1000-fach an. Sie dienen dem Menschen im einfachsten Fall als Sehhilfe, um in einem Objekt Details zu erkennen, die mit bloßem Auge nicht mehr „aufgelöst"/erkannt werden können. In der Kunststoffanalyse werden so strukturelle Merkmale erfasst und beurteilt. Meist sind Kunststoffe bei einer lichtmikroskopischen Untersuchung kontrastlos. Durch geeignete Präparation und Eingriffe in den Strahlengang des Mikroskops können das unterschiedliche Reflexions- und Absorptionsvermögen sowie die optische Dichte und die Doppelberechnung von Kunststoffen zur Kontrastentstehung genutzt werden. So können die verschiedensten Themen untersucht werden.

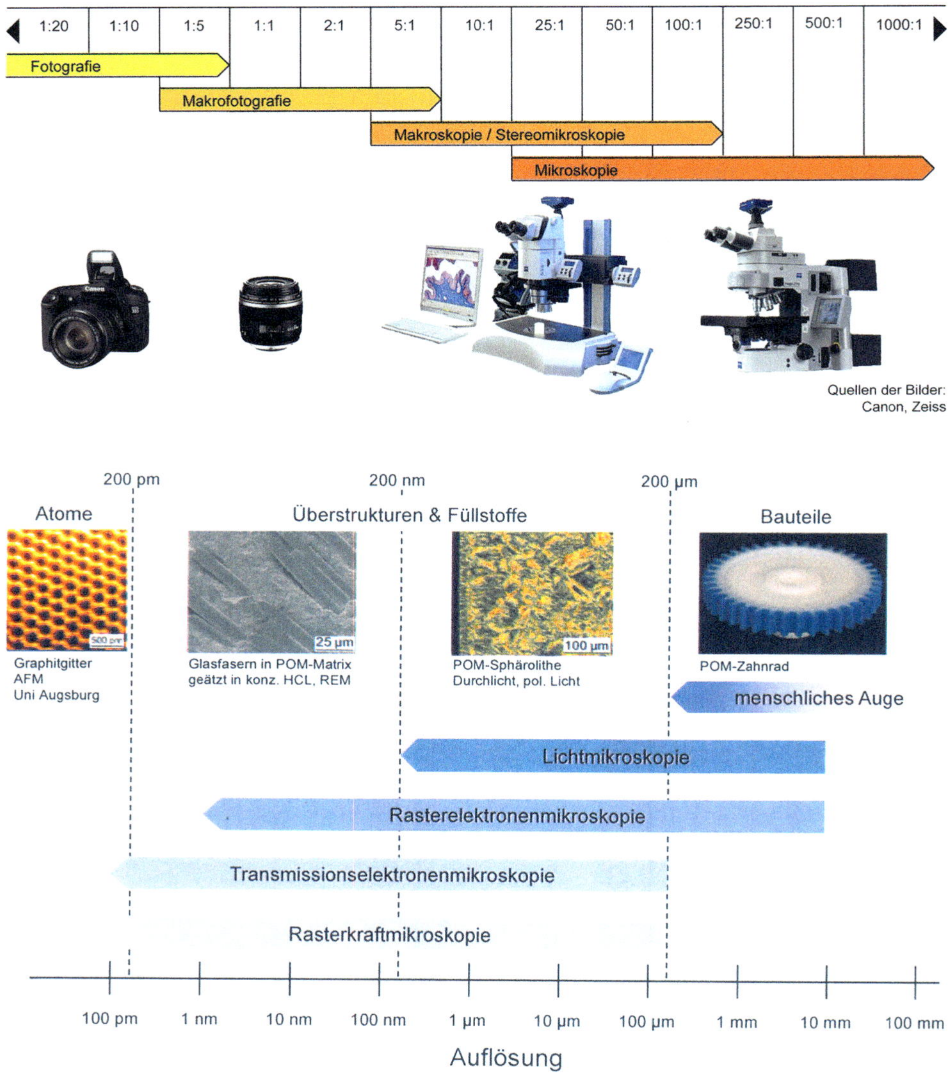

Bild 1.1 Vergrößerungsbereiche der Fotografie, Makro- und Mikroskopie

1.1.2 Grundlagen der Lichtmikroskopie

Um dem Anwender die verschiedenen Kontrastierungsverfahren der Lichtmikroskopie nahezubringen, soll im Folgenden die prinzipielle Funktionsweise eines Mikroskops anhand der dafür erforderlichen Geräte erklärt und durch Beispielaufnahmen illustriert werden. In Bild 1.2 ist ein Lichtmikroskop, wie es sowohl im Durch- als auch im Auflichtverfahren eingesetzt wird, abgebildet.

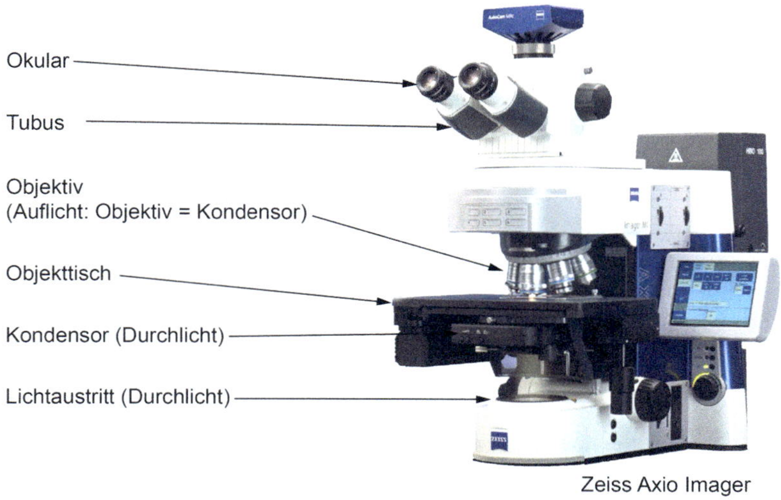

Bild 1.2 Mikroskop (Zeiss-Axio-Imager) für das Durch- und Auflichtverfahren

Das Mikroskop nutzt zur Vergrößerung von Strukturen die sogenannte zweistufige Abbildung. Ausgehend von der Lichtquelle (Halogenlampe) gelangen die Lichtstrahlen über ein Linsen- und Spiegelsystem zur Probe. In der ersten Stufe wird durch das Objektiv ein vergrößertes Zwischenbild des Objekts an einer definierten Stelle im Mikroskoptubus erzeugt. Das reelle Luftbild wird in der zweiten Abbildungsstufe durch das Okular vergrößert und auf die Netzhaut des Auges projiziert, Bild 1.3.

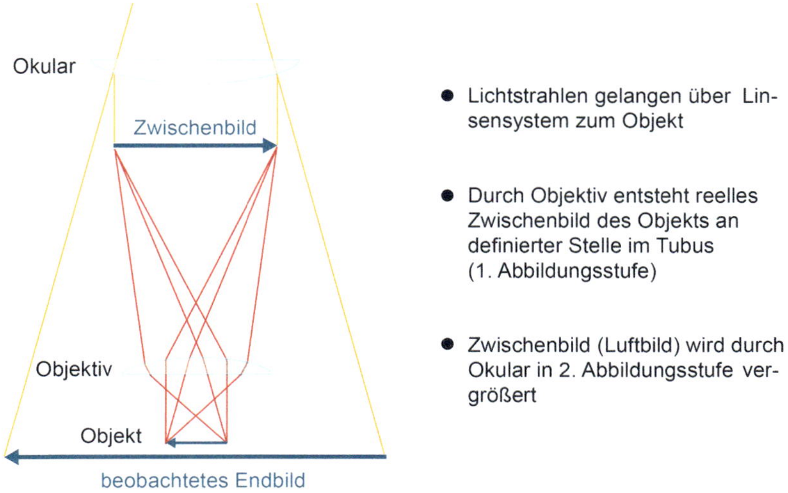

Bild 1.3 Zweistufige Abbildung

Das auf ein kleines Objekt einfallende Licht wird aus seiner ursprünglichen Richtung und Form abgelenkt. Um ein scharfes Bild zu bekommen, muss möglichst viel von dem abgelenkten Licht vom Objektiv eingefangen werden. Mit einem großen Kegelwinkel α werden also mehr Informationen gesammelt. Man bezeichnet das mit Apertur (Öffnung). Der Brechungsindex n zwischen Objekt und Objektiv beträgt bei Luft 1, beim Immersionsöl 1,51. Das Produkt aus Brechungsindex n und sin α (α ist der halbe Öffnungswinkel) nennt man numerische Apertur (NA). In der Praxis werden NA von 0,95 erreicht.

$$NA = n \sin \alpha \qquad \text{Formel 1.1}$$

Um Reflexe und damit Informationsverluste zwischen dem Objekt und dem Objektiv zu vermeiden, kann ein Immersionsöl, das mit n = 1,51 den gleichen Brechungsindex wie Glas hat, verwendet werden. Es wird nur bei geringem Abstand zwischen Deckglas und Objektiv verwendet, was nur bei sehr großen Vergrößerungen der Fall ist.

Die maximale Auflösung d_0, bis zu welcher zwei kleine Erscheinungen noch getrennt gesehen werden können, ergibt sich theoretisch aus der Wellenlänge des Lichts λ geteilt durch 2 × NA ($d_0 = \lambda/2 \times NA$). Normalerweise wird ohne Immersionsöl gearbeitet. Dann sind Auflösungen von 0,5 µm möglich, mit Immersionsöl von 0,25 µm.

Neben der Auflösung spielt der Kontrast zwischen den Erscheinungen eine Rolle. Normale Kunststoffe sind im Durchlicht und im Auflicht nahezu kontrastlos, so dass spezielle Kontrastierverfahren genutzt werden.

Die Strahlen werden im Objektiv parallel gebündelt und über eine Zwischenoptik im Tubus dem Auge des Betrachters zugeführt. Man spricht hier von der Unendlich-Optik, die durch die Entstehung des Zwischenbilds in Zusammenwirkung einer dem Objektiv nachgeschalteten Tubuslinse gekennzeichnet ist. Von Vorteil ist hierbei, dass zwischen Objektiv und Tubus-Linse Eingriffe vorgenommen werden können, wie beispielsweise das Einbringen von Prismen für den differentiellen Interferenzkontrast. Damit eine aussagefähige mikroskopische Abbildung der Probe gewonnen werden kann, sind Merkmale wie die Beleuchtungsoptik, das Auflösungsvermögen des Mikroskops, die erreichbare Vergrößerung und der eingestellte Kontrast entscheidend.

1.1.2.1 Beleuchtungsoptik

Standardmäßig sind Universalmikroskope mit Halogenglühlampen mit einer Leistung zwischen 20 und 100 Watt ausgestattet. Wichtige Kenngrößen der Lampen sind neben dem nutzbaren Spektralbereich die Leuchtdichte, die Größe der strahlenden Fläche und der Raumwinkelbereich ihrer Energieabstrahlung. Der nach der Lampe im Strahlengang folgende Kollektor hat die Aufgabe, den Leuchtfleck mit geeigneter Vergrößerung in die hintere Brennebene des Kondensors abzubilden. Das Produkt aus Lichtquellengröße und Apertur des Kollektors bestimmt den Lichtleitwert. Dieser ist Kenngröße für die Dimensionierung des optischen Strahlengangs und bestimmt die maximal nutzbaren Bilddurchmesser und Aperturgrößen. Der Kondensor mit der Kondensorblende sorgt für eine lichtstarke und gleichmäßige Ausleuchtung des Objekts, Bild 1.4.

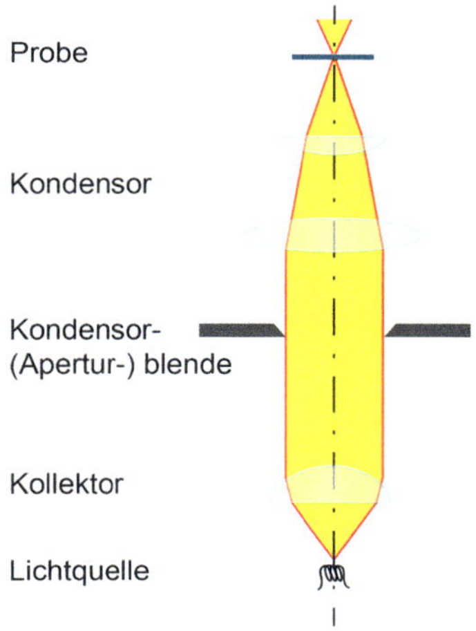

- Lichtquelle: i.a. Halogenglühlampe
- Kollektor: Abbildung des Leuchtflecks in hintere Brennebene des Kondensors
- Kondensor und -blende: lichtstarke und gleichmäßige Ausleuchtung des Objekts

Bild 1.4 Kollektor und Kondensor

***Köhlersche*-Beleuchtung:**
- optimale und homogene Ausleuchtung des Objekts
- Vermeidung von Streulicht

1.1.2.2 Auflösungsvermögen und Numerische Apertur

Nebeneinander liegende Strukturen, die als getrennte Objekte erscheinen, bezeichnet man als aufgelöst (*Rayleighsches*-Kriterium der Auflösung). Das Auflösungsvermögen d berechnet sich nach:

$$d = \frac{\lambda}{n \cdot A_{Obj} + n \cdot A_{Bel}}$$

A: numerische Aperatur des Objektivs bzw. Beleuchtung
λ: Wellenlänge des verwendeten Lichts

Die numerische Apertur setzt sich zusammen aus dem maximalen Öffnungswinkel eines Lichtbündels, das von einem Linsensystem gerade noch vollständig erfasst wird und dem Brechungsindex des umgebenden Mediums ($n = 1$ für Luft). Sie beschreibt die erfasste „Lichtmenge", also die Anzahl der erfassten Informationsträger und bestimmt die Detailauflösung, Bild 1.5.

Eine Steigerung des Auflösungsvermögens wird durch die Verwendung von kürzer welligem Licht oder durch Objektive mit vergrößerter Apertur erreicht. Bei Ölimmersionsobjektiven mit der höchsten erreichbaren numerischen Apertur von 1,4 liegt das Auflösungsvermögen beispielsweise bei 0,2 µm.

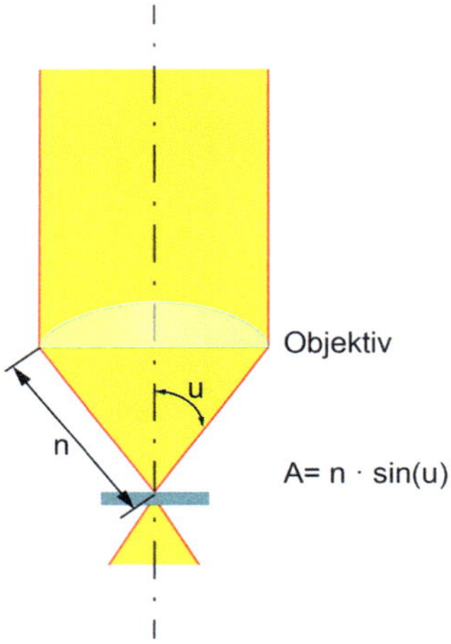

Bild 1.5
Numerische Apertur des Objektivs

Da die Probe in der Praxis nicht mit exakt parallelem Licht beleuchtet wird, geht in das Auflösungsvermögen die Apertur der Beleuchtung mit ein.

1.1.2.3 Vergrößerung

Die Gesamtvergrößerung V des Mikroskops setzt sich aus der Vergrößerung des Objektivs und der des Okulars zusammen. Gegebenenfalls ist auch eine Zwischenoptik zu berücksichtigen:

$$V_{ges} = V_{Ob} \cdot V_{Ok} \ (V_z)$$

V = Vergrößerung des Objektivs
V_{Ob} = des Objektivs
V_{Ok} = des Okulars bzw. der Zwischenoptik

Die Gesamtvergrößerung liegt im Bereich zwischen 12,5 : 1 bis 2500 : 1. Die förderliche Vergrößerung, d. h. der Bereich einer sinnvollen Vergrößerung, liegt bei $V \approx 1000$ A. Dann sind die vom Objektiv gerade noch auflösbaren Strukturen bequem mit dem Auge zu erkennen. Eine höhere Vergrößerung liefert keine weiteren Informationen, sondern führt zu verwaschenen Bildstrukturen. Die Begrenzung der förderlichen Vergrößerung wird durch die Wellenlänge des Lichts als auch durch die Physiologie des menschlichen Auges bedingt. Der Abstand und die Anordnung der Sehelemente auf der Netzhaut begrenzen den Winkel und damit den Abstand zweier noch auflösbarer Punkte. Dies wird zusätzlich durch den Kontrast des Objekts beeinflusst.

1.1.2.4 Kontrast

Ist ein Gegenstand aufgelöst und genügend groß abgebildet, muss er sich darüber hinaus auch kontrastreich von seiner Umgebung abheben. Die reinen Kunststoffe erscheinen im Durchlicht oder Auflicht praktisch kontrastlos. Durch Veränderungen im Mikroskop-Aufbau lässt sich jedoch eine Kontrastierung der interessanten Strukturen erreichen.

Der Kontrast ist definiert als:

$$K = \frac{I_u - I_o}{I_u + I_o}$$

$I_{U,O}$ = Helligkeit Umgebung - Objekt

1.1.3 Kontrastverfahren der Durch- und Auflichtmikroskopie

Um dem Betrachter die Probe kontrastreich und damit gut erkennbar werden zu lassen, können im Mikroskop verschiedene Modifikationen des Strahlengangs vorgenommen werden, welche sich die lokal unterschiedlichen Eigenschaften in der Probe (Unterschiede der optischen Dichte, unterschiedliches Reflexionsvermögen, unterschiedliche Doppelbrechung etc.) zunutze machen, um dem Auge ein mikroskopisch wertvolles Bild zu liefern. Aufbauend auf die einfache Hellfeldmethode sind dabei sowohl in der Durchlichtmikroskopie für die Durchstrahlung sehr dünner Proben als auch in der Auflichtmikroskopie verschiedene Kontrastierungsverfahren einsetzbar. Die in der Lichtmikroskopie an Kunststoffen wichtigsten Verfahren, aufgelistet in Tabelle 1.2, werden im Folgenden näher erklärt.

Tabelle 1.2 Kontrastierungsverfahren

Kontrastverfahren	Bewertung
Hellfeld	nicht polymere Zusatzstoffe, z. B. Ruß, Verstärkungsstoffe, Pigmente, Metalle, Lack
Polarisation	kristalline Strukturen und Strukturanordnungen, Sphärolith-Strukturen, verarbeitungsbedingte Anisotropien
Dunkelfeld/Phasen-Kontrast	Möglichkeit unterschiedliche Materialien zu Kontrastieren, die im Hellfeld und der Polarisation keine Kontraste aufweisen
Differenzial-Interferenz-Kontrast	Topographie

Mit Hilfe der Polarisationsmikroskopie werden Kunststoffe untersucht, die sich optisch anisotrop verhalten, d.h. doppelbrechend sind und das Licht nicht stark absorbieren. Die Doppelbrechung hängt häufig mit dem kristallinen Molekülaufbau oder mit Strukturanordnungen übermolekularer Größenordnungen zusammen. Deshalb sind im polarisierten Licht Untersuchungen über Kristallinitätsunterschiede, Gefügeveränderungen, Verarbeitungseinflüsse, Orientierungen und Eigenspannungen, Sphärolithformen, Größenverteilungen möglich.

Ein Hellfeldmikroskop wird durch einen Polarisator unter und einen Analysator über dem Objekt zu einem Polarisationsmikroskop. Der Analysator am Mikroskop ist einsetzbar für die Durch- und Auflichtmikroskopie, der Polarisator für die Auflichtmikroskopie.

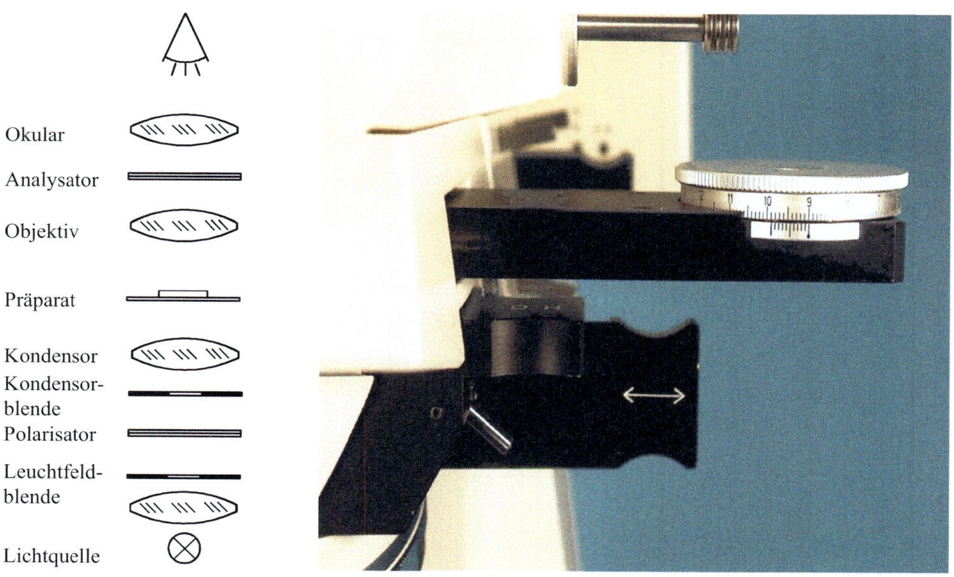

Bild 1.6 Schematischer Aufbau eines Mikroskops zur Polarisationskontrast-Beleuchtung

Bild 1.7 zeigt den oben beschriebenen Dünnschnitt des PC/ABS-Bauteils im Polarisationskontrast. In diesem Kontrast bricht der Partikel das Licht ähnlich wie das Grundmaterial. Es könnte sich also um einen PC/ABS-Einschluss handeln.

Bild 1.8 zeigt ein mit EPDM-Kautschuk modifiziertes Polypropylen. Zu erkennen sind im Polarisationskontrast sphärolithische PP-Strukturen, die aufgrund ihrer doppelbrechenden Eigenschaften sichtbar geworden sind. Innerhalb der Lamellen erscheinen die EPDM-Partikel, sind jedoch nicht klar differenzierbar vom PP.

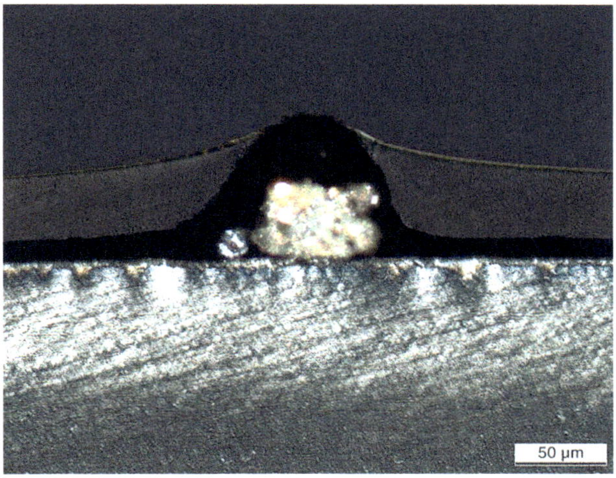

Bild 1.7 Lackiertes PC/ABS-Bauteil
Durchlicht, Polarisationskontrast

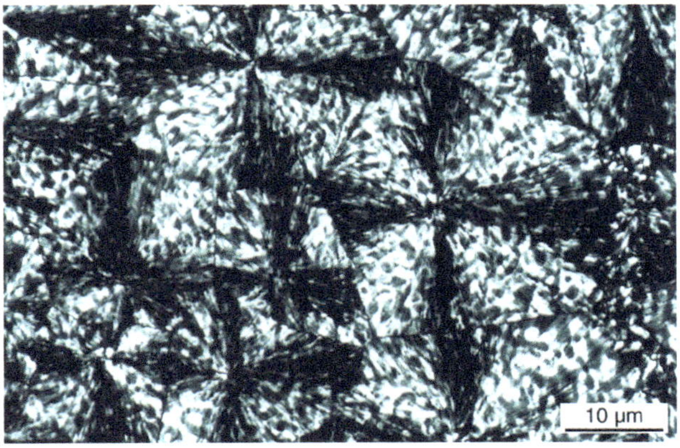

Bild 1.8 EPDM-Kautschuk mit PP modifiziert
Durchlicht, Polarisationskontrast

1.1.3.1 Durchlichtmikroskopie

Die Probenpräparation für die Durchlichtmikroskopie kann als Dünnschnitt- oder Dünnschliff ausgeführt werden (siehe Kapitel „Präparation unverstärkter Kunststoffe“ und „Präparation verstärkter und gefüllter Kunststoffe“ im Buch „Präparation“).

Je nach Methode erkennt man im Durchlicht (siehe Ticona [9]):

- das Auftreten und den Verlauf von Rissen
- Lunker und Einschlüsse
- Entmischungen und schlechte Verteilung bei mehrphasigen Materialien
- Fließlinien zur Kennzeichnung von Formfüll- und Fügevorgängen
- Ausbildung von Bindenähten, deren Morphologie mit Hinweisen auf die Verarbeitungsparameter
- Größe und Form von Spärolithen bei teilkristallinen Thermoplasten (nicht von Lamellen)
- Spannungs- und Orientierungszustände durch Verfahrenseinflüsse (Polarisation)

1.1.3.1.1 Hellfeld

Im Hellfeld wird ein Präparat ohne weitere Eingriffe mit Licht durchstrahlt. Wichtig ist eine ausreichende Beleuchtung der Probe, was durch die nach seinem Begründer benannte „*Köhlersche*-Beleuchtung“ erreicht wird.

Zur Einstellung der *Köhlerschen*-Beleuchtung werden am Mikroskop die folgenden Schritte nacheinander durchgeführt:

- das Objekt scharf einstellen
- die zugezogene Leuchtfeldblende scharfstellen, d. h. den Kondensor in der Höhe variieren
- den Kondensor zentrieren und die Leuchtfeldblende bis zum Sehfeldrand öffnen
- die Kondensor-Aperturblende so weit öffnen, bis der beste Kompromiss zwischen Auflösung und Kontrast erzielt wird

Die Bildentstehung beruht auf dem:

- Durchgang (Hellfeld-Durchlicht) oder
- der Reflexion (Hellfeld-Auflicht)
- des einfallenden Lichts.

Objektseitige Voraussetzung für Untersuchungen im Hellfeld ist, dass Gefüge und Strukturen Absorptionscharakter besitzen. Sie verändern die Amplitude (Stärke) des durchgehenden Lichtes und damit seine Intensität bzw. Helligkeit. Man spricht dann auch von Amplitudenkontrast.

Wichtig beim Durchlicht-Hellfeld-Verfahren ist eine gleichmäßige Ausleuchtung des Präparats bei Vermeidung von Streulicht. Bild 1.9 links gibt den Strahlengang für das Durchlicht-Hellfeld-Verfahren wieder. Bild 1.9 rechts zeigt den Kondensor und die Leuchtfeldblende, wie sie beim Durchlicht-Hellfeld-Verfahren zum Einsatz kommen, sowie den Polarisator, der beim Polarisationskontrast neben dem Analysator in den Strahlengang eingebracht wird.

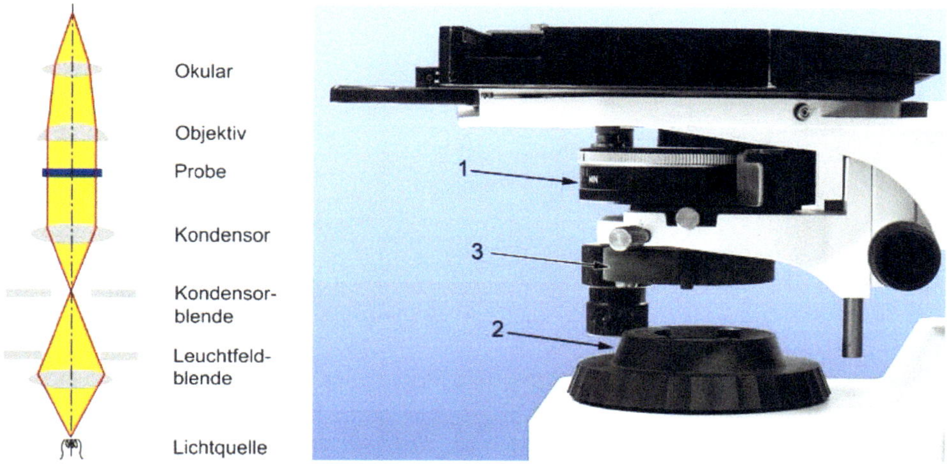

Bild 1.9 Schematischer Aufbau eines Mikroskops zur Hellfeld-Durchlicht Beleuchtung (links) sowie Kondensor (1) und Leuchtfeldblende (2) am Mikroskop (Polarisator (3) für Polarisationskontrast)

Um einen ausreichenden Kontrast zu erhalten, müssen die Transmissionsunterschiede mehr als 10 % betragen. Man erhält eine Sichtbarkeit der Objektstrukturen in abgestuften Grauwerten, bei gefärbten Präparaten auch farbig. Die Strukturen der reinen Polymerwerkstoffe zeigen nicht die nötigen Absorptionsunterschiede, deshalb sind bei Kunststoffen im Hellfeld nur nichtpolymere Zusatzstoffe wie Pigmente, Lack, Ruß, Aluminium, Fasern u.ä. sichtbar. Wichtig beim Durchlicht-Hellfeld Verfahren ist eine gleichmäßige Ausleuchtung des Präparats bei Vermeidung von Streulicht. Bild 1.10 gibt den Strahlengang für das Durchlicht-Hellfeld Verfahren wieder. Wie auch schon im Durchlicht wird zur gleichmäßigen Beleuchtung beim Hellfeld das *Köhlersche*-Verfahren verwendet. Dabei wirkt das Objektiv auch als Kondensor, Bild 1.10.

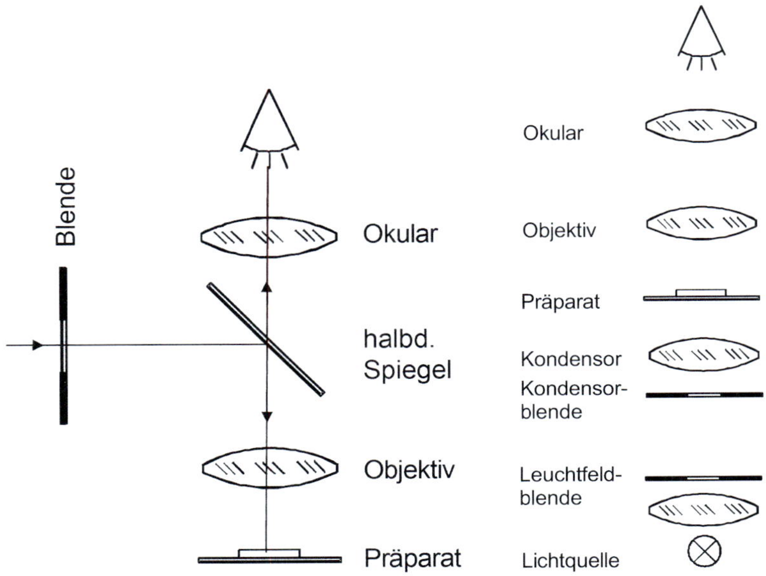

Bild 1.10 Schematischer Aufbau des Hellfeld-Mikroskops
links: Durchlicht
rechts: Auflicht

Hellfeld: Fasern, Füllstoffe, Fremdeinschlüsse, Pigmente, Lunker, Farbpigmente, nichtpolymere Zusatzstoffe etc.

Bild 1.11 zeigt den Dünnschnitt eines mit schwarzem Basecoat und Clearcoat lackierten PC/ABS-Bauteils, aufgenommen im Hellfeld-Durchlicht. Am lackierten Bauteil traten oberflächlich erkennbare Fehlstellen auf. Als Ursache für eine Fehlstelle konnte ein unter dem Lack eingebundener Partikel detektiert werden, der ein Wölben des Lacks an dieser Stelle hervorruft. Die Klärung, ob es sich um PC/ABS-Grundmaterial oder Fremdmaterial handelt, ist im Hellfeld nicht möglich.

Bild 1.12 zeigt ein ABS-Rezyklat, aufgenommen im Hellfeld-Durchlicht. Es handelt sich dabei um compoundiertes Material, in dem sich Materialverunreinigungen, erkennbar als dunkle Stellen, befinden.

Bereiche mit unterschiedlichem Reflexionsvermögen erzeugen bei der Hellfeld-Auflicht-Beleuchtung einen Hell-Dunkel-Kontrast. Im Hellfeld können deshalb Fremdeinschlüsse, wie z. B. Aluminium und Papier untersucht werden. Auch Pigmentverteilungen und Lunker in faserverstärkten Duroplasten können beurteilt werden. Gegebenenfalls sind auch Fasern sichtbar.

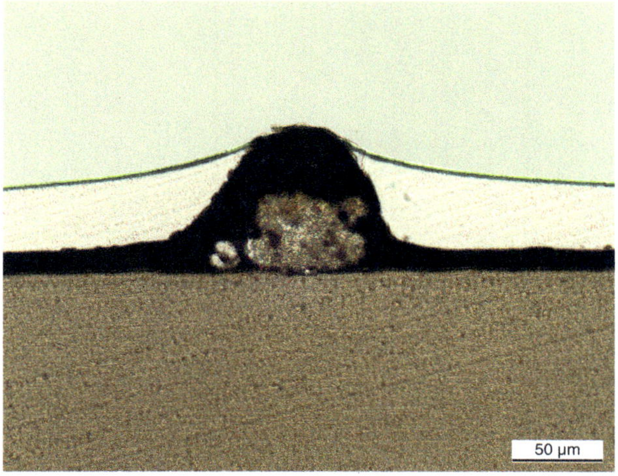

Bild 1.11 Lackiertes PC/ABS-Bauteil, Durchlicht, Hellfeld Einschluss im Lack

Bild 1.12 ABS-Rezyklat, Durchlicht, Hellfeld

Bild 1.13 zeigt einen Anschliff eines mit Kohlenstofffasern und PTFE-Pulver gefüllten PA 66. Wichtig ist eine ausreichende Beleuchtung, die durch die folgenden Einstellungen erreicht wird:

- das Objekt scharf einstellen
- die zugeordnete Leuchtfeldblende scharf stellen, d. h. den Kondensor in der Höhe variieren
- den Kondensor zentrieren und die Leuchtfeldblende bis zum Sehfeld öffnen
- die Kondensor-Aperturbende soweit öffnen, bis der beste Kompromiss zwischen Auflösung und Kontrast erzielt wird.

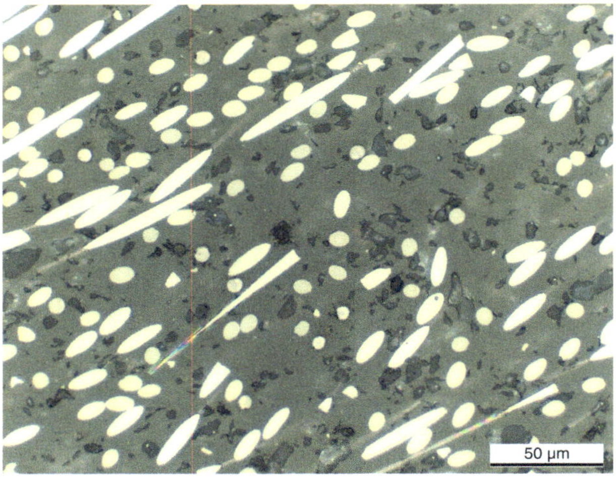

Bild 1.13 PA 66 gefüllt mit Kohlenstofffasern und PTFE-Pulver, Auflicht, Hellfeld
CF-Fasern reflektieren stark und erscheinen hell, PTFE-Pulver am geringsten

1.1.3.1.2 Dunkelfeld

Das bei der Dunkelfeldbeleuchtung entstehende Bild wird nicht durch Reflexion, sondern durch diffus gestreutes Licht erzeugt. Da die Streuung verstärkt an Ecken und Kanten erfolgt, sind im Dunkelfeld Risse, die Güte eines Oberflächenfinishes, aber auch Fremdpartikel erkennbar. Gegenüber dem Hellfeld hat man den Vorteil, dass feine Strukturen, die im Hellfeld überstrahlt werden, noch erkennbar sind.

Zur Dunkelfeldbeleuchtung verwendet man im Beleuchtungssystem eine Ringblende und einen Ringreflektor, so dass das einfallende Licht nicht durch das Linsensystem des Objektivs, sondern z. B. durch weitere Spiegel schräg auf die Probe trifft.

Das einfallende Licht trifft durch die Ringblende und den Ringreflektor (Spiegel mit Loch) schräg auf die Probe. Nur von der Probe gestreutes Licht gelangt in das Objektiv. Insbesondere an linienartigen Strukturen wie Ecken und Kanten wird das Licht verstärkt gestreut. Zudem erhält man eine geringe Tiefeninformation, wodurch beispielsweise der Verlauf von Fasern in der Matrix angedeutet wird.

Anwendung: Risse, Faser-, Füllstoffverteilung

Zusätzliche Einrichtungen zur Hellfeld-Apparatur: Ringblende, Ringreflektor

In Bild 1.14 ist der Strahlengang im Dunkelfeld-Auflicht schematisch wiedergegeben. Ringblende und Ringreflektor sind im Mikroskop auf einem Schieber zusammen mit dem Hellfeld-Reflektor angebracht. So kann ein problemloser Wechsel zwischen den beiden Verfahren erfolgen. Für die oben beschriebene schräge Beleuchtung im Dunkelfeld verwendet man spezielle Dunkelfeld-Objektive, die diese spezielle Beleuchtung ermöglichen.

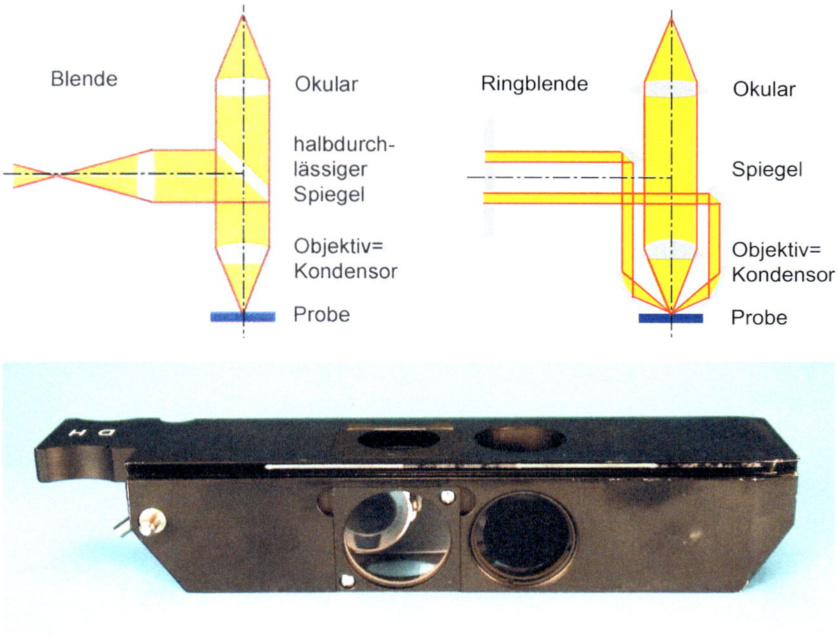

Bild 1.14 Strahlengang im Dunkelfeld-Auflicht mit Wechselschieber
links: Dunkelfeld-Reflektor
rechts: Hellfeld-Reflektor

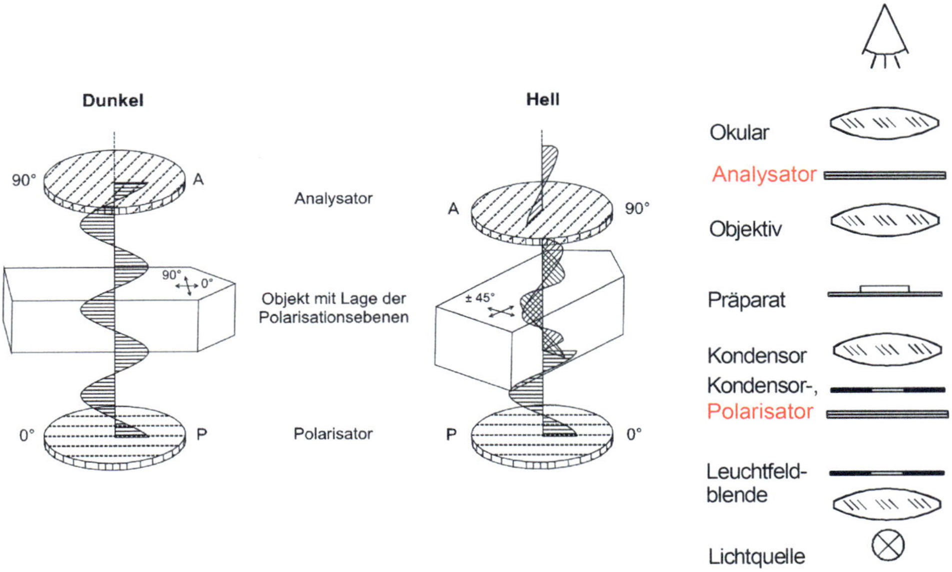

Bild 1.15 Schematischer Aufbau eines Auflicht-Mikroskops
links: Auflicht-Hellfeld-Mikroskop für Präparate mit unterschiedlichem Reflexionsvermögen
rechts: Auflicht-Dunkelfeld-Mikroskop für Präparate mit unterschiedlichem Streuvermögen

Dunkelfeld: insbesondere Ecken und Kanten z. B. Fasern, Füllstoffe, Fremdeinschlüsse etc., Objektstellen, wo sich der Brechungsindex sprunghaft ändert

Bild 1.16 zeigt die Dunkelfeld-Auflicht-Abbildung der PA 66-Probe. Neben den Kohlenstofffasern, die dunkel erscheinen, ist das PTFE-Pulver deutlich hell strahlend zu erkennen. Das PTFE-Pulver streut also das Licht stark. Zusätzlich ist auch eine Tiefeninformation über den Verlauf der Fasern in der Probe zugänglich, da das im Dunkelfeld gestreute Licht auch von Bereichen unterhalb der Probenoberfläche abgebildet werden kann. Die Fasern sind zum Großteil senkrecht und teils parallel zur Bildebene orientiert. Das PTFE-Pulver liegt fein verteilt in der Matrix vor.

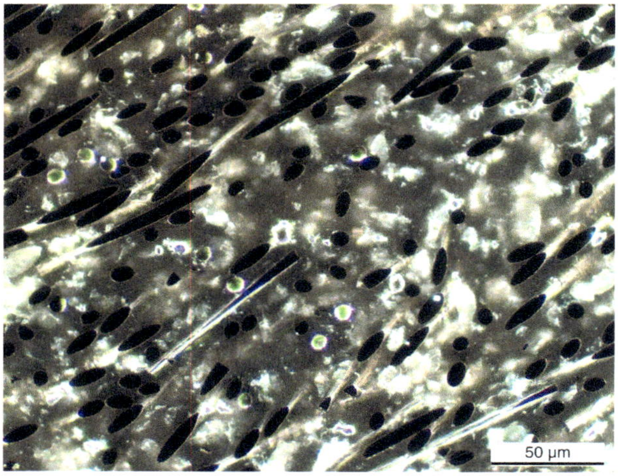

Bild 1.16 PA 66 gefüllt mit Kohlenstofffasern und PTFE-Pulver, Auflicht, Dunkelfeld
CF-Fasern streuen nicht und erscheinen dunkel, PTFE-Pulver streut stark

Eine geschliffene und polierte Oberfläche eines PBT mit 50 Gew.% Stahlfaser zeigt die Unterschiede zwischen Hellfeld- und Dunkelfeld-Mikroskopie, Bild 1.17. Im Hellfeld mit direktem senkrechten Auftreffen des Lichts wird dieses im PBT stark absorbiert, weshalb das Material dunkel erscheint, auf den Stahldrahtoberflächen aber reflektiert, die dementsprechend hell erscheinen. Umgekehrt wird beim Dunkelfeldverfahren das Licht auf den blanken Stahldrahtoberflächen im Einfallswinkel reflektiert und nicht in das Okular geleitet. Die Drahtoberflächen erscheinen dunkel. Aus dem PBT selbst trifft dagegen ein Teil des diffus reflektierten Lichts auf Okular und erscheint dort hell.

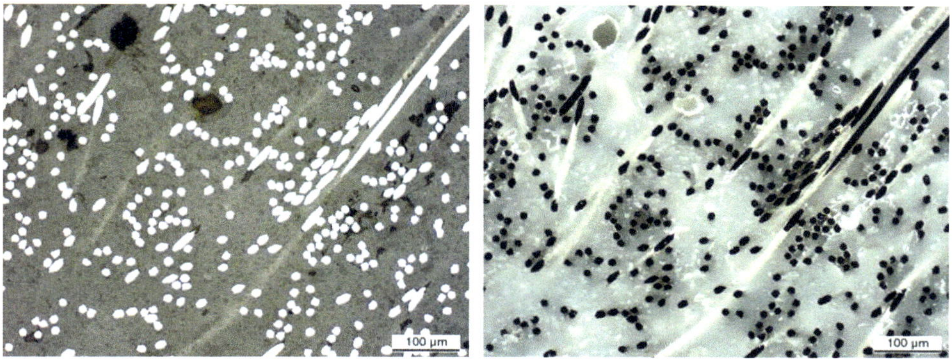

Bild 1.17 PBT + 50 Gew.% Stahlfaser
Hellfeld (links) und Dunkelfeld (rechts)
Anschliff, Auflicht

1.1.3.1.3 Polarisationsoptik

Mit Hilfe der Polarisationsmikroskopie (siehe auch Kapitel 2) können Werkstoffe untersucht werden, die sich optisch anisotrop verhalten, d. h. doppelbrechend sind und das Licht nicht stark absorbieren. Die Doppelbrechung hängt häufig mit dem kristallinen Molekülaufbau oder mit Strukturanordnungen nichtmolekularer Größenordnungen zusammen. Deshalb sind im polarisierten Licht Untersuchungen über Kristallinitätsunterschiede, Gefügeveränderungen, thermische Schädigungen, Verarbeitungseinflüsse, Sphärolithformen, -größen und -verteilungen möglich.

1.1.3.1.3.1 Doppelbrechung

Die Doppelbrechung ist die Fähigkeit optisch anisotroper Medien, ein Lichtbündel in zwei senkrecht zueinander polarisierte Teilbündel – aufgrund des unterschiedlichen Brechungsindex in Abhängigkeit von der Ausbreitungsrichtung und der Polarisation des Lichts – zu trennen; in einen ordentlichen und außerordentlichen Strahl. Tritt also ein Lichtstrahl senkrecht zu einer Plattenoberfläche durch eine anisotrope und damit optisch doppelbrechende Platte hindurch, wird er aufgespalten. Der ordentliche Strahl durchstrahlt die Platte mit der Hälfte des Lichts, entsprechend dem Brechungsgesetz, senkrecht ohne Veränderung. Die andere Hälfte des Lichtstrahls, der außerordentliche Lichtstrahl, wird spezifisch gebrochen und bildet gegenüber dem ordentlichen Lichtstrahl einen Gangunterschied.

Bei Kristallen ist dieser Winkel meistens konstant, bei Kunststoffen, schon alleine aufgrund des unterschiedlichen Fließverhaltens bei der Fertigung, liegt er zwischen 0 und einem Maximalwert.

Man kann nun den Lichtstrahl/die Brechung vollständig aufhalten durch einen Filter, einen linearen *Polarisator*, der dafür sorgt, dass sich das Licht nur in einer Ebene, also linear schwingend, fortpflanzen kann und nur in dieser Ebene in den Kunststoff eindringt. Ist der Kunststoff völlig isotrop, d. h. dass das Licht sich in der vorgegebenen Richtung ohne jede Störung ausbreitet, kann man es durch einen weiteren Polarisationsfilter, den Analysator aufhalten. Den das linear polarisierte Licht nach dem Durchgang durch den Kunststoff in seiner Schwingungsebene nicht durchdringen kann und somit vollkommen aufhält (Strahlengang siehe Grundlagen Abschnitt 2.1.1.1).

Der Polarisator und der Analysator sind vollkommen gleich, nur um 90° gegeneinander verdreht (gekreuzt).

1.1.3.1.3.2 Polarisationsoptische Erscheinung

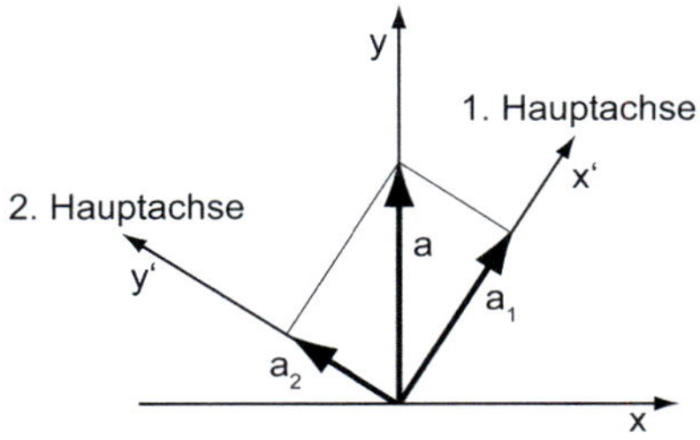

Bild 1.18
Zerlegung von linear polarisiertem Licht der Amplitude a durch Doppelbrechung in die Richtungen x' und y'

Die Doppelbrechung ist ein Maß für die Anisotropie und wird bei Kunststoffen durch kristalline Strukturen (Faltungen, Sphärolithe), Molekülorientierungen und Dehnungen beeinflusst.

Polarisationsoptische Erscheinungen überlagern sich und können nur getrennt erfasst werden, wenn die Ursache der jeweiligen Erscheinung aufgehoben wird. Es gibt im Wesentlichen zwei polarisationsoptische Erscheinungen: Isoklinen und Isochromaten.

Isoklinen sind Linien bei denen die Richtung einer optischen Hauptachse mit der Polarisationsrichtung des linear polarisierten Lichts zusammenfällt. Die Richtung der optischen Hauptachse wird von Hauptspannungs-, Molekülorientierungsrichtungen und der Ausrichtung kristalliner Strukturen beeinflusst und kann mit diesen übereinstimmen. Bleibt die Richtung des polarisierten Lichts gleich, werden die Isoklinen ihre Richtung nicht ändern, auch wenn die Probe gedreht wird.

Kennzeichnend für Isoklinen ist, dass:

- sie bei gleichzeitiger Drehung von Polarisator und Analysator sich ebenfalls verlagern, während die Isochromaten ihre Lage behalten,
- sie bei Verwendung von weißem Licht immer hell (Polarisator- und Analysatorrichtung parallel) oder dunkel (Polarisator und Analysator gekreuzt) erscheinen, die Isochromaten dagegen farbig,
- Isoklinen beim Einsatz von Viertelwellenplättchen verschwinden, weil es keine feste Polarisationsrichtung mehr gibt.

Isochromaten sind Linien mit konstantem Gangunterschied. Isochromaten zeigen bei *monochromatischem Licht* wechselnde hell-dunkel Linien, bei *weißem Licht* wechselnde Farben, deren Abfolge durch sogenannte *Michel-Lévy* Farbtafeln dargestellt wird. Die Erscheinungen können klar abgegrenzt sich gleichmäßig wiederholen, aber häufig auch flächig diffus sein. Sie sind häufig kaum quantitativ auswertbar, dagegen sind qualitative Aussagen möglich.

Beim Einsatz von Viertelwellenplättchen, bei denen keine feste Polarisationsrichtung vorgegeben ist, verschwinden die Isoklinen. Zur Unterscheidung von Isoklinen und Isochromaten oder um das Erscheinungsbild nicht zu überladen, ist die Verhinderung des Isoklinenbildes durchaus sinnvoll.

Somit gibt es verschiedene Ursachen, die unter unterschiedlichen Bedingungen zu polarisationsoptischen Erscheinungen führen:

- kristalline und andere nicht homogene, anisotrope Strukturen
- Verformungen ober- und unterhalb der Glasübergangstemperatur
- eingefrorene (irreversible) Orientierungen
- Eigenspannungen und reversible Orientierungen
- Gebrauchslast
- wechselnde Probendicke.

1.1.3.1.3.3 Polarisationskontrast in der Durchlichtmikroskopie

In der Durchlichtmikroskopie wird die Doppelbrechung gezielt genutzt, um mit Hilfe von polarisiertem Licht ansonsten kontrastarme Kunststoffproben zu untersuchen. Dadurch werden kristalline Strukturen sowie Molekülorientierungen (und ggf. vorhandene Spannungen) sichtbar.

Ein Hellfeldmikroskop (siehe Bild 1.10, Bild 1.15 und Bild 1.19) wird durch einen Polarisator unter und einen Analysator über dem Objekt zu einem Polarisationsmikroskop, Bild 1.19. Für die Arbeiten am Mikroskop sind zusätzlich ein drehbarer Mikroskoptisch sowie spannungsarme Objektive nötig. Soll zusätzlich die Doppelbrechung quantitativ bestimmt werden, sind spannungsfreie Objektive notwendig.

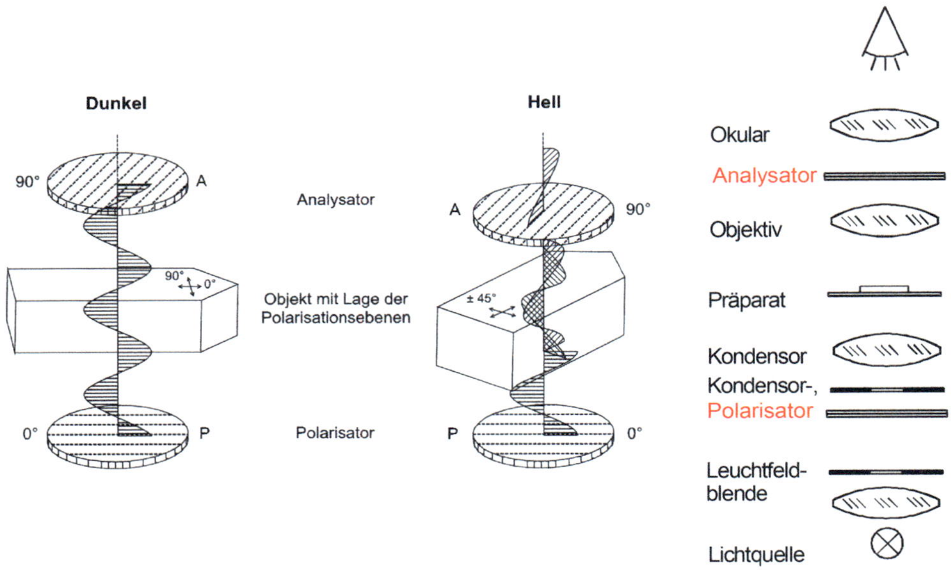

Bild 1.19 Schematischer Aufbau eines Mikroskops zur Polarisationskontrast-Beleuchtung

> *Polarisationskontrast:* kristalline Strukturen und Strukturanordnungen z. B. Sphärolithstrukturen, verarbeitungsbedingte Orientierungen etc.

Das polarisationsoptische Bild besteht bei Verwendung von linear polarisiertem Licht aus Isoklinen und Isochromaten. Diese Erscheinungen überlagern sich, wie bei der Spannungsoptik. So ist das Erscheinungsbild der Probe unter dem Mikroskop von ihrer relativen Lage zum Polarisator-Analysator-Achsenkreuz abhängig. In der sogenannten Auslöschungslage, Bild 1.20 links, stehen die Polarisationsachsen parallel/senkrecht zum Probenrand. Die kristallinen Strukturen des POM sind erkennbar, die Randzone ist, bis auf eine quasi-amorphe Schicht am äußersten Probenrand, von ähnlicher Färbung wie das Probeninnere. Werden die Polarisationsachsen nun um 45° gedreht, so ergibt sich die sogenannte Diagonallage, Bild 1.20 rechts. Der Probenrand ist in diesem Fall von starker gelb-orangener Färbung. Die Doppelbrechung ist hier, wahrscheinlich aufgrund von Molekülorientierungen, deutlich höher als im Probeninneren. Ursächlich für diese Änderung der Probenerscheinung sind Isoklinen, die in der Auslöschungslage die Isochromaten der Randzone überlagern.

Da Isoklinen dann sichtbar entstehen, wenn eine optische Hauptachse mit der Polarisierungsrichtung zusammenfällt, können durch das Anbringen von Viertelwellenplättchen vor und nach der Probe im polarisierten Licht Isoklinen unterdrückt werden, so dass nur die Isochromaten sichtbar sind, Bild 1.21.

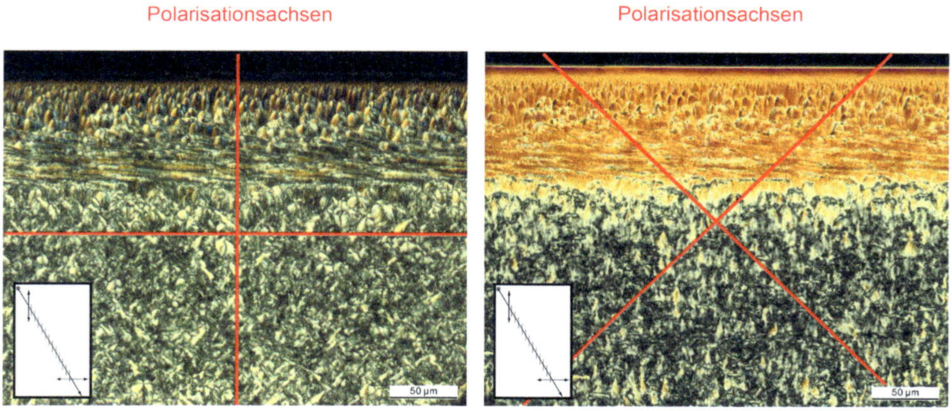

Bild 1.20 Auswirkung der Probenausrichtung zu den Polarisatorachsen im Durchlichtmikroskop; POM, Dünnschnitt durch Campus-Zugstab parallel Fließrichtung
links: Polarisatorachsen parallel/senkrecht zum Probenrand (Auslöschungslage)
rechts: Polarisatorachsen unter 45° zum Probenrand (Diagonallage)

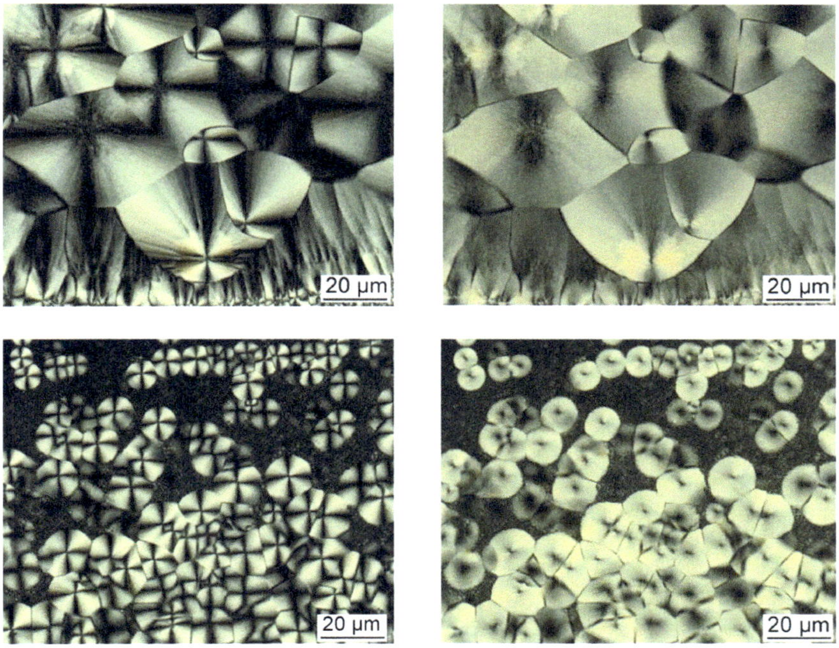

Bild 1.21 Aufheben von Isoklinen im polarisierten Licht bei PA 66-Proben durch Viertelwellenplättchen am Sphärolithen
oben: Zugstab mit Randschicht
unten: Probe aus pvT-Gerät (gleichmäßige Sphärolithe)
links: mit Polfilter
rechts: mit Polfilter und Viertelwellenplättchen

1.1.3.1.3.3 Phasenkontrast

Kleine Strukturen, die kaum Unterschiede im Brechungsindex aufweisen und im normalen Hellfeldmikroskop kaum unterscheidbar sind, können durch die Nutzung der Phasenverschiebung sichtbar gemacht werden. Die Lichtwellen werden bei ihrem Durchgang durch Medien mit unterschiedlichem Brechungsindex ein klein wenig verschoben. Ist der Brechungsindex eines Mediums etwas höher, wird die Lichtgeschwindigkeit etwas geringer. Die Lichtwelle wird gegenüber den schnelleren Wellen etwas phasenverschoben. Das Auge kann nur Farben und Intensitäten unterscheiden, keine Phasenverschiebungen. Die Phasenkontrastmethode kann aber diese Phasenverschiebungen in unterschiedliche Grauwerte umsetzen. Ein Phasenring im Mikroskop schwächt das direkt durch eine Ringblende laufende Licht und fügt ihm eine konstante Phasenverschiebung zu. Daneben wird das durch das Präparat, aber nicht durch den Phasenring, laufende Licht geleitet und verzögert. Alle Strahlen werden durch eine Tubuslinse vereinigt, es ergeben sich helle dunkle Bereiche, die das Präparat erkennbar machen.

Wenn Objekte Licht nicht absorbieren, so beeinflussen sie zumindest die Phasenlage des Lichtes, da sie Brechzahlunterschiede zum umgebenden Medium aufweisen und somit Lichtbrechung, Lichtstreuung und Phasenverschiebung verursachen. Die Phasenverschiebung kann durch entsprechende Eingriffe in den Strahlengang in einen Amplitudenkontrast umgewandelt werden. Dies geschieht beim Phasenkontrast, der sich besonders zur Untersuchung von Polymergemischen aber auch nicht polymeren Zusatzstoffen eignet. Der Phasenkontrast, der durch die Interferenz zweier Wellenzüge unterschiedlicher Phasenlage hervorgerufen wird, dient auch als Grundlage für die Kontrastierung bei der Polarisation und dem Differential-Interferenzkontrast.

Wegen des großen Öffnungswinkels der Mikroskopobjektive fallen sowohl das direkte Mikroskopierlicht als auch die gebeugten Strahlen in das Objektiv. Im Hellfeld ist jedoch das gebeugte Licht zu schwach, um durch Interferenz mit dem direkten Mikroskopierlicht ein kontrastreiches Bild zu ergeben. Um dennoch einen Kontrast zu erzeugen, wird das direkte, ungebeugte Licht im Phasenkontrast um etwa ¼ Wellenlänge in seiner Phase verschoben und in seiner Helligkeit, d. h. die Amplitude, geschwächt, was zur Interferenz mit dem gebeugten Licht führt, Bild 1.22.

Hierfür wird beim Aufbau eines Phasenkontrastmikroskops anstelle der Lochkondensorblende eine Ringblende verwendet, wodurch das Objekt mit einem hohlen Leuchtkegel beleuchtet wird, Bild 1.23. Das Ringblendenbild wird durch den Kondensor und das Objektiv in einer Ebene oberhalb des Objektivs scharf abgebildet. In dieser Ebene befindet sich das Phasenplättchen mit dem Phasenring. Das ungebeugte Licht wird durch den Phasenring in Phase und Amplitude moduliert, das gebeugte Licht nicht. Dies führt zum Phasenkontrast, der von unserem Auge als hell-dunkel Modulation empfunden wird.

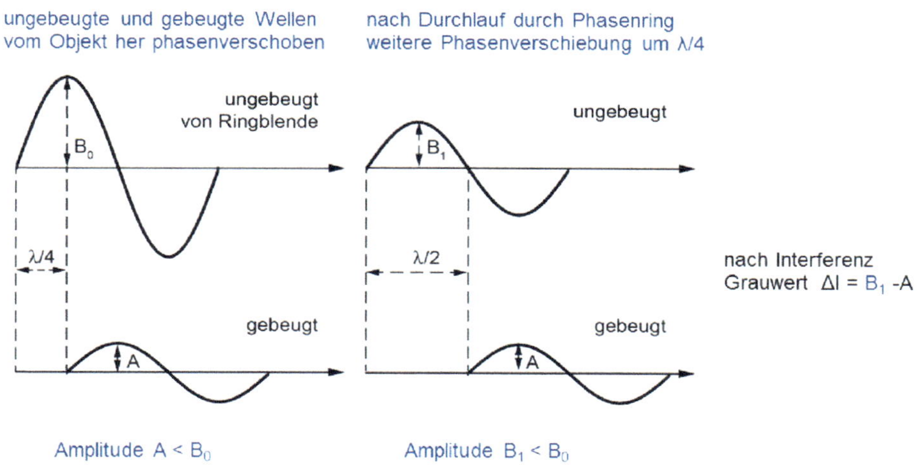

Bild 1.22 Beeinflussung der ungebeugten Wellen im Phasenkontrast

Bild 1.23 zeigt schematisch den Aufbau für das Durchlicht-Phasenkontrast Verfahren.

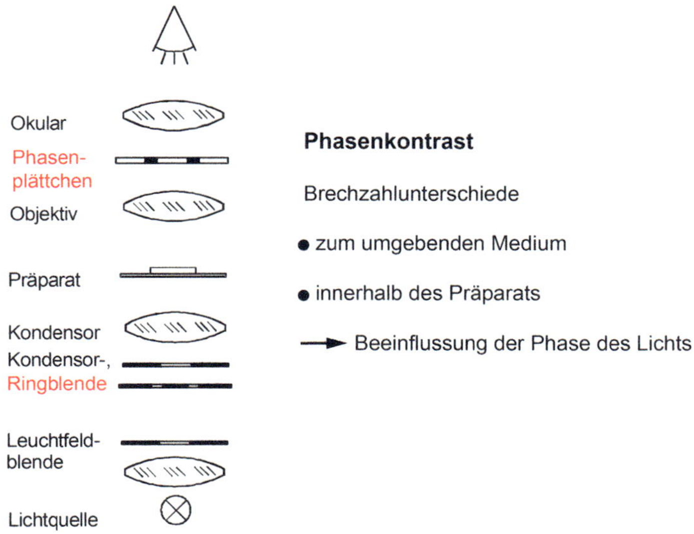

Bild 1.23 Schematischer Aufbau des Durchlicht-Phasenkontrast-Verfahren

Im Phasenkontrast betrachtet, ist erkennbar, dass es sich nicht um das Grundmaterial handelt, sondern um einen Fremdpartikel, Bild 1.24.

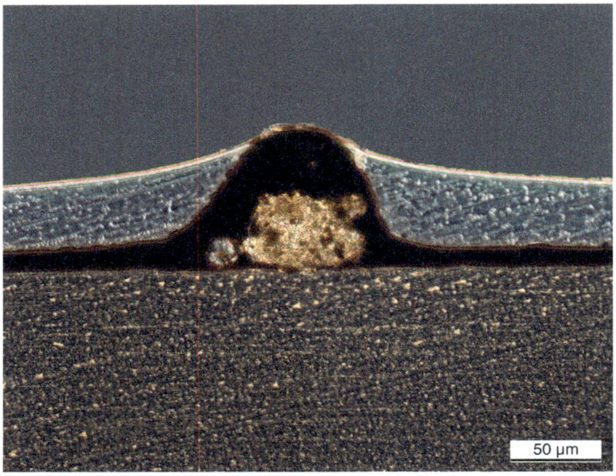

Bild 1.24 PC/ABS-Bauteil, Durchlicht, Phasenkontrast

Als weiteres Beispiel für eine im Phasenkontrast entstandene Durchlichtaufnahme zeigt Bild 1.25 das mit EPDM-Kautschuk modifizierte Polypropylen. Erkennbar sind nun deutlich die EPDM bzw. PP-Phasen, die sich kontrastreich voneinander unterscheiden.

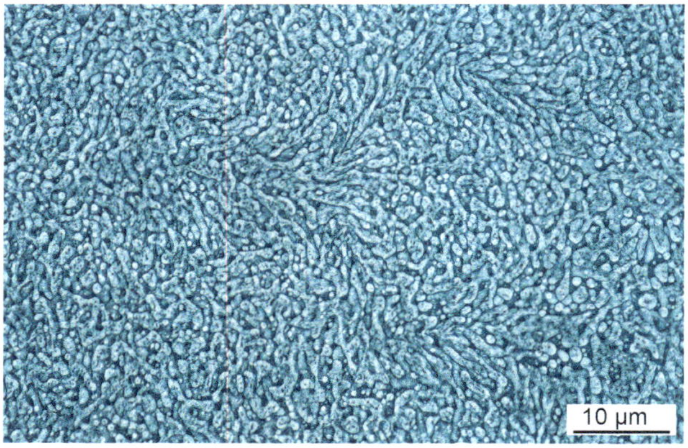

Bild 1.25 Mit EPDM-Kautschuk modifiziertes Polypropylen, Durchlicht, Phasenkontrast

1.1.3.2 Auflichtmikroskopie

In der Auflichtmikroskopie ist es nötig, dass das Präparat einen ausreichenden Teil des einfallenden Lichts ins Mikroskop reflektiert, damit ein wahrnehmbares mikroskopisches Bild entsteht. Hierfür ist in der Regel ein Anschliffpräparat anzufertigen, das eine glatte, hoch reflektierende Oberfläche aufweist.

Für das Auflösungsvermögen gilt die gleiche Abhängigkeit von Lichtwellenlänge und numerischer Apertur wie beim Durchlicht.

Lichtmikroskopie im Auflicht bietet die Möglichkeit mit unterschiedlichen Kontrastverfahren verschiedene Details eines Objekts insbesondere gefüllter Proben sichtbar zu machen. Gängige Verfahren sind dabei Hellfeld, Dunkelfeld, Polarisationskontrast und Differentieller Interferenz-Kontrast. Je nach deren Art der Kontrastentstehung, das heißt nach dem Eingriff in den Strahlengang, eignen sich diese für die Darstellung unterschiedlicher Strukturmerkmale.

Für die Auflichtmikroskopie werden in der Regel Anschliffe angefertigt. Meist werden die Proben hierfür in kaltaushärtenden, wenig schwindenden Harzen eingebettet. Für gezielte Strukturuntersuchungen können die Anschliffe im Weiteren auch geätzt werden. In manchen Fällen ist die Verwendung einer Ultrafräse oder das Überschneiden mit dem Mikrotom ebenso für die Probenpräparation geeignet.

1.1.3.2.1 Differential-Interferenzkontrast

Der DIK nutzt die Kontrastentstehung durch Interferenz zweier Wellenzüge mit einer Phasenverschiebung aus. Im Wollaston-Prisma wird eine polarisierte Lichtwelle in zwei benachbarte Wellenzüge aufgeteilt (unterhalb des Auflösungsvermögens des Mikroskops). Der Gangunterschied entsteht bei diesem Verfahren durch die unterschiedlichen zurückgelegten Wege zweier Wellenzüge bei Höhendifferenzen auf dem Präparat.

Mittels des DIK können unterschiedliche optische Eindrücke durch Verschieben des Prismas erhalten werden. Diese quasi Doppelbinder erwecken einen reliefartigen Eindruck. Es hilft bei der Unterscheidung von Phasen, Fasern und Füllstoffen (reliefartiger Eindruck), Feinstruktur geätzter Proben; Zusätzliche Einrichtung zur Hellfeld-Apparatur: Wollaston-Prisma. Im Wollaston- oder Nomarskiprisma wird durch Doppelbrechung eine Lichtwelle in zwei benachbarte intensitätsgleiche Wellen aufgespalten, Bild 1.26.

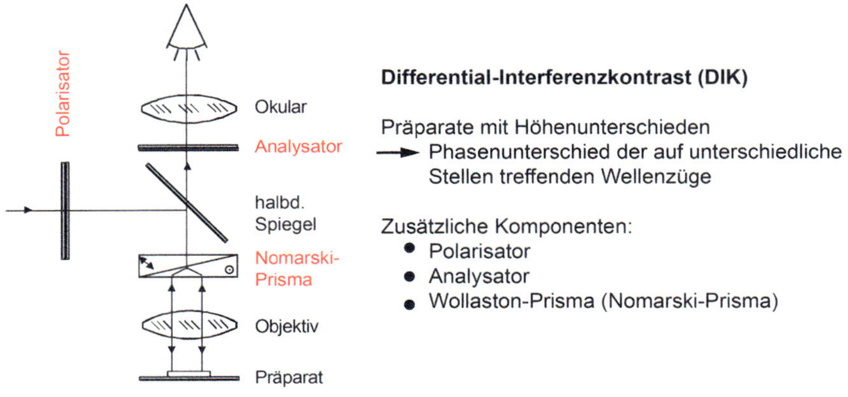

Bild 1.26 Aufbau des Differential-Interferenz Mikroskops

Die räumliche Versetzung der Wellenzüge liegt dabei innerhalb des Auflösungsvermögens des Mikroskops (deshalb Differential-Interferenzkontrast). Die beiden Teile des Wellenpaares treffen auf zwei dicht nebeneinander liegende Präparatstellen und werden von diesen unterschiedlich beeinflusst. Falls diese Präparatstellen geringfügig unterschiedliche Höhen haben, entsteht eine Phasenverschiebung zwischen den beiden Wellen. Nach der Reflexion am Objekt werden die Teilstrahlen durch das Prisma wieder vereinigt, d.h. zur Interferenz gebracht. Durch den Analysator wird dann der entstandene Gangunterschied in einen Hell-Dunkel-Kontrast umgewandelt. Das Prisma ist verschiebbar, so dass der optische Eindruck verändert werden kann.

DIK: Strukturen mit Höhenunterschieden z.B. Fasern, Füllstoffe, Fremdeinschlüsse, Sphärolithe (geätzt) etc.

Bild 1.27 zeigt wieder die PA 66-Probe, aufgenommen im DIK. Die Probe erscheint jetzt stark reliefartig, da die Höhenunterschiede auf der Probe durch dieses Kontrastierungsverfahren deutlich hervorgehoben sind.

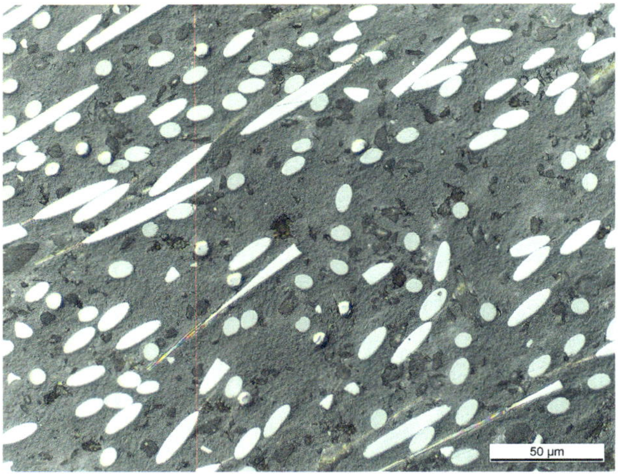

Bild 1.27 PA 66 gefüllt mit Kohlenstofffasern und PTFE-Pulver, Auflicht, DIK reliefartiger Eindruck

Deutlich wird der Unterschied zwischen einer normalen Hellfeldaufnahme eines EP-GF's und einer DIK-Aufnahme im direkten Vergleich, bei dem beim DIK-Bild die Übergänge von Faser zur Matrix deutlich markiert ist, Bild 1.28. Geeignet ist dieses Verfahren bei allen Objekten mit geringen Höhenunterschieden (> 10 nm), also Schichtlinien, Bindenähten, Fließzonen, faserverstärkten Kunststoffen. Durch eine entsprechende Probenpräparation beim Schleifen können auch Verunreinigungen oder kristalline Strukturen sichtbar gemacht werden.

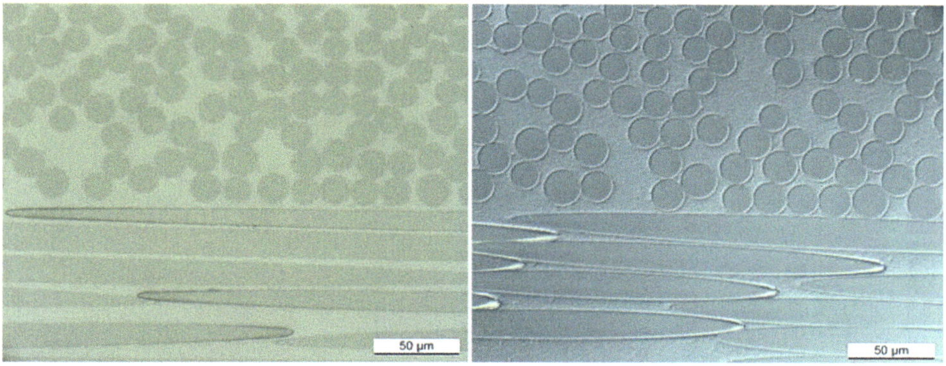

Bild 1.28 EP-Harz + Glasfaser
Hellfeld *(links)* und Differential-Interferenzkontrast DIK *(rechts)* Anschliff, Auflicht

1.1.3.2.2 Polarisationskontrast

Wie auch im Durchlicht wird ein Hellfeldmikroskop durch die Einbringung von Polarisator und Analysator in den Strahlengang zu einem Polarisationsmikroskop. Unterschiedlich gestaltet sich der Einsatz des Polarisators. Er wird zwischen Lichtquelle und Objektiv eingebracht.

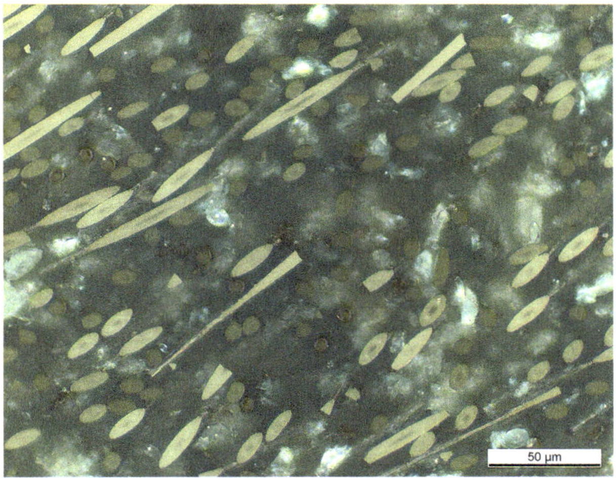

Bild 1.29 PA 66 gefüllt mit Kohlenstofffasern und PTFE-Pulver, Auflicht-Polarisationskontrast

Mit dem Polarisationskontrast können doppelbrechende (kristalline oder anisotrope) Objekte dargestellt werden. Die Doppelbrechung bewirkt eine Aufspaltung des linear polarisierten Lichts in zwei senkrecht zueinander schwingende Lichtbänder mit Gangunterschied. Durch Interferenz im Analysator verstärken oder schwächen sie sich. So hebt sich z.B. der Kern von Kohlestofffasern farblich von der übrigen Faser ab, Bild 1.29.

Anwendung: doppelbrechendes Material

Zusätzliche Einrichtungen zur Hellfeld-Apparatur: Polarisator, Analysator

1.1.3.2.3 Fluoreszenz

Fluoreszenz (siehe auch Kapitel 4 „Fluoreszenzmikroskopie") ist das durch Strahlung angeregte Leuchten eines Stoffes. Das dabei ausgestrahlte Fluoreszenzlicht hat eine größere Wellenlänge als das eingestrahlte Licht. Weit verbreitet ist die Anregung mit blauem Licht und die Beobachtung der gelb-grünen Fluoreszenzstrahlung.

Den Aufbau eines Fluoreszenzmikroskops zeigt Bild 1.30. Als Lichtquelle wird in der Regel ein Quecksilber-Höchstdruckbrenner verwendet. Diese Lampe liefert ein kurzwelliges Spektrum bei gleichzeitig hoher Lichtstärke. Durch den Erregerfilter erreicht man, dass nur für das benutzte Verfahren brauchbares bzw. notwendiges Licht (z.B. Blau) auf die Probe trifft. Der Farbteiler sorgt für eine weitere Selektion: kurzwelliges Licht wird reflektiert, langwelliges Licht wird transmittiert.

Das kurzwellige Anregungslicht wird vom Objekt absorbiert und das langwelligere Fluoreszenzlicht emittiert. Der Farbteiler schafft eine erste Trennung, die durch den Sperrfilter ergänzt wird. Dadurch kann nur das Fluoreszenzlicht zur Bildentstehung beitragen.

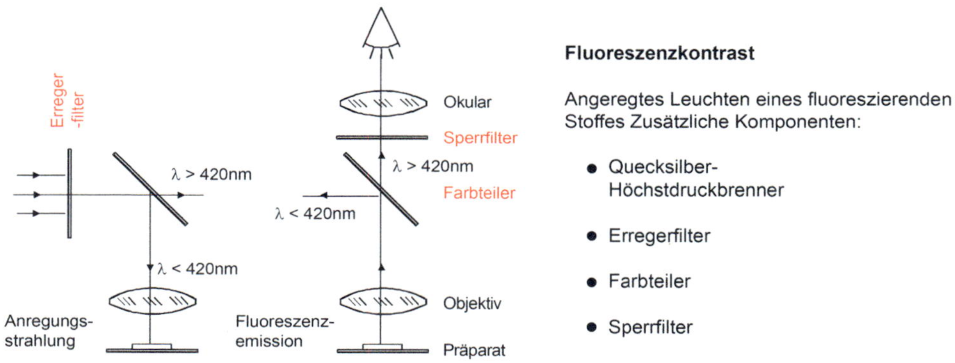

Bild 1.30 Schematischer Aufbau eines Fluoreszenz-Mikroskops für den Einsatz im Auflicht

Voraussetzung für die Fluoreszenz-Mikroskopie ist jedoch in jedem Falle, dass eine Substanz vorhanden ist, die sich zum Fluoreszieren anregen lässt. In biologischen Präparaten (z.B. Chlorophyll) sind Substanzen vorhanden, die fluoreszieren.

Bei Kunststoffen ist dies nicht der Fall. Deshalb müssen die Objektstrukturen, die untersucht werden sollen, durch Aufbringen von Fluorochrom (fluoreszierender Farbstoff) herausgehoben werden. Dies geschieht durch Aufstreichen der Farbe oder Zugabe in ein Einbettmittel, das in Risse, Spalten und Löcher eindringt und diese damit anzeigt, sichtbar macht.

Nach Reinigen der Oberfläche sind die Bereiche zu erkennen, in denen die Haftung nicht ausreichend ist, Bild 1.31 links. Konkretere Aussagen über die Form der Spalte und Risse ermöglichen andere mikroskopische Verfahren, wie z.B. die der Differenzial-Interferenzkontrast im Auflicht, Bild 1.31 rechts.

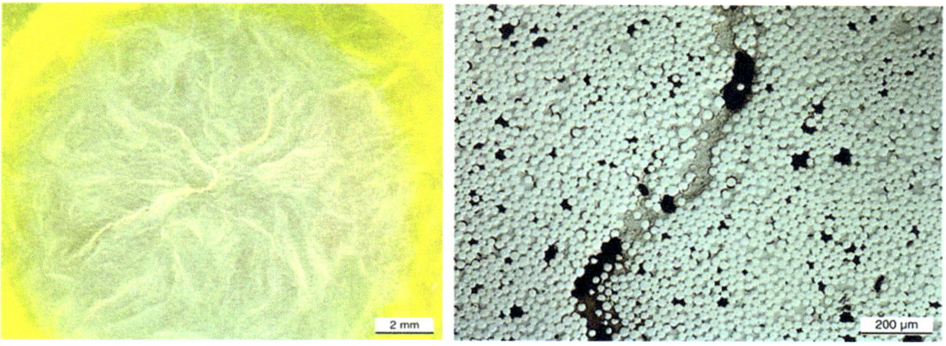

Bild 1.31 Fluoreszenzkontrastaufnahme eines Querschliffs eines Armierungsstabes aus VE-GF *(links)* im Vergleich zu einer Differenzial-Interferenz-Kontrast-Aufnahme DIK *(rechts)*

1.1.4 Stereomikroskopie

Stereomikroskope ermöglichen es, ein dreidimensionales Abbild eines Objekts zu erhalten und erreichen dabei auch bei hohen Arbeitsabständen eine hohe Tiefenschärfe. Die mit zunehmender Vergrößerung abnehmende Tiefenschärfe begrenzt die sinnvolle Vergrößerung der Stereomikroskope auf etwa 100-fach. Zudem ist die maximale Vergrößerung konstruktionsbedingt eingeschränkt gegenüber anderen Mikroskopiesystemen.

Anwendung finden Stereomikroskope in Bereichen, in denen eine räumliche Darstellung des zu vergrößernden Objektes nötig ist. In der Kunststoffprüfung ist der Haupteinsatz daher meist die präparative Vorbereitung oder die Schadensanalyse im Auflicht-Stereomikroskop. Um ein genaues Bild einer Bruchfläche oder eines Rissverlaufs zu erhalten, verschafft man sich mithilfe der räumlichen Darstellung einen Überblick über die zu analysierende Fläche, bevor einzelne Bereiche zum Beispiel in hoher Auflösung mit dem Rasterelektronenmikroskop genauer untersucht werden.

Ursprünglich lag das Haupteinsatzgebiet der Stereomikroskope in der Biologie, sie wurden beispielsweise verwendet, um Präparate für weitere mikroskopische Untersuchungen vorzubereiten. In der Forschung, der Schadensanalyse, der Industrie, zur Montage und Kontrolle von mikroelektronischen Bauelementen sowie in der chirurgischen Medizin sind sie heute von großer Bedeutung.

1.1.4.1 Technischer Aufbau

Prinzipiell kann man zwei stereoskopische Systeme unterscheiden: Zum einen das *Greenough*-Modell, benannt nach seinem Erfinder *Horatio S. Greenough*; zum anderen das Fernrohr-Modell, welches auf *Ernst Abbe* zurückgeht.

1.1.4.1.1 *Greenough*-Modell

Das *Greenough*-Mikroskop orientiert sich stark am natürlichen stereoskopischen Sehen des menschlichen Auges. Da zum räumlichen Sehen zwei Bilder aus unterschiedlichem Blickwinkel nötig sind, ordnete *Greenough* zwei separate Tuben, jeweils mit eigenem Okular und Objektiv nebeneinander an, wobei der gemeinsame Fokus der beiden Strahlengänge in der Betrachtungsebene des Präparats liegt, Bild 1.32. Die Okulare schließen einen Winkel von ca. 14° bis 16° ein, was dem durchschnittlichen Konvergenzwinkel der Augen eines Menschen bei einer Sehweite von 250 mm entspricht. Durch konstruktionsbedingte Gegebenheiten ist die nutzbare Vergrößerung bei diesem Prinzip auf 50- bis 250-fach beschränkt.

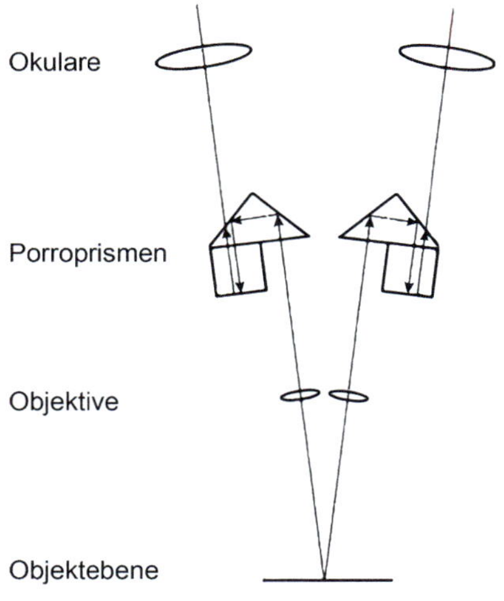

Bild 1.32
Greenough-Modell

Erfinder: *Horatio S. Greenough* – erste Anwendung: 1892 *(Carl Zeiss)*

Im Vergleich zu anderen Varianten überzeugt das *Greenough*-Modell durch eine hohe Abbildungsqualität und einen relativ geringen Preis, resultierend aus dem einfachen Aufbau. Allerdings ist es äußerst kompliziert, diesen Gerätetyp mit Zusatzeinrichtungen zur Koaxialbeleuchtung oder Mikrofotographie zu bestücken.

Im Gegensatz zur monoobjektiven Mikroskopie erfährt das Bild im Stereomikroskop keine doppelte Drehung durch Objektiv und Okular, sondern wird nur einmal vom Objektiv gedreht. Deshalb erscheint das Bild dem Betrachter sowohl seiten- als auch höhenverkehrt. Durch in die Strahlengänge eingebrachte Linsen, sogenannte *Porro'sche*-Umkehrprismen, wird diese Umkehrung richtiggestellt. Die korrekte Abbildung des Objektes ist besonders wichtig, wenn das Präparat unter Vergrößerung bearbeitet wird.

1.1.4.1.2 Fernrohr-Modell

Im Gegensatz zum *Greenough'schen*-Mikroskop kommt diese Variante mit nur einem, auf unendlichen Bildabstand korrigierten Objektiv aus, Bild 1.33. Eine hinter die Linse gelegte Blende reduziert die vom Objektiv erzeugten parallelen Lichtbündel auf zwei Strahlen, welche die Linse unter einem Winkel von 14° zueinander passiert haben. Auf diese Weise erhält man zwei parallele Lichtbündel, welche dem Betrachter einen räumlichen Eindruck des Objekts vermitteln. Um den Bildabstand auf eine endliche Entfernung zu korrigieren, ist in jeden Strahlengang eine Tubuslinse eingeschaltet. Die ebenfalls in beiden Strahlengängen liegenden Porroprismen dienen einerseits der Bildaufrichtung, ermöglichen andererseits aber auch ein Schrägstellen der Okulare, sowie eine Einstellung der Okularstutzen auf den Augenabstand des Benutzers.

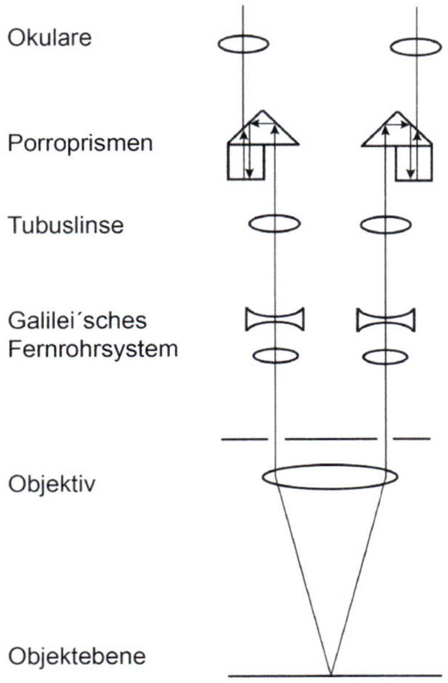

Bild 1.33
Fernrohr-Modell

Um verschiedene Vergrößerungen erzeugen zu können, ist in beiden Strahlengängen außerdem ein *Galilei'sches*-Fernrohr eingeschaltet. Dieses besteht aus einer zerstreuenden und einer sammelnden Linse, und ermöglicht einen Vergrößerungswechsel, ohne das Objektiv austauschen zu müssen.

Erfinder: *Ernst Abbe* - erste Anwendung: 1946 *(Carl Zeiss)*

Die Hauptvorteile des Fernrohr-Modells sind der bequeme Vergrößerungswechsel und der konstante Arbeitsabstand. Zudem ist es bei diesem Modell einfach, Zusatzgeräte anzubringen. Ein Nachteil ist der gegenüber anderen Mikroskopen deutlich höhere Preis. Mittlerweile existieren für beide Stereomikroskop-Modelle stufenlose ZOOM-Systeme, welche das Arbeiten erleichtern.

Durch das Aufsetzen zweier Halbblenden auf die Okulare eines monoobjektiven Mikroskops können dem Betrachter ebenso dreidimensionale Abbilder von Objekten zugänglich gemacht werden. Die aufgesetzten Blenden führen dazu, dass beide Augen verschiedene Hälften des Bildes wahrnehmen. Diese werden vom Betrachter zu einem Stereobild zusammengefügt.

1.1.4.2 Beleuchtung

Bei der räumlichen Betrachtung von Objekten spielt der Lichteinfall auf deren Oberfläche eine sehr große Rolle, weswegen der Beleuchtung in der Stereomikroskopie ein hoher Stellenwert beigemessen wird

Analog zur monoobjektiven Mikroskopie wird auch hier zwischen Auflicht und Durchlicht unterschieden. In der Prüfung von Bauteilen ist die Bedeutung der Durchlicht-Beleuchtung aber eher untergeordnet. Die Beleuchtung eines Objektes mit Auflicht eröffnet hingegen verschiedene Betrachtungsmöglichkeiten eines Objektes in räumlicher Darstellung.

Mittels *direkter Beleuchtung* (Hellfeld) durch das Objektiv hindurch, erzeugt man Lichtstrahlen, welche senkrecht auf die Objektoberfläche einstrahlen. Der Teil des Strahles, der beim Auftreffen nicht gestreut wird, wird senkrecht reflektiert und zum Objektiv zurückgestrahlt, und zu den Okularen weitergeleitet Auf diese Weise erhält man eine gleichmäßige Beleuchtung des Präparates, welche nicht durch eventuelle Schattenwürfe der Oberflächenstruktur gestört wird. Allerdings beeinträchtigen die fehlenden Schatten das räumliche Wahrnehmungsvermögen, weswegen die Beleuchtung im Hellfeld beispielsweise zur Rauheitsmessung eher ungeeignet ist.

Um eine frei bewegliche Lichtquelle nutzen zu können, greift man deswegen auf die sogenannte *Schwanenhalsbeleuchtung* zurück. Sie besteht aus einem flexiblen Rohr, an dessen Ende sich eine Kaltlichtquelle befindet. Der Schwanenhals lässt sich in alle Raumrichtungen bewegen, und ermöglicht so einen maximalen Freiheitsgrad in der Einstellung des Beleuchtungswinkels. Durch den Einsatz mehrerer Schwanenhalsbeleuchtungen lässt sich das Objekt gezielt von mehreren Seiten ausleuchten, was eventuelle Arbeiten am Präparat wesentlich vereinfacht.

Für eine maximale Flexibilität der Beleuchtung bei gleichzeitig minimalem Aufwand zur Justierung der Lichtquellen, stehen sogenannte *„Ringleuchten"* zur Verfügung. Diese bestehen aus ringförmig angeordneten LEDs, welche am Objektiv installiert werden. Das somit schräg auf das Objekt treffende Licht trägt zur Bildgebung bei. Man erhält also ein Dunkelfeld-Bild des betrachteten Objekts. Durch Verwendung einzelner Bereiche der LEDs im Ring können gezielt Schatten erzeugt werden. Es ist außerdem möglich, den Lichtkegel um das Objekt „rotieren" zu lassen, wenn ein wechselnder Lichteinfall zur Kontraststeigerung benötigt wird.

1.1.4.3 Aufnahmemöglichkeiten

1.1.4.3.1 Stereobilder

Um eine stereoskopische Fotoaufnahme anzufertigen, werden zwei Aufnahmen des Präparats aus unterschiedlichem Blickwinkel relativ zur optischen Achse angefertigt und überlagert. Bei der Betrachtung der beiden Fotos mit einer Stereolupe entsteht der gewünschte Stereo-Effekt, Bild 1.34.

Bild 1.34 Stereomikroskop ist ein spezielles Lichtmikroskop, bei dem für beide Augen ein getrennter Strahlengang bereitgestellt wird, so dass ein *räumlicher Eindruck* entsteht

1.1.4.3.2 Monobilder

Stereomikroskope können neben der Nutzung zur Betrachtung und Anfertigung von Stereobildern als Makroskope eingesetzt werden. Für die Aufnahme des Objekts wird hierzu nur ein Strahlengang genutzt. In der Regel wird dies durch das Verschieben des Objektivs bewerkstelligt, um das senkrecht eintreffende Licht in den Tubus zu führen.

1.1.4.3.3 Bilder mit erweiterter Tiefenschärfe

Der Tiefenbereich, der mittels eines Stereomikroskops dargestellt werden kann, ist in erster Linie von der Vergrößerung der Darstellung abhängig. Die erreichbare Tiefenschärfe ist proportional zu $1/v^2$, wobei v dem Vergrößerungsfaktor entspricht. Das bedeutet, dass bei der Betrachtung eines Objekts mit größeren Höhenunterschieden bzw. bei der Betrachtung eines stark vergrößerten Objektes ständig die Betrachtungsebene geändert werden muss, um verschiedene Bereiche unterschiedlicher Höhe scharf sehen zu können.

Mit neuen Bildverarbeitungstechniken ist es möglich, scharfe Aufnahmen von Objekten in Vergrößerungen anzufertigen, bei denen die Tiefenschärfe kleiner ist als die Höhenunterschiede der Objekte. Hierbei wird die Schärfeebene bei konstanter Vergrößerung und damit Tiefenschärfe schrittweise eingestellt und in jeder Ebene eine Aufnahme gemacht. Es entsteht ein „Stapel" von Aufnahmen, bei dem jede Aufnahme eine andere Höhenlage des Objekts scharf wiedergibt.

Mittels der Bildverarbeitung werden die einzelnen Aufnahmen dieses Stapels nun zusammengesetzt. Bei einer Abstandsänderung von Objektiv und Objekt ist zu beachten, dass die einzelnen Bilder eine seitliche Verschiebung aufweisen, die über die Bildverarbeitung kompensiert werden muss. Die auf diese Weise konstruierten Bilder weisen nicht nur eine über die gesamte Tiefe konstante Schärfe auf, die Information, aus welcher relativen Höhe ein scharf abgebildeter Bereich des Objekts stammt ist ebenfalls gespeichert. Dadurch dienen diese Bilder als „topographische Karten" der aufgenommenen Objekte. Diese Information kann unter anderem genutzt werden, um Rauheiten von Oberflächen zu bestimmen, ohne eine mechanische Prüfung durchzuführen.

1.1.4.4 Anwendungsbeispiel

Bild 1.35 zeigt ein Zahnrad aus POM, das mittels Stereomikroskop in 10-facher Vergrößerung aufgenommen wurde. Bei der in dieser Vergrößerung erreichbaren Tiefenschärfe ist bei herkömmlicher Aufnahmetechnik keine vollständig scharfe Abbildung möglich, Bild 1.35 oben. Durch die Aufnahme von Abbildungen mehrerer Schärfeebenen (oben links = unten scharf – oben rechts = oben scharf) und bildverarbeitungstechnischem Zusammenfügen zu einem Bild ist eine vollständig tiefenscharfe Abbildung des Zahnrads möglich, Bild 1.35 unten.

Beleuchtung

- Direkte Beleuchtung
- Schwanenhalsbeleuchtung
- LED-Ringbeleuchtung

Aufnahmemöglichkeit

- Stereobilder
- Monobilder
- Bilder mit erweiterter Tiefenshärfe

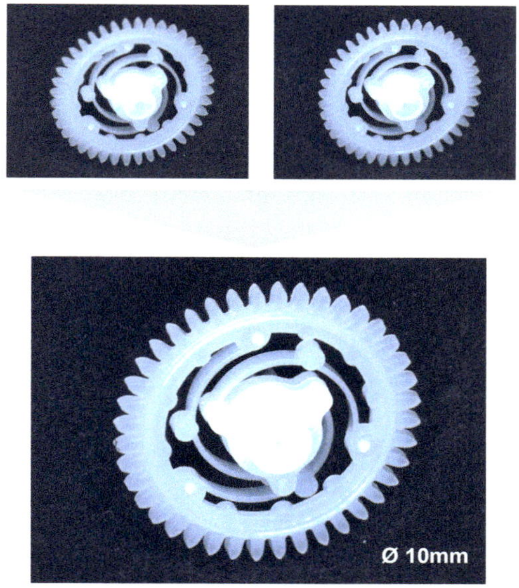

Bild 1.35 POM-Zahnrad, Stereomikroskop, Ringbeleuchtung
oben: Monobilder in verschiedenen Schärfeebenen
links: unten scharf, rechts = oben scharf
unten: Abbildung mit erweiterter Tiefenschärfe durch Zusammenfügen mehrerer Aufnahmen in unterschiedlichen Schärfeebenen

1.1.4.4.1 Orientierungen und Eigenspannungen

Technische Formgebungsprozesse erzwingen während der Verarbeitung z.B. in der Schmelze beim Spritzgießen oder Extrudieren, im gummielastischen Zustand beim Warmumformen oder auch im festen Zustand beim Verstrecken Molekülorientierungen, die reversibel oder aber auch irreversibel sein können. Derartige Orientierungen sind immer mit Formänderungen der Moleküle verbunden. Während bei Thermoplasten eine Formgebung ohne Orientierungseffekte nur mit erheblichem Aufwand möglich ist, erfolgt bei Duroplasten die Bildung der Ketten erst während und nach dem Formgebungs-Prozess, sodass nur Orientierungen nach dem Gelieren (nicht mehr fließfähig) aufgebaut werden können. Bei weitmaschig vernetzten Elastomeren können die Molekülketten zwischen den Vernetzungspunkten verstreckt werden, Bild 1.36.

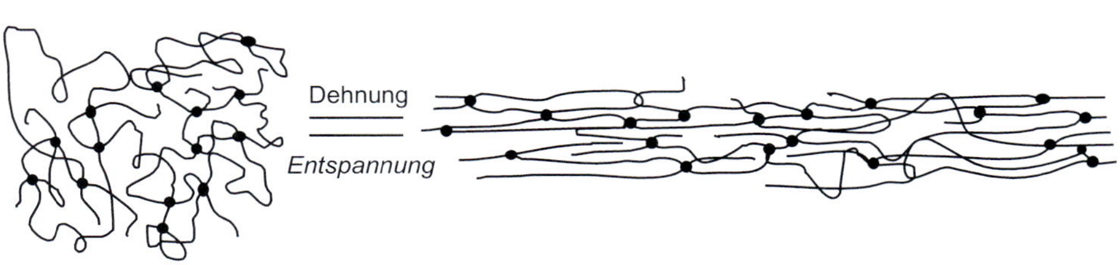

Bild 1.36 Verstrecken von Kettenabschnitten eines Knäuels zwischen Vernetzungspunkten bei Elastomeren

Es ist zwischen reversiblen und irreversiblen Molekülorientierungen zu unterscheiden. Reversible Molekülorientierungen bilden sich nach dem Aufheben der sie bewirkenden Kräfte bzw. Verformungen soweit zurück, wie es die Umstände (Temperatur, Aggregatzustand, Viskosität, Vernetzung) zulassen bzw. sie nicht durch Abkühlen eingefroren werden. Reversible Orientierungen dürfen nicht mit elastischen Verformungen verwechselt werden, da letztere nur auf Änderung der Valenzwinkel und der Valenzabstände beruhen. Im gummielastischen und noch leichter im Schmelzezustand lassen sich die Ketten wegen der mehr oder weniger schnellen Umlagerungsmöglichkeiten von Molekülabschnitten schnell orientieren.

Wegen des Bestrebens nach Verknäuelung versuchen sich diese Orientierungen wieder zu entspannen. Da die Orientierungen aber mit Verlagerungen verbunden sind, kann der Ausgangszustand der Verknäuelung selten wieder erreicht werden. Die irreversiblen Orientierungen sind umso größer, je höher die Temperatur (niedrigere Viskosität) und je länger die Einwirkzeit ist. Orientierungen sind in dem Aggregatzustand, in dem sie entstehen, mit Eigenspannungen verbunden, die wegen des niedrigen E-Moduls in diesen Zustandsbereichen aber nur gering sind.

Werden Molekülorientierungen oberhalb der Glasübergangstemperatur aufgebracht und schnell abgekühlt, frieren sie ein und werden irreversibel. Dadurch wird das Materialverhalten anisotrop, d.h. in Orientierungsrichtung nehmen Festigkeit, Steifigkeit und Wärmeleitung zu, Wärmeausdehnung und Bruchdehnung dagegen ab. Der Grad der Orientierung wird durch die Art der Strömung beeinflusst. *Dehnströmungen* orientieren die Ketten etwa 100-mal so stark wie *Scherströmungen*.

Dehnströmungen treten auf, wenn eine Schmelze gedehnt wird, z.B. in einer sich verengenden Düse schneller fließt. In einer beschleunigten Dehnströmung kann es sogar zur Streckung von Makromolekülen kommen. Die stets gleichzeitig auftretenden Scherströmungen überwiegen im wandnahen Bereich, wenn die in ein Werkzeug einströmende Schmelze an der kühleren Werkzeugwand anhaftet und in ihrem Inneren frei strömt. Eine Abkühlung der Schmelze erhöht die Viskosität, was wiederum die Molekülorientierung verstärkt und deren Rückbildung behindert. Je geringer die Differenz zwischen Schmelze- und Einfriertemperatur ist, desto mehr Orientierungen werden durch den Formgebungsprozess hervorgerufen.

Die durch die Entorientierung der Moleküle oberhalb der Einfriertemperatur hervorgerufenen geringen Spannungen bezeichnet man als *Orientierungsspannungen*. Wegen der geringen Wärmeleitfähigkeit der Kunststoffe ist die orientierte Zone bei normalen Verarbeitungstemperaturen vor allem auf die werkzeugwandnahen Bereiche beschränkt. Hier herrschen überwiegend Scherspannungen.

Die einzige Möglichkeit, Orientierungen und Eigen- und Lastspannungen in durchsichtigen oder zumindest durchscheinenden Kunststoffen sichtbar zu machen, bietet die Spannungsoptik. Die Interpretation ist jedoch häufig durchaus schwierig, da sich viele Effekte unterschiedlicher Ursache überlagern.

1.1.4.4.2 Kristalline Strukturen - Sphärolithe

Die Grundelemente der kristallinen Strukturen, die Lamellen, lassen sich mit dem Mikroskop kaum erfassen und separieren. Diese aus parallellagernden Makromolekülen entstehenden etwa 15 bis 100 nm dicken Faltungsblöcke, die Lamellen, entwickeln sich zu größeren polyedrischen Einheiten, den sogenannten Sphärolithen. Ein Polyeder ist ein von vielen ebenen Flächen begrenzter Körper, annähernd kugelsymmetrisch. Die bei der Kristallisation in dünnen Folien auftretenden flächenförmigen Gebilde werden ebenfalls als Sphärolithe bezeichnet, da man sie als Querschnitte von aus der Masse kristallisierten Sphärolithen ansehen kann.

Sphärolithe machen gewöhnlich Filme und Folien opak, wenn ihre Durchmesser größer als ca. die halbe Wellenlänge des Lichts sind und zusätzlich die Dichte und den Brechungsindex beeinflussende Inhomogenitäten vorhanden sind.

Sphärolithe sind zentralsymmetrische Überstrukturen aus zahlreichen Faltungslamellen mit in den kristallinen Bereichen überwiegend tangential zum Radius angeordneten Makromolekülen. Übliche Sphärolithdurchmesser betragen 0,01 bis 1 mm. Die Kristallisationsgeschwindigkeit in den verschiedenen Richtungen kann durchaus unterschiedlich sein und somit nicht zu gleichmäßigen Strukturen führen. Außerdem kann die Kristallisation bei günstigen Bedingungen im Inneren weitergehen und somit zu höheren Kristallisationsgraden führen. Typische Sphärolithstrukturen, wie sie im polarisierten Licht zu erkennen sind, zeigt Bild 1.37.

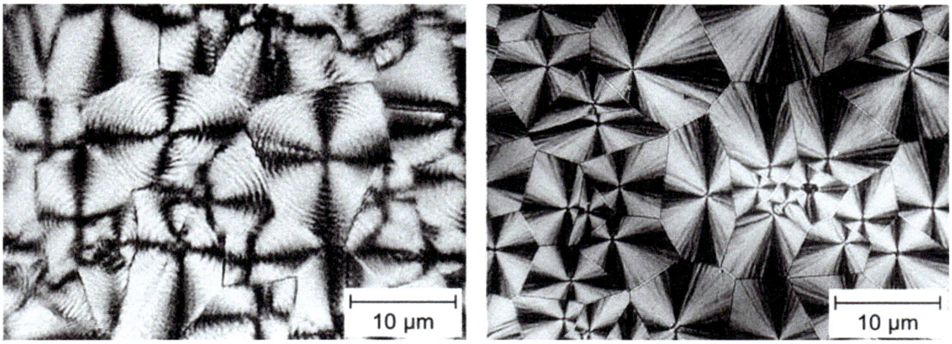

Bild 1.37 Mikrotomdünnschnitt von sphärolithisch kristallisiertem Polyethylen (PE) mit und ohne ringförmige Struktur im polarisierten Licht zwischen gekreuzten Polisatoren

> Sphärolithaufnahmen ergeben zunächst nur bunte Bilder - Aussagen über die damit verbundenen mechanischen Eigenschaften sind kaum möglich. Verschiedene Untersuchungen gehen davon aus, dass feinsphärolitische Strukturen überwiegend duktil, grobsphärolitische eher spröde sind.

Auffallend sind bei einigen Sphärolithen im polarisierten Licht sogenannte Malteserkreuze und konzentrische Ringe, die bei anderen wiederum fehlen. Die Malteserkreuze weisen auf die zentralsymetrische Anordnung der Faltungsblöcke hin. Sie sind Isoklinen, die durch Einsatz von Viertelwellenplättchen aufgehoben werden können. Ringe werden bei PE, PP und PVDF beobachtet, keine Ringe zeigen sich bei PA, PB, POM, PET und PBT. Bei PE, PVDF und bestimmten PP-Typen sind beide Erscheinungen möglich.

Bilden sich die Sphärolithe garbenförmig in einer Ebene dargestellt, treten keine Lichtablenkungen und damit keine Ringe auf, Bild 1.38. Die meisten Aufnahmen für polarisiertes Durchlicht werden an 10 bis 15 µm dicken Mikrotomschnitten gemacht. Der Garbensphärolith auf Bild 1.38 rechts, besteht aus PA 6, das in verdünnter Ameisensäurelösung gezüchtet und ohne Ätzung für das SEM präpariert wurde.

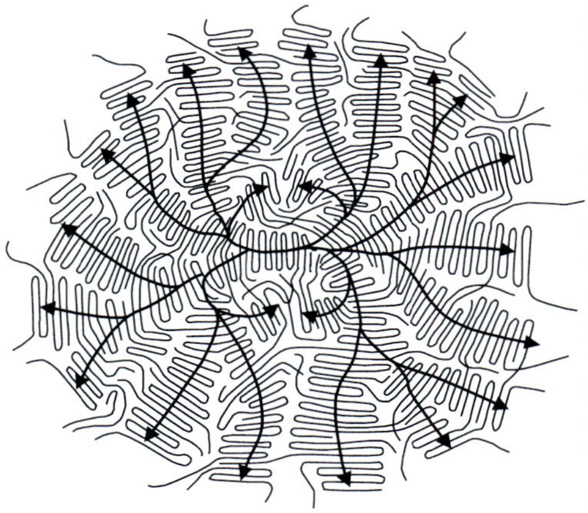

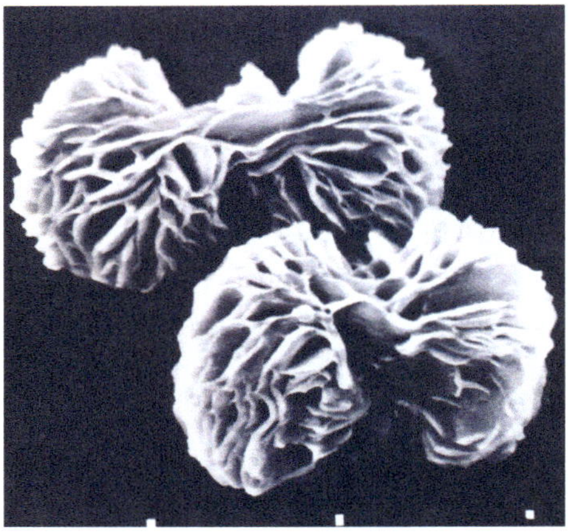

Bild 1.38 Garbenförmiger Sphärolith; rechts 3 µm

Geätzte Schnittoberflächen eben gewachsener Sphärolithe von PP und POM zeigen deutlich das radiale Wachstum der Faltungsebenen, Bild 1.39.

Im polarisierten Licht wird durch eine gekreuzte 90°-Stellung von Polfiltern das durch den ersten Filter durchgelassene, in einer Richtung schwingende Licht durch den zweiten Filter vollständig abgeschirmt. Durch eine zwischen die Filter eingebrachte Probe kann die Lichtrichtung, die durch den ersten Filter entstanden ist, abgelenkt (depolarisiert) werden, sodass die nicht in die Abschirmrichtung schwingende Lichtkomponente durch den zweiten Filter hindurchlaufen kann. So werden Strukturen im polarisierten Licht erkennbar.

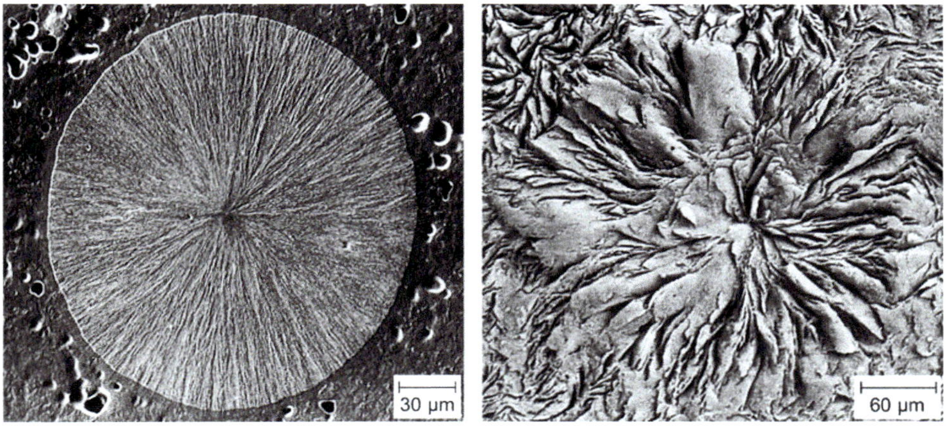

Bild 1.39 Geätzte Schnittoberfläche von Sphärolithen mit radialer Anordnung der Lamellen
links: PP mit H_2SO_4 /HNO_3 /$KMnO_4$ geätzt
rechts: POM in 37%iger HCl, 90 s bei Raumtemperatur geätzt

Die im polarisierten Licht sichtbaren Ringstrukturen, Bild 1.39 links und rechts, ergeben sich aufgrund einer schraubenförmigen Anordnung der gefalteten Kristall-Lamellen, wobei die Ganghöhe der Schraube gerade dem Abstand gleicher Ringe entspricht, Bild 1.40. Die sichtbaren Ringe ergeben sich dadurch, dass in Richtung der Lamellennormalen, d. h. parallel zu den Molekülen, keine Depolarisation des polarisierten Lichts stattfindet, es erscheinen dunkle Ringe. Im Gegensatz dazu ergeben sich senkrecht dazu, d. h. senkrecht zu den Molekülachsen, wegen der Depolarisation die Aufhellungen, Bild 1.42. Die elektronenmikroskopischen Aufnahmen von Oberflächenabdrücken in Bild 1.41 lassen deutlich die schraubenförmige Anordnung der Kristalllamellen erkennen. In den glatten Bereichen liegen die Faltungsblöcke parallel zur Bildebene, d. h. die Ketten verlaufen senkrecht zu ihr.

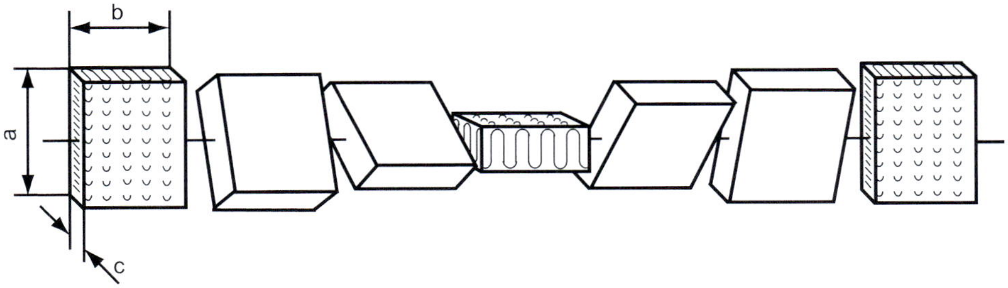

Bild 1.40 Schraubenförmige Anordnung der gefalteten kristallinen Bereiche im Sphärolith, schematisch

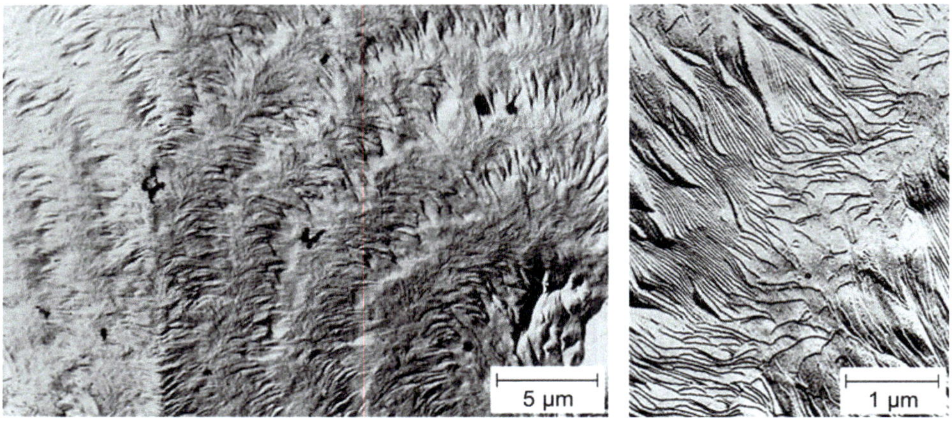

Bild 1.41 Schraubenförmige Anordnung der Faltung im Sphärolith, Oberflächenabdruck eines Polyethylens (PE-HD); elektronenmikroskopische Aufnahme

Bei der Bildung von Lamellen stören vor allem Seitenketten, Substituenten und Kettenenden einen regelmäßigen Aufbau der kristallinen Bereiche. Inwieweit sie als Störstellen in die Kristallite eingebaut oder in amorphe Deck- und Zwischenschichten abgedrängt werden, ist nicht vollkommen geklärt.

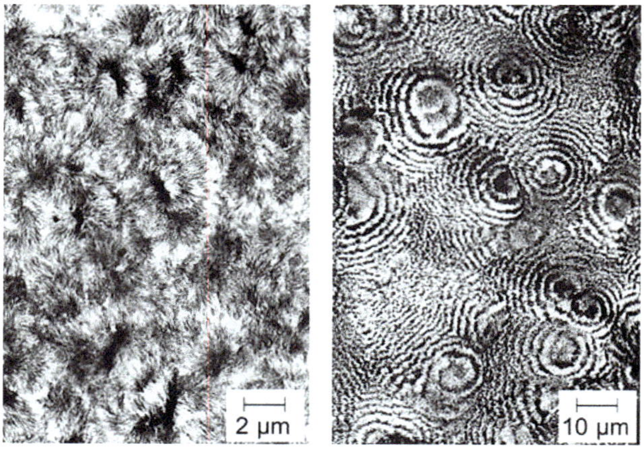

Bild 1.42 Sphärolithe in Polyethylen (PE)
links: verzweigtes PE-LD
rechts: lineares PE-HD
Mikrotomschnitt im polarisierten Licht

1.2 Normen

DIN 58629-1
Optik und optische Instrumente – Begriffe für die Mikroskopie; Teil 1 Lichtmikroskopie

ISO 8576-2002
Optik und optische Instrumente – Mikroskope – Bezugssysteme der Polarisationsmikroskopie
Ersatz für DIN 58879:19

Verwendete Literatur

[1] Determann, H., Leupusch, F.: Das Mikroskop und seine Anwendung. Fa. Leitz

[2] Jörg, F.: Präparative und mikroskopische Verfahren in der Materialprüfung. ecomed Verlag, 1991

[3] Gerlach, D.: Das Lichtmikroskop. Thieme Verlag, 1985

[4] Beyer, H., Riesenberg, H.: Handbuch der Mikroskopie. VEB Verlag Technik Berlin, 1988

[5] Freund, H.: Handbuch der Mikroskopie in der Technik. Umschau Verlag, 1957

[6] Patzelt, W. J.: Polarisationsmikroskopie. Fa. Leitz, 1974

[7] Holz, H. M.: Was man von der Fluoreszenz-Mikroskopie wissen sollte. Fa. Zeiss, 2. Auflage, 1977

[8] Wolf, H.: Spannungsoptik. Band 1: Grundlagen. Springer-Verlag Berlin, 1976

[9] Ticona GmbH: Schadensanalyse mit Hilfe der Mikroskopie. Berechnen – Gestalten – Anwenden C 4.1; 2004

[10] Trempler, J.: Schadensanalyse von Kunststoffen. Practical Metallography 53 (2016) 8; S. 481 – 497

[11] Trempler, J.: Materialmikroskopie unter besonderer Berücksichtigung der Kunststoffe. Teil 1: Präparation von Kunststoffen für die Lichtmikroskopie, Praktische Metallographie 38 (2001) 5; S. 231 – 269

[12] Trempler, J.: Materialmikroskopie unter besonderer Berücksichtigung der Kunststoffe. Teil 2: Beobachtende Lichtmikroskopie an Kunststoffen, Praktische Metallographie 40 (2003) 10; S. 481 – 531

[13] Trempler, J.: Materialmikroskopie unter besonderer Berücksichtigung der Kunststoffe. Teil 3: Messende lichtmikroskopische Untersuchungsmethoden an Kunststoffen, Praktische Metallographie 42 (2005) 12; S. 585 – 629

[14] Ehrenstein, G. W.: Kunststoff-Schadensanalyse, Methoden und Verfahren. Carl Hanser Verlag, München, 1992

[15] Berndsen, N., Jansen, F. J.: Präparation von Polymeren für die Licht- und Elektronenmikroskopie, IKV Aachen

2 Polarisation

2.1 Analyseverfahren

Als Einsatz in der Schadensanalyse wird bei der Polarisation die Bewertung von Anisotropien wie Orientierungen und Eigenspannungen vorgenommen. Diese kann in zwei Arten unterteilt werden:

- anisotrop: in verschiedenen Richtungen unterschiedliche Verhalten und Orientierungen
- isotrop: in allen Richtungen gleichförmiges Verhalten

2.1.1 Polarisationsoptik & Mikroskopie

Begriffe der Polarisationsoptik sind:

- Isochromaten: Interferenzerscheinungen
  - Polarisationsfarben
  - Linien und Zonen gleicher Farbe, die auf die gleichen Erscheinungen in der Morphologie im Gefüge hinweisen
  - weiche und fließenden Farbübergänge weisen auf geringe Spannungs-/Verformungszustände hin.
- Isoklinen: Linien gleicher Erscheinungen

2.1.1.1 Grundlagen

Wenn ein Lichtstrahl von einer Substanz, etwa Luft, in einen durchsichtigen Kunststoff eindringt, wird er von seiner Richtung abgelenkt. Das umgekehrte Verhältnis vom Sinus der Richtung des auftreffenden Lichtstrahls sin α zum Sinus der weiter verlaufenden Richtung des Strahls sin α' heißt der Brechungsindex n = sin α,/sin α. Das gleiche gilt auch für die Fortpflanzungsgeschwindigkeit c des Lichtstrahls in Luft und im Kunststoff. Der einfallende und der gebrochene Strahl liegen in einer Ebene, Bild 2.1. Der Brechungsindex oder die Brechungszahl kennzeichnet also die

Brechung des Lichts beim Übergang zwischen zwei Medien und ist das Verhältnis der Fortpflanzungsgeschwindigkeit im jeweiligen Medium *c*. Der Brechungsindex *n* beträgt dann $n = c_0/c$ bzw. $\sin \alpha'/\sin \alpha$.

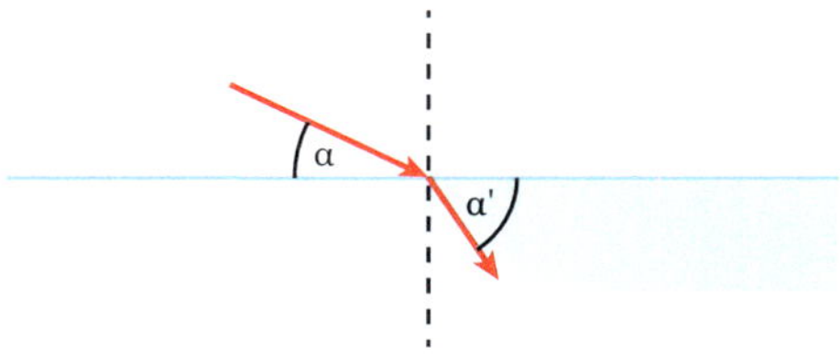

Bild 2.1
Brechung eines Lichtstrahls

Bei komplizierten Formen und schiefen Durchstrahlungen kann man unregelmäßige Brechungen dadurch vermeiden, dass man den Versuchskörper in eine Küvette mit planparallelen Glasflächen taucht, die mit Mischungen von Immersionsflüssigkeiten mit angepasstem Brechungsindex gefüllt ist. Brechungsindizes von Kunststoffen und mischbaren Immersionsflüssigkeiten für sichtbares Licht sind in Tabelle 2.1 angegeben.

Tabelle 2.1 Brechungsindizes von Kunststoffen und Immersionsflüssigkeiten [1] [2]

Material	Brechungsindex		Immersionsflüssigkeit	Brechungsindex
Vakuum	1		Wasser	1,33
Luft	1,00029		Methylalkohol	1,33
Wasser	1,33		Amylalkohol	1,40
CA	1,48		Glycerin	1,45
PMMA	1,49		Rüböl	1,47
PACM12	1,516		Flüssig-Parafin	1,48
COC	1,533		Zedernöl	1,50
PMMI	1,534		Benzol	1,50
SAN	1,566		optisches Immersionsöl	1,515
PS	1,58		Zimtöl	1,60
PC	1,585		Chinolin	1,62
EP	1,6		Monobromnaphtalin	1,68
PSU	1,63		Methylenjodid	1,74
Glas	1,45-1,93			

Sind die Lichtwellen aus verschiedenen Farben zusammengesetzt, z. B. weißes Licht, so ist der Brechungswinkel wegen der verschiedenen Geschwindigkeiten für die einzelnen Farbanteile unterschiedlich. Je größer die Geschwindigkeit ist, umso mehr wird das Licht zum Lot hin gebrochen, blau demnach stärker als rot.

Das normale z. B. weiße Licht wird so in einzelne Farben zerlegt, dass diese separat erscheinen. Ein monochromatisches Licht kann allerdings nicht mehr zerlegt werden. Es erscheint nur hell oder dunkel.

Sorgt nun ein Filter, ein linearer Polarisator, dafür, dass sich das Licht nur in einer Ebene, also linear schwingend, fortpflanzen kann und nur in dieser Ebene in den Kunststoff eindringt, und ist der Kunststoff völlig isotrop, d. h. dass das Licht sich in der vorgegebenen Richtung ohne jede Störung ausbreitet, kann man es durch einen weiteren linearen Polarisationsfilter, den Analysator, den das linear polarisierte Licht nach dem Durchgang durch den Kunststoff in seiner Schwingungsebene nicht durchdringen kann, vollkommen aufhalten, Bild 2.2.

Der Polarisator und der Analysator sind vollkommen gleich, nur um 90° gegeneinander verdreht (gekreuzt).

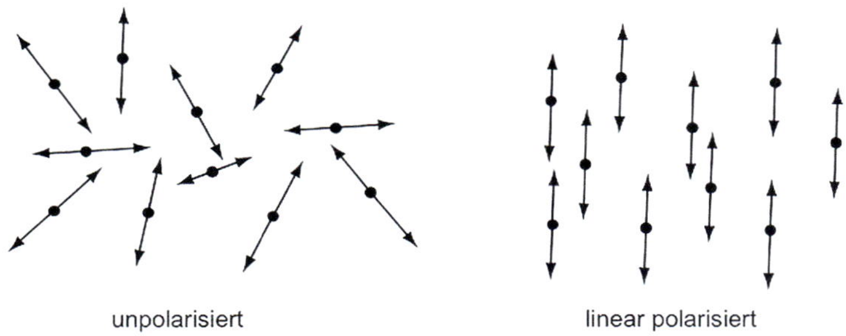

Bild 2.2 Linear polarisiertes Licht

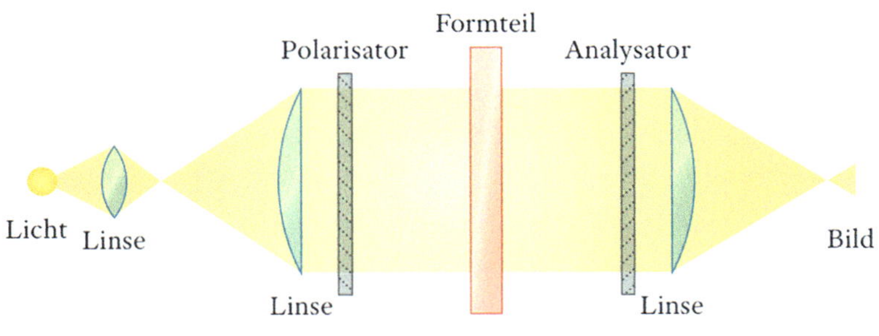

Bild 2.3 Anordnung einer Licht-Polarisation [1]

Eine Besonderheit stellen Viertelwellenplättchen dar. Trifft linear polarisiertes Licht auf ein Viertelwellenplättchen unter 45° auf, zerlegt sich das Licht auf die zwei zueinander senkrechten Hauptachsen mit einem Gangunterschied einer viertel Wellenlänge. Da dieser Unterschied gleichmäßig bleibt, werden die Wellen zu einer um die Ausbreitungsrichtung umlaufenden (zirkular polarisierten) Welle zusammengefasst. Diese Umwandlung in zirkular polarisiertes Licht kann durch ein zweites Viertelwellenplättchen, das unter 90° zum ersten positioniert ist, wieder aufgehoben werden, und es bleibt das linear polarisierte Licht, das wiederum durch einen um 90° gegenüber dem ersten Polarisator positionierten Analysator am Durchdringen gehindert wird, Bild 2.4.

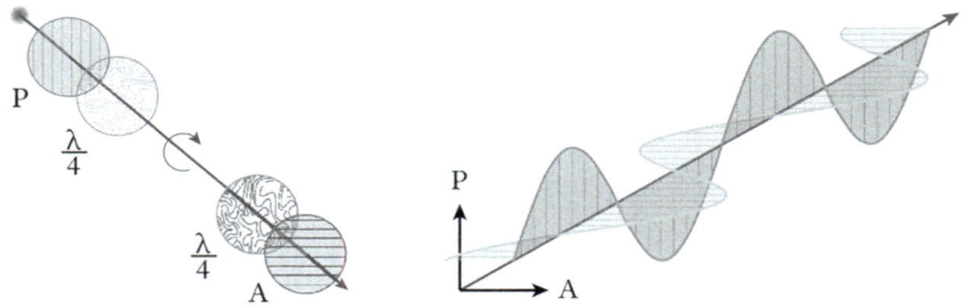

Bild 2.4 Zirkularpolarisiertes Licht zwischen gekreuzten Polarisatoren und Viertelwellenplättchen [1]
P = Polarisator, A = Analysator, L = Licht, λ/4 = Viertelwellenplättchen

Ist der Kunststoff nicht vollständig isotrop oder wirken Spannungen oder Verformungen im Inneren, wird das polarisierte Licht an verschiedenen Stellen von seiner Schwingungsebene abgelenkt oder unterschiedlich gebrochen. Dann können die Lichtanteile, die nun in abweichenden Ebenen schwingen, nicht mehr von dem um genau 90° gedrehten Analysator aufgehalten werden. Im Analysator kommt es in diesem Fall zu Interferenzerscheinungen, die bei monochromatischem Licht hell und dunkel beziehungsweise bei weißem Licht in unterschiedlichen Farben erscheinen.

Zirkular polarisiertes Licht hat gegenüber dem linear polarisierten Licht den technischen Vorteil, dass keine Schwingungsrichtung bevorzugt wird und sich somit in der weiteren Darstellung des Lichts keine Abhängigkeiten von der ausgewählten Polarisationsrichtung mehr zeigen (z. B. keine Isoklinen) [1].

Beim Einsatz von Viertelwellenplättchen, durch die keine feste Polarisationsrichtung mehr vorgegeben ist, verschwinden die Isoklinen. Zur Unterscheidung von Isoklinen und Isochromaten oder um das Erscheinungsbild nicht zu überladen, ist die Verhinderung des Isoklinenbildes durchaus sinnvoll.

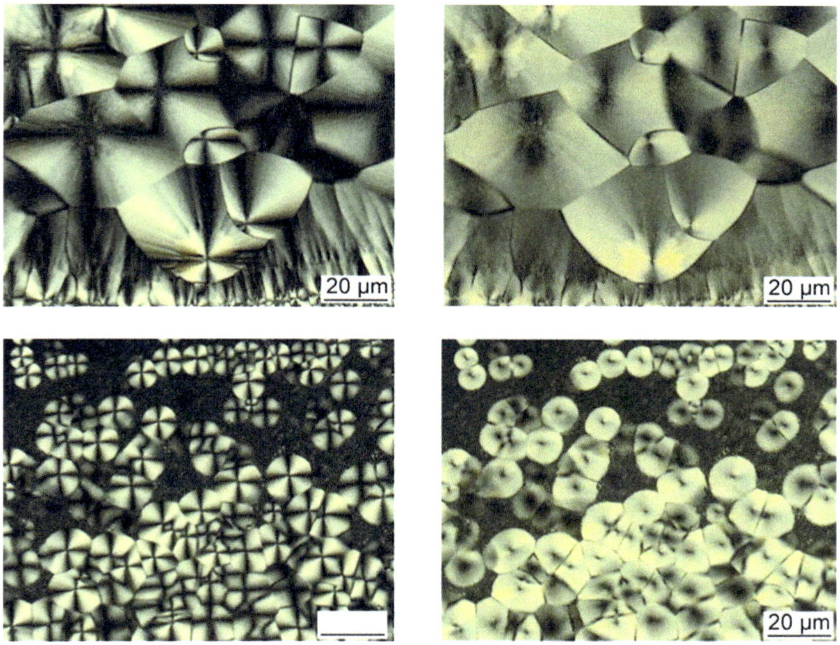

Bild 2.5 Aufhebung von Isoklinen im polarisierten Licht bei PA 66-Proben durch Viertelwellenplättchen am Sphärolithen
oben: Zugstab mit Randschicht
unten: Probe aus pvT-Gerät (gleichmäßige Sphärolithe)
links: mit Polfilter
rechts: mit Polfilter und Viertelwellenplättchen

2.1.1.2 Doppelbrechung

Diese Erscheinung der Ablenkung des Lichts, die durch Aufteilung des Strahlenganges von der vorgegebenen Schwingungsebene in zwei zueinander senkrechte Richtungen erfolgt, nennt man Doppelbrechung. Die Doppelbrechung ist ein Maß für die Anisotropie und wird bei Kunststoffen durch kristalline Strukturen (Faltungen, Sphärolithe), Molekülorientierungen und Dehnungen beeinflusst. In den beiden senkrecht aufeinander stehenden Ausbreitungsrichtungen des abgelenkten Strahls sind die Brechungsindizes unterschiedlich, daher stammt die Bezeichnung „Doppelbrechung“.

Die Differenz der Brechungsindizes Δn in der ursprünglichen Richtung n_e und in der gebrochenen Richtung n_0 (senkrecht zur ursprünglichen Richtung) ist ein Maß für die Doppelbrechung:

$$\Delta n = n_e - n \qquad \text{Formel 2.1}$$

Die Doppelbrechung ist proportional zur wirkenden Hauptspannungsdifferenz und umgekehrt proportional zur Spannungsoptischen Konstanten (je höher die Spannungsoptische Konstante, umso geringer die Doppelbrechung und umso geringer bzw. weniger sind die durch sie hervorgerufenen Linien gleicher Farbe, die Isochromaten):

$$\sigma - \sigma = \frac{s}{d} \cdot n \qquad \text{Formel 2.2}$$

σ_1, σ_2 = Hauptspannungen
n = Isochromatenordnung
d = Probendicke
S = Spannungsoptische Konstante

2.1.1.3 Spannungsoptische Konstante

Die spannungsoptische Konstante S, besonders von spannungsoptisch empfindlichen Kunststoffen, kann im Vier-Punkt-Biegeversuch an einem Stab mit Rechteckquerschnitt bestimmt werden, Bild 2.6. Probekörper mit 100 bis 200 mm Länge *l*, 20 mm Höhe *h* und 4 mm Dicke *d* werden mit einem Biegemoment $M = F \cdot a$ belastet. Die spannungsoptische Konstante S ergibt sich zu:

$$S = M \cdot \frac{b}{h} \quad oder \quad S = \frac{M}{h \cdot z} \quad oder \quad S = \frac{M}{h \cdot n} \qquad \text{Formel 2.3}$$

M = Biegemoment [N·mm]
b = Abstand zwischen zwei Isochromaten
h = Höhe des Stabes
z = Zahl der Isochromaten über der gesamten Stabhöhe

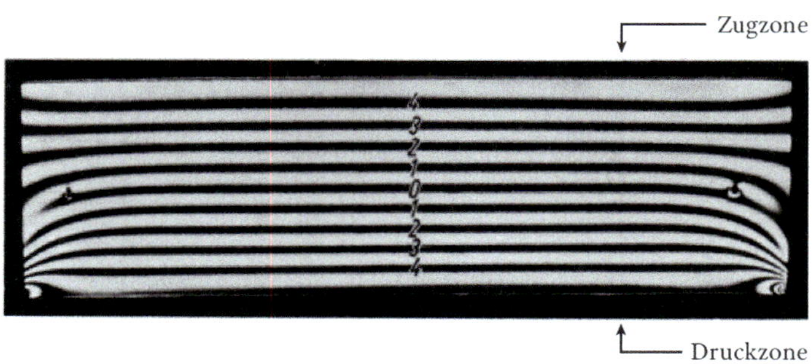

Bild 2.6 Bestimmung der spannungsoptischen Konstante im Vier-Punkt-Biegeversuch, Isochromaten bei reiner Biegung [1]

Bei der Bestimmung der spannungsoptischen Konstante ist darauf zu achten, dass genügend parallele gleichmäßige Isochromaten erkennbar sind und dass sich der

Stab weitgehend elastisch verformt. Bei einer quantitativen Auswertung werden gleichmäßig wiederholende Isochromaten gezählt. Beginnend mit einem Bereich ohne verursachte Erscheinungen, der im weißen Licht keine Doppelbrechungen zeigt und somit durch gekreuzte Polarisationsfilter kein Licht durchlässt, also schwarz bleibt, ist eine Stelle 0. Ordnung in der Mitte, in der die Zug- und Druckspannungen gleich 0 sind. Im Druckbereich (unten) wird die Probe dicker, die Dicke der Isochromatenlinien und ihr Abstand untereinander nimmt ebenfalls zu. Dem spannungsfreien Zustand in der Mitte (neutrale Phase im Vier-Punkt-Biegeversuch) mit der Isochromate nullter Ordnung sich anschließende Streifen nach beiden Richtungen werden zusammengezählt.

Bei allen Versuchen ist die dritte Dimension zu berücksichtigen. Gemäß der Gleichung ist die Zahl n der Ordnung bzw. Dichte der Isochromaten auch von der Dicke d der durchleuchteten Probe abhängig. Mit der spannungsoptischen Konstante S und einer einachsigen Spannung σ_x ergibt sich:

$$n = \sigma_x \cdot \frac{d}{S}$$ Formel 2.4

Ein einfaches Beispiel für die Isochromatenordnungen zeigt Bild 2.7. Die auftretende Spannung ergibt sich aus:

$$S = S \times n/d$$ Formel 2.5

spannungsoptische Konstante S
Isochromatenordnung n
Probendicke d

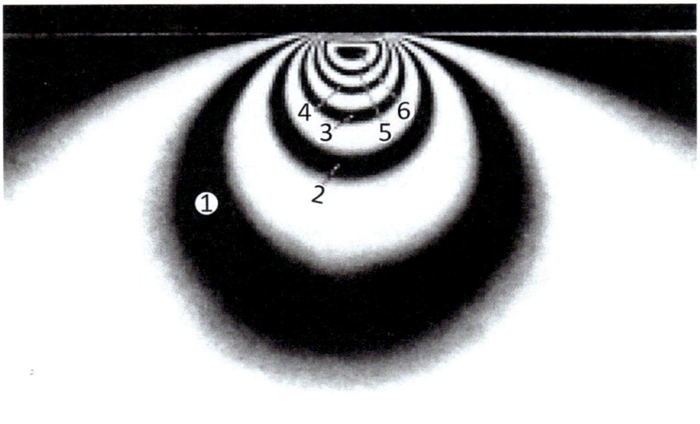

Bild 2.7 Spannungen aus Isochromaten bestimmt

Spannungsoptische Erscheinungen überlagern sich und können nur getrennt erfasst werden, wenn die Ursache der jeweiligen Erscheinung aufgehoben wird.

Kunststoffe sind allerdings komplexe Werkstoffe: Zum einen tritt neben der rein elastischen Verformung immer eine zeitabhängige Verformung auf, die sich besonders bei längerer Belastungsdauer, z. B. beim Kriechen, auswirkt. Man kann deshalb eine spannungsoptische Konstante für elastische Verformung und für nichtelastische Verformung unterscheiden.

Die spannungsoptische Konstante der nichtelastischen Verformung beträgt etwa ein Vierzigstel der elastischen Verformung. Ein weiterer wichtiger Effekt ist der Aggregatzustand (fest, gummielastisch, geschmolzen) des Kunststoffs. Im energieelastischen festen Zustand unterhalb der Erweichungstemperatur beträgt die spannungsoptische Konstante eines EP-Harzes etwa 10 bis 13 N/mm · Ordnung, im gummielastischen Zustand dagegen nur 0,22 bis 0,26 N/mm · Ordnung, bei Phenolharzen sind es 13 bis 15 N/mm · Ordnung und 0,5 bis 0,6 N/mm · Ordnung, bei Polyesterharz sind es 24 bis 31 N/mm · Ordnung und 1 bis 1,6 N/mm · Ordnung.

Tabelle 2.2 E-Modul *E* und spannungsoptische Konstante *S* von Reaktionsharzen im energieelastischen Zustand e und gummielastischen Zustand g

	E_e	E_g	S_e	S_g
	N/mm²	N/mm²	N/mm Ordnung	N/mm Ordnung
Epoxidharz	ca. 3500	ca. 20	ca. +11	ca. +0,25
Polyesterharz	ca. 3500	ca. 2	ca. +28	ca. -1
Methacrylate	ca. 3500	ca. 10	ca. -200	ca. -5

Für Polyesterharz dreht sich das Vorzeichen um, siehe Tabelle 2.2. Es werden also die im gummielastischen Zustand entstandenen Isochromaten durch die im energieelastischen Bereich entstehenden verringert, obwohl die Last steigt. Dies kann bis zur Auslöschung der Isochromaten führen. Diese großen Unterschiede bedeuten, dass sich bei gleich hoher Belastung im gummielastischen Bereich sehr viel mehr Isochromaten bilden als im energieelastischen Bereich. Da man aber nur eine Art der Isochromaten sieht, ist an dem Isochromatenbild selbst nicht zu erkennen, in welchem Zustand sich die Isochromaten gebildet haben.

Spannungen im gummielastischen Bereich werden beim Abkühlen und Unterschreiten des Glasübergangsbereichs eingefroren und wirken bei Raumtemperatur nicht mehr. Abkühleigenspannungen im energieelastischen Zustand stellen sehr wohl eine reale Belastung dar. Aus dem Isochromatenbild alleine kann keine zuverlässige Bestimmung der real wirkenden Spannungen erfolgen, da sich die Spannungsoptischen Konstanten in den beiden Zustandsbereichen, energie- und gummielastisch, deutlich unterscheiden, sogar ein unterschiedliches Vorzeichen haben können, sich im Erscheinungsbild aber additiv überlagern.

Eine praktische Möglichkeit, die wirklich wirkenden Spannungen zu ermitteln kann so erfolgen, dass man die wirkenden Spannungen durch Entfernen der spannungserzeugenden Elemente oder durch entspannende Schnitte wirkungslos macht. Aus dem Vergleich des Isochromatenzustandes der Gesamtbelastung mit dem Zustand der entlasteten Probe lässt sich die Spannung bestimmen, die im Endzustand konkret wirkt. Dass das nur bei relativ einfachen Proben möglich ist, liegt auf der Hand.

Ein anderer Vorteil ist dadurch gegeben, dass Belastungen im gummielastischen Zustand mit niedriger spannungsoptischer Konstante sich deutlich und zahlreich zeigen. Wird nun dieser Belastungszustand weiter bis unter die Glasübergangstemperatur abgekühlt, wird das Isochromatenbild eingefroren, d. h. auch wenn die Belastung entfernt wird, kann man an dem eingefrorenen Bild die Art und den Zustand der Belastung erkennen und analysieren. Man nennt dieses das *Einfrierverfahren*.

Bei ein- und demselben Kunststoff (z. B. bei UP-Harzen) kann sich das Vorzeichen zudem ändern, wenn der Erweichungsbereich durchlaufen wird. Dann überlagern sich die Effekte positiver und negativer spannungsoptischer Konstanten unterschiedlicher Größe. Die Zahl der Isochromaten, die im gummielastischen Zustand unter Einwirkung einer bestimmten Last entstanden sind, werden durch die Isochromaten, die z. B. bei weiterem Abkühlen bei gleich bleibender Belastungsart im energieelastischen (festen) Zustand entstehen, überlagern und dabei gegenseitig auslöschen, obwohl die Belastung sich verstärkt. Solche Kunststoffe mit gegensinnig wirkenden Spannungsoptischen Konstanten sind für praktische Versuche nicht tauglich.

Ist das Licht nicht polarisiert, schwingt es also nicht nur in einer Ebene sondern in allen Richtungen, dann kann es vom Analysator auch nicht aufgehalten werden und es gibt ein vielfältiges buntes Bild.

Der einfachen Anwendung als experimentelles Verfahren zur Visualisierung von Spannungszuständen steht die integrale bildliche Darstellung entgegen, die allerdings weder eine Auflösung in Dickenrichtung noch eine Differenzierung in einzelne Spannungskomponenten, noch eine Berücksichtigung des unterschiedlichen Verhaltens in den unterschiedlichen Aggregatzuständen (energieelastisch – gummielastisch) ermöglicht.

Neueste Entwicklungen in der digitalen Bildverarbeitung und Möglichkeiten der Simulation von Spannungsoptik mit der Finite-Elemente-Methode ermöglichen experimentell basierte, dreidimensionale Spannungsergebnisse [6].

Die Besonderheit bei Kunststoffen ist nun, dass sie bei der Verarbeitung in fester und flüssiger Form vorliegen. Formteile aus Kunststoffen werden im flüssigen Zustand geformt und im festen Zustand belastet. Die spannungsoptischen Konstanten im flüssigen Zustand sind sehr viel geringer als im festen Zustand. Ihre Erscheinungen sind aber prinzipiell gleich und überlagern sich im Formteil, so dass sie hinterher nicht unterschieden werden können, obwohl sie sehr unterschiedliche Ursachen haben können.

Bei EP-Harzen beträgt die Spannungsoptische Konstante bei Raumtemperatur etwa 11 N/mm · Ordnung, bei 150 °C dagegen 0,24 · Ordnung. Das bedeutet, dass bei gleicher Verformung oberhalb der Erweichungstemperatur mehr als 40-mal so intensive spannungsoptische Erscheinungen auftreten. Derartige Temperaturwechsel zwischen energie- und gummielastischen Zustand sind in der Fertigung häufig und somit überlagernde Isochromaten unterschiedlicher Herkunft.

Dabei ist folgendes zu berücksichtigen: Durch Fließvorgänge bei der Verarbeitung treten Verformungen und Molekülorientierungen auf, die beim Abkühlen unterhalb der Erweichungstemperatur einfrieren und sich nicht als beispielsweise Eigenspannungen auswirken. Durch das Abkühlen unterhalb der Erweichungstemperatur können sich durch behinderte Schwindungen, z. B. im Werkzeug, Eigenspannungen ausbilden, nun aber mit einer sehr viel höheren spannungsoptischen Konstante. Zusätzlich können aber unter Einwirkung einer Gebrauchslast weitere spannungsoptische Erscheinungen auftreten.

Somit gibt es verschiedene Ursachen, die unter unterschiedlichen Bedingungen zu spannungsoptischen Erscheinungen führen:

- kristalline und andere nicht homogene, isotrope Strukturen
- Verformungen ober- und unterhalb der Glasübergangstemperatur
- eingefrorene (irreversible) Orientierungen
- Eigenspannungen und reversible Orientierungen
- Gebrauchslast
- wechselnde Probendicke.

Bei unterschiedlichen Dicken ist eine quantitative Auswertung noch schwieriger, weswegen meistens ebene Proben untersucht werden.

Kunststoffe sind komplexe Werkstoffe, deshalb sind in der Polarisationsoptik verschiedene Phänomene zu berücksichtigen

2.1.1.3.1 Kunststoffart

Bei der Zusammenstellung von spannungsoptischen Konstanten für verschiedene Kunststoffe fällt auf, dass es nur wenige verlässliche Angaben gibt. Die spannungsoptische Konstante scheint temperaturabhängig zu sein. Andererseits wird darauf hingewiesen, dass sie vergleichbar dem E-Modul in den Zustandsbereichen einigermaßen konstant ist.

Es sind auch nur für wenige Kunststoffe die zuständigen Größen gemessen. Die hohen Werte für PMMA und PS lassen beide Materialien für Isochromaten-Auswertungen wenig geeignet sein, Tabelle 2.3.

Tabelle 2.3 Spannungsoptische Konstanten von Kunststoffen im energie- und gummielastischen Bereich [1]

	Raumtemperatur engergieelastisch	gummielastisch
	N/mm · Ordnung	N/mm · Ordnung
EP-Harz	12 - 17	~ +0,25
UP-Harz~30	~ - 1	-0,1
PF-Harz	~ 15	~ 0,5
PC	~ 10	
PS	~ 300	
PA cycl.	18	
PMMA	~ 220	

2.1.1.3.2 Viskoelastizität

In einem mechanisch belasteten Kunststoff tritt neben der rein elastischen Verformung immer eine zeitabhängige Verformung auf, die sich besonders bei längerer Belastungsdauer, z. B. beim Kriechen, auswirkt. Man kann deshalb eine Spannungsoptische Konstante für elastische Verformung und für nichtelastische Verformung unterscheiden. Die Spannungsoptische Konstante der nichtelastischen Verformung beträgt etwa ein Vierzigstel der elastischen Verformung und hat somit einen geringen Einfluss im einstelligen %-Bereich.

2.1.1.3.3 Aggregatzustand

Ein weiterer wichtiger Effekt ist der Aggregatzustand (fest, gummielastisch, geschmolzen) des Kunststoffs. Im energieelastischen festen Zustand unterhalb der Erweichungstemperatur beträgt die Spannungsoptische Konstante eines EP-Harzes etwa 10 bis 13 N/mm · Ordnung, im gummielastischen Zustand dagegen nur 0,22 bis 0,26 N/mm · Ordnung, bei Phenolharzen sind es 13 bis 15 N/mm · Ordnung und 0,5 bis 0,6 N/mm · Ordnung, bei Polyesterharz sind es 24 bis 31 N/mm · Ordnung und –1 bis 1,6 N/mm · Ordnung. Bei Polyesterharz dreht sich das Vorzeichen um. Es werden also die im gummielastischen Zustand entstandenen Isochromaten durch die im energieelastischen Bereich entstehenden verringert, obwohl die Belastung steigt.

Es liegen keine temperaturabhängigen Werte der Spannungsoptischen Konstanten vor, die die Übergänge in die unterschiedlichen Zustandsbereiche kennzeichnen.

Diese großen Unterschiede bedeuten, dass sich bei gleich hoher Belastung im gummielastischen Bereich sehr viel mehr Isochromaten bilden als im energieelastischen Bereich. Da man aber nur eine Art der Isochromaten sieht, ist an dem Isochromatenbild selbst nicht zu erkennen, in welchem Zustand sich die Isochromaten gebildet haben.

Da die Spannungen im gummielastischen Bereich aber beim Abkühlen beim Unterschreiten des Glasübergangsbereichs eingefroren werden und bei Raumtemperatur u. U. nicht wirken, die Abkühleigenspannungen im energieelastischen Bereich dagegen sehr wohl eine reale Belastung darstellen, ist aus dem Isochromatenbild alleine keine genaue Bestimmung der wirkenden Spannungen möglich, da sich die Isochromaten mit den unterschiedlichen und zudem temperaturabhängigen Spannungsoptischen Konstanten im gummi- und im energieelastischen Bereich additiv überlagern.

Bei ein- und demselben Kunststoff (z. B. bei UP-Harzen) kann sich das Vorzeichen zudem ändern, wenn der Erweichungsbereich durchlaufen wird. Dann überlagern sich die Effekte positiver und negativer spannungsoptischer Konstanten unterschiedlicher Größe. Die Zahl der Isochromaten, die im gummielastischen Zustand unter Einwirkung einer bestimmten Last entstanden sind, werden durch die Isochromaten, die z. B. bei weiterem Abkühlen bei gleich bleibender Belastungsart im energieelastischen (festen) Zustand entstehen, überlagern und dabei gegenseitig auslöschen, obwohl die Belastung sich verstärkt. Solche Kunststoffe mit gegensinnig wirkenden Spannungsoptischen Konstanten sind für praktische Versuche nicht tauglich.

Bei einer gespritzten Linse sind deutlich mit Isoklinen überlagerte interne eingefrorene Orientierungen zu erkennen, Bild 2.8. Durch zusätzliche $\lambda/4$-Folien können die Isoklinen entfernt werden, so dass die Isochromaten noch deutlicher werden.

Auch wenn die Auswertung von Isochromaten-Bildern schwierig ist, erkennt man die Asymmetrie der eingefrorenen Orientierungen in der Spritzprobe im Vergleich zu einer geprägten Linse. Durch den gleichmäßiger wirkenden Prägeprozess werden die Orientierungen symmetrisch. Bei extremen thermischen Belastungen würden Orientierungsrelaxationen sehr viel gleichmäßiger wirken. Es ist auch davon auszugehen, dass ungleichmäßige Isochromaten (= Orientierungen/Eigenspannungen) zu einer größeren Alterungsempfindlichkeit führen. Die Farbigkeit der Isochromaten lässt sich durch Anwenden eines monochromatischen Lichts ausschalten, wodurch diese noch deutlicher erkennbar sind, Bild 2.9. Polarisationsoptische Erscheinungen überlagern sich und können nur getrennt erfasst werden, wenn die Ursache der jeweiligen Erscheinung aufgehoben oder geändert wird.

Bild 2.8 Gespritzte Linse aus PC im polarisierten Licht
links: Polfilter (Analysator) (Isoklinen + Isochromaten)
rechts: Polfilter + λ/4- Folien (Wellenplättchen) (nur Isochromaten)

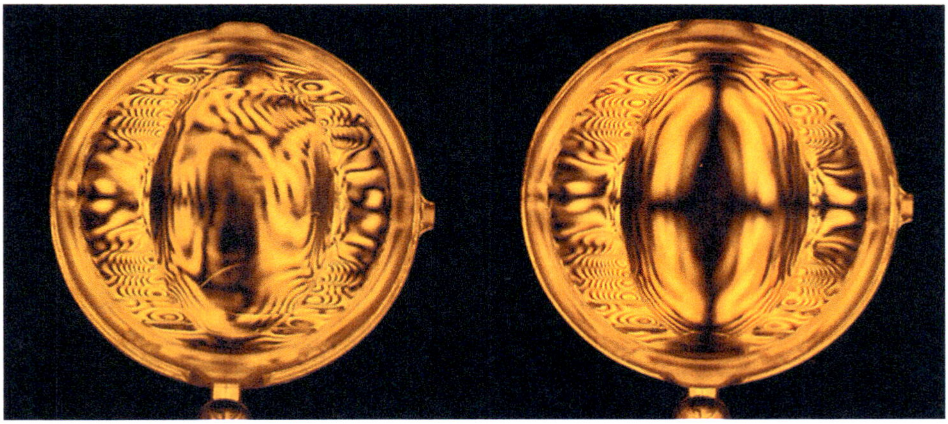

Bild 2.9 Linsen im linearpolarisierten monochromen Licht (Isoklinen + Isochromaten)
links: Spritzguss
rechts: Prägung

2.1.1.4 Isoklinen und Isochromaten

Es gibt im Wesentlichen zwei spannungsoptische Erscheinungen: Isoklinen und Isochromaten.

Isoklinen sind Linien bei denen die Richtung einer optischen Hauptachse mit der Polarisationsrichtung des linear polarisierten Lichts zusammenfällt. Die Richtung der optischen Hauptachse wird von Hauptspannungs-, Molekülorientierungsrichtungen und der Ausrichtung kristalliner Strukturen, beide kaum erfassbar, beeinflusst und kann mit diesen übereinstimmen. Bleibt die Richtung des polarisierten Lichtes gleich, so werden die Isoklinen ihre Richtung nicht ändern, auch wenn die Probe gedreht wird.

Kennzeichnend für *Isoklinen* ist, dass:

- sie bei gleichzeitiger Drehung von Polarisator und Analysator sich ebenfalls verlagern, während die Isochromaten ihre Lage behalten
- sie bei Verwendung von weißem Licht immer weiß (Polarisator- und Analysatorrichtung parallel) oder dunkel (Polarisator und Analysator gekreuzt) erscheinen, die Isochromaten dagegen farbig
- Isoklinen beim Einsatz von Viertelwellenplättchen verschwinden, weil es keine feste Polarisationsrichtung mehr gibt
- sich bei Vergrößerung oder Verkleinerung der Belastungen bei feststehendem Model und Polarisator/Analysator nur die Isochromaten ändern
- sie sich bei mikroskopischen Polarisationsaufnahmen nützlich zur Abgrenzung der Sphärolithe erweisen

Isochromaten sind Linien mit konstantem Gangunterschied. Isochromaten zeigen bei monochromem Licht wechselnde hell-dunkel Linien, bei weißem Licht wechselnde Farben. Die Erscheinungen können sich klar abgegrenzt gleichmäßig wiederholen, aber häufig auch flächig diffus erscheinen. Sie sind häufig kaum quantitativ auswertbar, dagegen sind qualitative Aussagen möglich.

Isochromaten:

- sind Linien gleicher Gangunterschiede; in der Spannungsoptik Linien gleicher Hauptspannungsdifferenz
- drehen sich nicht mit den Polarisatorachsen.

Ursachen für Isochromaten können sein:

- kristalline und andere nicht homogene, isotrope Strukturen
- Verformungen ober- und unterhalb der Glasübergangstemperatur
- eingefrorene (irreversible) Orientierungen
- Eigenspannungen und reversible Orientierungen
- Gebrauchslast.

Durch die Isochromaten wird der Spannungs-/Verformungszustand senkrecht zur Durchstrahlungsrichtung dargestellt, während die Isoklinen senkrecht aufeinander stehende Hauptspannungsrichtungen definieren. Bei variabler Dicke ist die Auswertung wegen der Dickenabhängigkeit der Erscheinungen schwierig bis kaum möglich.

Isochromaten sind für übliche Auswertungen normalerweise viel wichtiger als die Isoklinen. Präzise Auswertungen sind häufig nicht möglich, eher tendenzielle.

2.1.1.5 Formteile im polarisiertem Licht

Dabei ist folgendes zu berücksichtigen. Durch Fließvorgänge bei der Verarbeitung treten Verformungen und Molekülorientierungen auf, die beim Abkühlen unterhalb der Erweichungstemperatur einfrieren und sich nicht als z. B. Eigenspannungen auswirken. Durch das Abkühlen unterhalb der Erweichungstemperatur können sich durch behinderte Schwindungen, z. B. im Werkzeug, Eigenspannungen ausbilden, nun aber mit einer sehr viel höheren Spannungsoptischen Konstante. Zusätzlich können aber unter Einwirkung einer Gebrauchslast weitere spannungsoptische Erscheinungen auftreten.

Wegen der unterschiedlichen Ursachen, die zu Isochromaten führen können, ergeben sich besonders im Anspritzbereich unterschiedlichste Ursachen für Isochromaten, da dort am längsten verschiedene Zustände und Verformungen des Kunststoffs zu beobachten sind, vermutlich auch starke Orientierungen, hervorgerufen durch die komplex einströmende und sich verfestigende Schmelze beim Spritzgießen.

Spannungsoptische Effekte in den zuletzt erstarrenden Schmelzebereichen sind am deutlichsten, eine vergleichende Wertung mit anderen Bereichen des gleichen Formteils muss das berücksichtigen.

Zur Klärung, ob am Rand die Isochromaten eine Zug- oder Druck(eigen)spannung anzeigen, eignet sich die Nagelprobe. Mit einem spitzen Gegenstand drückt man auf den Rand und beobachtet die randnahen Isochromaten, Bild 2.10. Wandern sie dem Druckpunkt zu und zeigt dieser noch zusätzlich lokale Pressungen, liegen Druckspannungen vor, wandern sie vom Druckpunkt weg, es herrscht Zugspannung. Dabei ist natürlich zu berücksichtigen, dass bei einem Vierpunktbiegebalken bei Biegebelastung die Spannungen in der Zug- und der Druckzone horizontal verlaufen, die punktförmigen Druckspannungen dagegen vertikal.

Bild 2.10 Nagelprobe an einem belasteten Vierpunktbiegestab mit punktförmigen Druckbelastungen in der Druckzone *(unten)* und der Zugzone *(oben)* [Karsten]

Eigenspannungen und eingefrorene Orientierungen unterscheiden sich in ihrer Entstehung im Prinzip dadurch, dass eingefrorene Orientierungen im schmelzflüssigen und gummi-elastischen Zustand entstehen und im Einfrierbereich fest fixiert sind. Eigenspannungen entstehen durch unterschiedliche Kontraktionen bei der Abkühlung oder auch durch Krafteinwirkungen. Im normalen Gebrauchszustand sind Eigenspannungen und Orientierungen im polarisierten Licht nur dadurch zu unterscheiden, indem man die Eigenspannungen, die die Kräfte hervorrufen, entspannt oder beseitigt.

Flache Plättchen 35 × 35 × 0,5 mm werden aus PC gespritzt. Bei einer Schmelztemperatur von 300 °C und einer Werkzeugtemperatur von 100 °C ergeben sich gleichmäßige Orientierungen in Fließrichtungen, Bild 2.11 links und mitte. Wird eine identische Probe in einer maximalen, 5 s dauernden Werkzeugtemperatur von 180 °C gespritzt werden diese Orientierungen noch während des Fertigungsprozesses wieder aufgehoben, Bild 2.11 rechts.

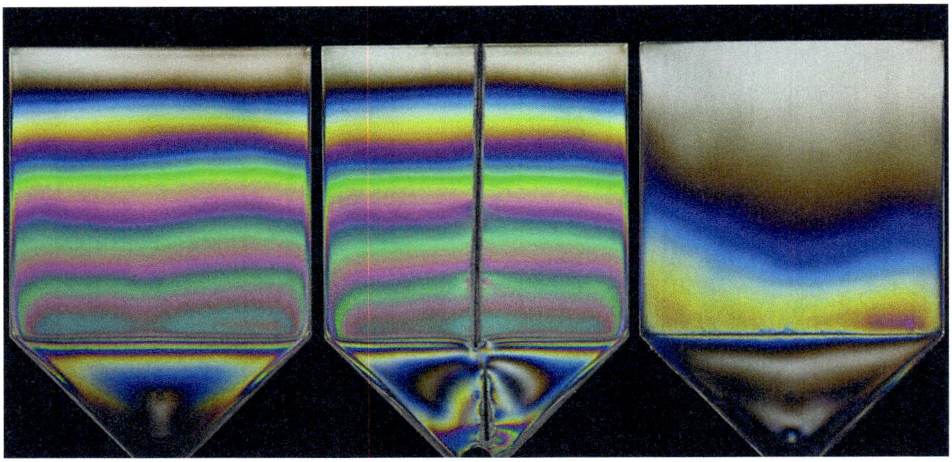

Bild 2.11 Plättchen 35 × 35 × 0,5 mm mit unterschiedlicher Werkzeugtemperatur [Meister]
links: 100 °C
mitte: 100 °C + (5 s)
rechts: 180 °C mit Entlastungsschnitt

Um festzustellen, ob es sich um Orientierungen oder Eigenspannungen handelt, bringt man einen mechanischen Schnitt an. Da sich keinerlei Änderung im Isochromatenbild ergibt, sind deren Ursache eingefrorene Orientierungen.

Im polarisierten Licht zeigen unterschiedliche 18 mm dicke zylindrische Scheiben aus PC unterschiedliche Isochromaten im polarisierten Licht, Bild 2.12. Die Ursache liegt in den ganz unterschiedlichen Fertigungsverfahren. Eine Probe ist druckverfestigt (links), eine normal im konventionellen Spritzguss verfestigt durch Abkühlung (rechts).

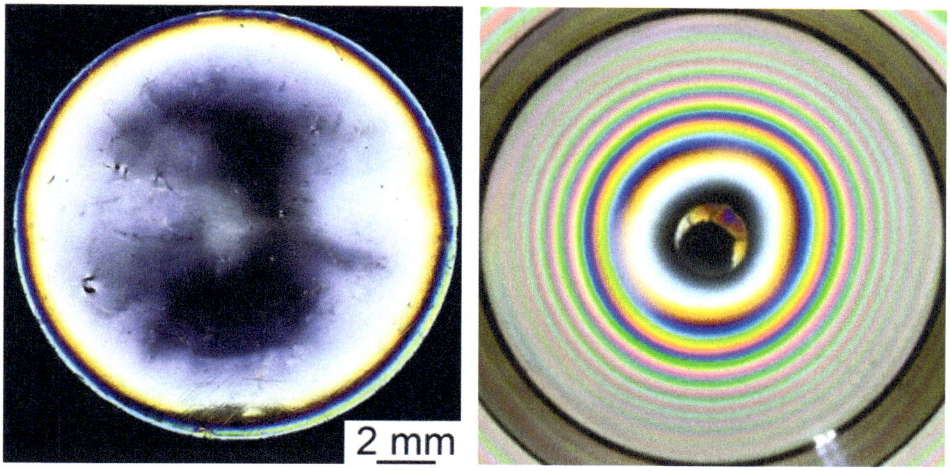

Bild 2.12 Dicke Scheiben (18 mm) aus PC druckverfestigt *(links)* und konventionell *(rechts)* gefertigt [Wildner]

Beide Proben hatten eine Messetemperatur von 270 °C in einem 170 °C warmen Werkzeug. Die druckverfestigte Probe wird mit 800 bar belastet und über den gesamten Querschnitt gleichmäßig verfestigt und danach isobar abgekühlt. Es besteht also nie eine gefertigte Zweiphasigkeit (fest-flüssig). Die normal abgekühlte Probe wird unter 300 bar gleichmäßig abgekühlt mit klarer Zweiphasigkeit mit unterschiedlichen thermischen Ausdehnungskoeffizienten, die zu Eigenspannungen und eingefrorenen Orientierungen führen, Bild 2.13. Bei der Druckverfestigung erfolgt eine Trennung von Verfestigung und Abkühlung. Die Schmelze wird bis zur Verfestigung komprimiert, anschließend erfolgt die Abkühlung im bereits festen Zustand. Dadurch werden die Eigenspannungen fast vollständig reduziert, die Dimensionsstabiltät mit kontrollierter Schwindung erhöht. Es erfolgt eine genauere Abformung der Werkzeugkontur. Wanddickenunterschiede wirken sich nicht aus.

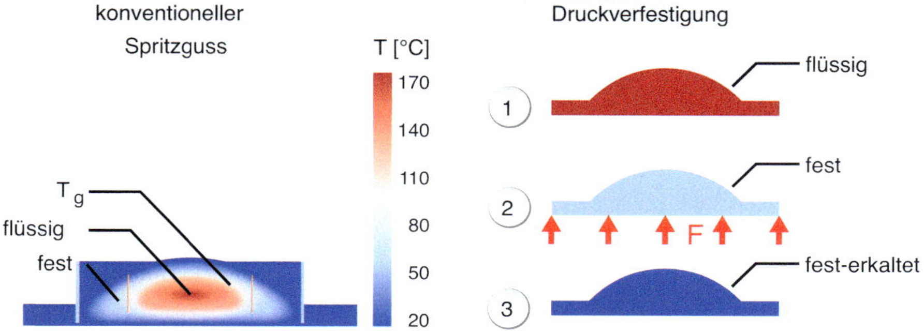

Bild 2.13 Konventioneller Spritzguss *(links)* und Druckverfestigung *(rechts)* [Wildner]

Wegen der unterschiedlichen Ursachen, die zu Isochromaten führen können, kann man zu Bild 2.14 sagen, dass vom Anspritzbereich oben eine Reihe Störungen erkennbar sind, vermutlich starke Orientierungen, hervorgerufen durch die einströmende Schmelze beim Spritzgießen. Rund um das Loch in der Mitte, sind ebenfalls Störungen erkennbar.

Die symmetrischen Farben oberhalb von dem Loch könnten auf eine Bindenaht hindeuten, was bei Kenntnis der Anspritzstelle abgeschätzt werden könnte.

Bei qualitativen Beurteilungen, also wenn keine konkreten Zahlenwerte bestimmt werden sollen, sind solche Verdrehungen durchaus geboten.

Bild 2.14 Spannungsoptische Darstellung eines fehlerhaften Spritzgussteils

Die schwarzen Isoklinen behalten ihre Lage bei, obwohl das Bauteil gedreht wurde, weil die Richtung von Polarisator und Analysator beibehalten wurde.

Die Spannungsoptik ist die einzige Möglichkeit, Orientierungen und Eigen- oder Lastspannungen in durchsichtigen oder zumindest durchscheinenden Kunststoffen sichtbar zu machen, wenn auch durchaus schwierig.

2.1.1.6 Polarisation in der Durchlichtmikroskopie

In der Durchlichtmikroskopie wird die Doppelbrechung gezielt genutzt, um mit Hilfe von polarisiertem Licht ansonsten kontrastarme Kunststoffproben zu untersuchen. Dadurch werden kristalline Strukturen sowie Molekülorientierungen (und ggf. vorhandene Spannungen) sichtbar.

Das polarisationsoptische Bild besteht bei Verwendung von linear polarisiertem Licht aus Isoklinen und Isochromaten. Diese Erscheinungen überlagern sich, wie bei der Spannungsoptik. So ist das Erscheinungsbild der Probe unter dem Mikroskop von ihrer relativen Lage zum Polarisator-Analysator-Achsenkreuz abhängig. In der sogenannten Auslöschungslage, Bild 2.15 links, stehen die Polarisationsachsen parallel/senkrecht zum Probenrand. Die kristallinen Strukturen des POM sind erkennbar, die Randzone ist, bis auf eine quasi-amorphe Schicht am äußersten Probenrand, von ähnlicher Färbung wie das Probeninnere. Werden die Polarisationsachsen nun um 45° gedreht, so ergibt sich die sogenannte Diagonallage, Bild 2.15 rechts. Der Probenrand ist in diesem Fall von starker gelb-orangener Färbung. Die Doppelbrechung ist hier, wahrscheinlich aufgrund von Molekülorientierungen, deutlich höher als im Probeninneren. Ursächlich für diese Änderung der Probenerscheinung sind Isoklinen, die in der Auslöschungslage die Isochromaten der Randzone überlagern.

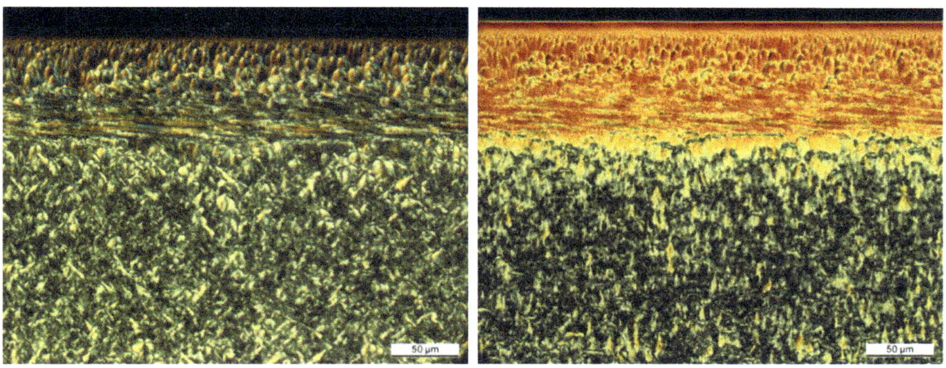

Bild 2.15 Farbliche Auswirkung der Probenausrichtung zu den Pol-Achsen.
POM Hostaform C9021, Zugstab nach Campusbedingungen gespritzt, Dünnschnitt parallel zur Fließrichtung; Durchlichtmikroskopie [Seefried]
links: Polarisationsachsen (rot) parallel/senkrecht zum Probenrand (Auslöschungslage)
rechts: Polarisationsachsen (rot) unter 45° zum Probenrand (Diagonallage)

2.1.1.6.1 Kristalline Überstrukturen

Kunststoffe, die beim Abkühlen oder unter Druck, in den festen Zustand übergehen, zeigen entweder eine durch zunehmende schwächere Molekülbewegungen geringer werdende Beweglichkeit der Makromoleküle oder durch Bildung von kristallinen Strukturen. Während der Übergang bei den amorphen Kunststoffen wegen fehlender morphologischer Umstrukturierungen keine optischen Signale erkennen lässt, sind sich bildende kristalline Strukturen besonders im polarisierten Licht gut erkennbar. Bei der Kristallisation bilden sich Lamellen, die ca. 10 bis 12 nm dick sind. [1]

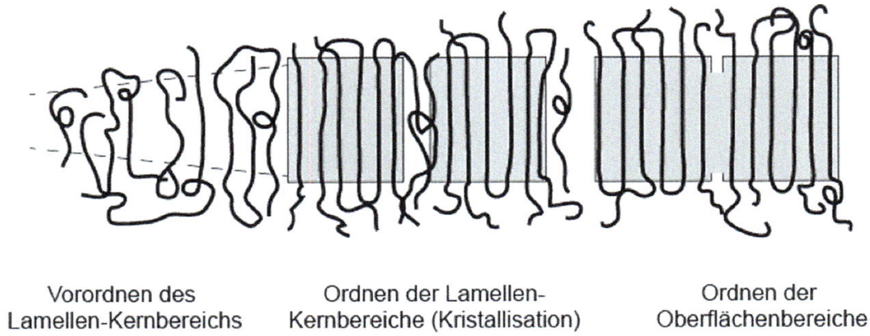

Bild 2.16 Entstehung von Kristall-Lamellen (nach Strobl)

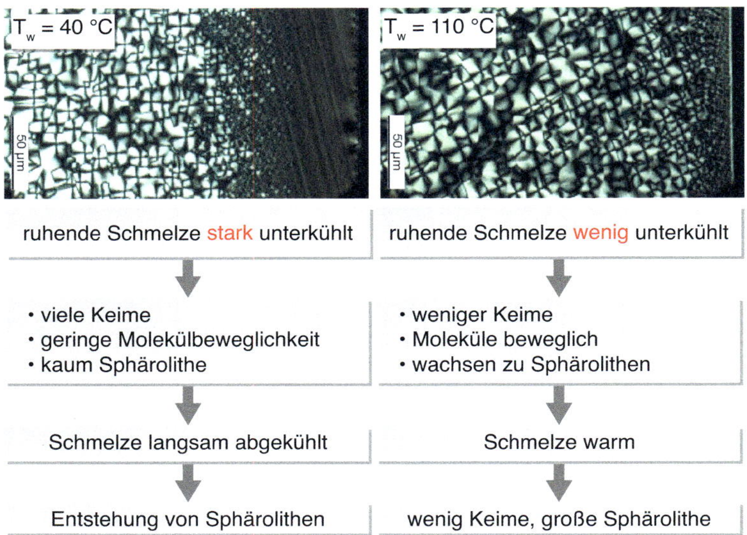

Bild 2.17 Entstehung von kristallinen Strukturen von PA 66 in Abhängigkeit von der Werkzeugtemperatur

Sphärolithe sind zentralsymmetrische Überstrukturen aus zahlreichen Faltungsblöcken mit in den kristallinen Bereichen überwiegend tangential zum Radius angeordneten Makromolekülen. Übliche Sphärolithdurchmesser betragen 0,01 bis 1 mm. Die elektronen-mikroskopischen Aufnahmen von Oberflächenabdrücken in Bild 2.18 lassen deutlich die schraubenförmige Anordnung der Kristallite erkennen. In den glatten Bereichen liegen die Faltungsblöcke parallel zur Bildebene, d. h. die Ketten verlaufen senkrecht zu ihr.

Die Kristallisationsgeschwindigkeit in den verschiedenen Richtungen kann durchaus unterschiedlich sein und somit zu nicht gleichmäßigen Strukturen führen. Typische Sphärolith-Strukturen, wie sie im polarisierten Licht zu erkennen sind, zeigt Bild 2.19.

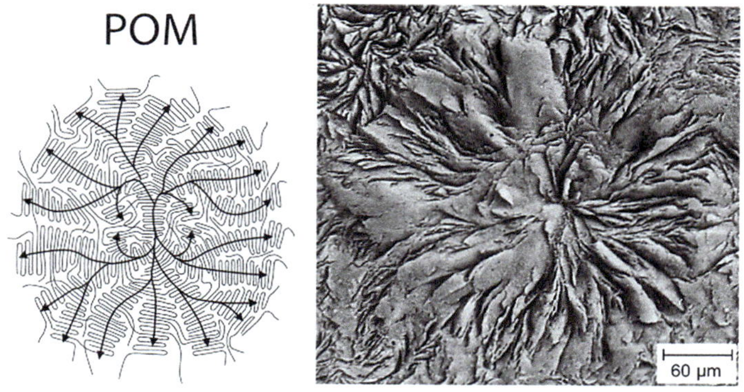

zentralsymmetrische Lamellen = Sphärolith

Oberfläche geätzt mit 37 %iger HCl, 90s

Bild 2.18 Aufbau von Sphärolithen
links: Makromolekül in mehreren zentralsymmetrischen Lamellen = Sphärolith
rechts: POM-Sphärolith in 37%iger HCL 90 Sekunden bei Raumtemperatur geätzt

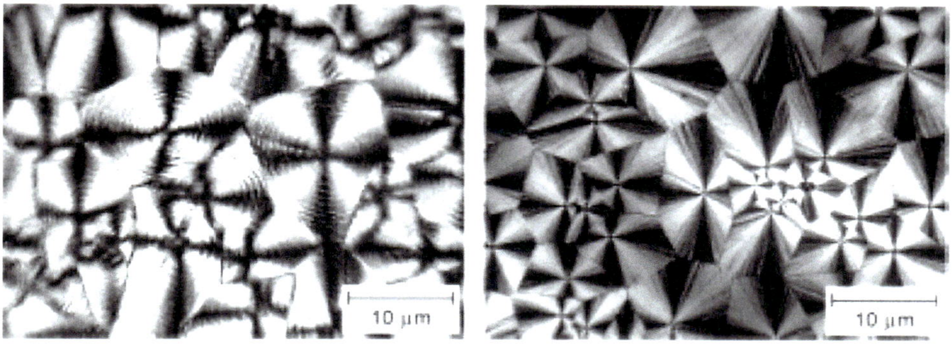

Bild 2.19 Mikrotom-Dünnschnitt von sphärolithisch kristallisiertem Polyethylen (PE) mit und ohne ringförmige Struktur im linear polarisierten Licht [3]

Auffallend sind bei einigen Sphärolithen im polarisierten Licht sogenannte Malteserkreuze und konzentrische Ringe, die bei anderen wiederum fehlen. Die Malteserkreuze weisen auf die zentralsymmetrische Anordnung der Faltungsblöcke hin. Sie sind Isoklinen, die durch Einsatz von Viertelwellenplättchen aufgehoben werden können. Wegen der Dreidimensionalität der Sphärolithe ist ihr Aufbau nur bedingt analysierbar. Ringe werden bei PE, PP und PVDF beobachtet, keine Ringe zeigen sich bei PA, PB, POM, PET und PBT. Bei PE, PVDF und bestimmten PP-Typen sind beide Erscheinungen möglich.

Bilden sich die Sphärolithe grabenförmig in einer Ebene, treten keine Lichtablenkungen und damit keine Ringe auf. Die meisten Aufnahmen für polarisiertes Durchlicht werden an 10 bis 15 µm dicken Mikrotomschnitten gemacht, sodass die Ebenen mit Faltungen dominieren.

Bei der Bildung von Lamellen stören vor allem Seitenketten, Substituenten und Kettenenden einen regelmäßigen Aufbau der kristallinen Bereiche. Inwieweit sie als Störstellen in die Kristallite eingebaut oder in amorphe Deck- und Zwischenschichten abgedrängt werden, ist nicht vollkommen geklärt, Bild 2.20.

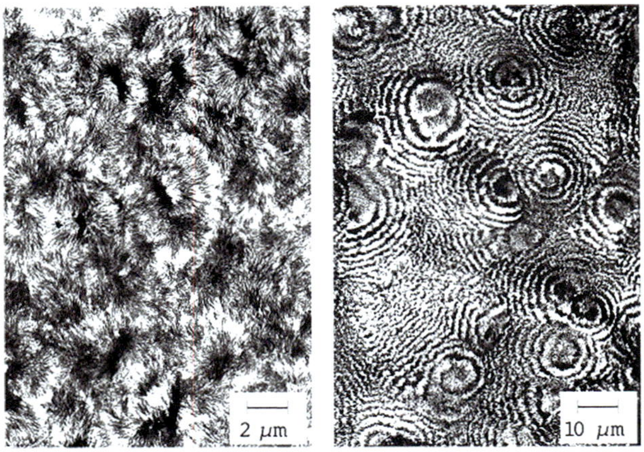

Bild 2.20 Spärolithe in Polyethylen (PE) [2]
links: stark verzweigtes PE-LD
rechts: lineares PE-HD (Mikrotomschnitte im linear polarisierten Licht)

2.1.1.6.2 Durchlicht-Hellfeld und Durchlicht-Polarisation

Beim Spritzguss wird die Schmelze durch den Anguss zur Kompensation der Schwindung nachgedrückt. Dadurch wird abkühlende Schmelze in der Nähe noch stark verformt. Während im Hellfeld-Durchlicht Fließlinien des schlecht homogenisierten Compounds zu erkennen sind, erscheinen im polarisierten Durchlicht Orientierungen, die oberhalb der Glasübergangstemperatur aufgebracht und beim Abkühlen eingefroren sind, Bild 2.21.

Die beiden Bilder im polarisiertem Durchlicht unterscheiden sich dadurch, dass einmal ohne (mitte) und einmal mit (rechts) $\lambda/4$-Plättchen aufgenommen wurden. Bei der Aufnahme ohne $\lambda/4$-Plättchen sind sowohl die Isoklinen als auch die Isochromaten zu sehen. Beide sind auf Spannungs- und Orientierungszustände zurückzuführen und haben primär nichts mit den primären kristallinen Strukturen zu tun. Die Ursachen für die Isoklinen und Isochromaten können unterhalb und oberhalb der Glasübergangstemperatur aufgebracht worden sein, was an den Erscheinungen nicht zu unterscheiden ist.

Grundsätzlich sind im polarisierten Licht die primären kristallinen Strukturen, hier die Sphärolithe, zu erkennen. Durch die $\lambda/4$-Plättchen werden die Isoklinen aufgehoben, so dass auch in deren Bereichen die Strukturen erkennbar sind. Damit ergibt sich folgendes Bild 2.21:

- *Durchlicht - Hellfeld:* Fließlinien durch inhomogene Farbverteilung, keine Strukturen (z. B. Spärolithe) (links)
- *Polarisiertes Durchlicht:* molekulare Strukturen (Sphärolithe, Faltungen) mit Isoklinen und Isochromaten (viele schwarze Linien aufgrund von Orientierungen und Eigenspannungen) (Mitte)
- *Polarisiertes Durchlicht mit λ/4-Plättchen:* molekulare Strukturen (Sphärolithe, Faltungen) ohne Isoklinen (weniger schwarze Linien) (rechts)

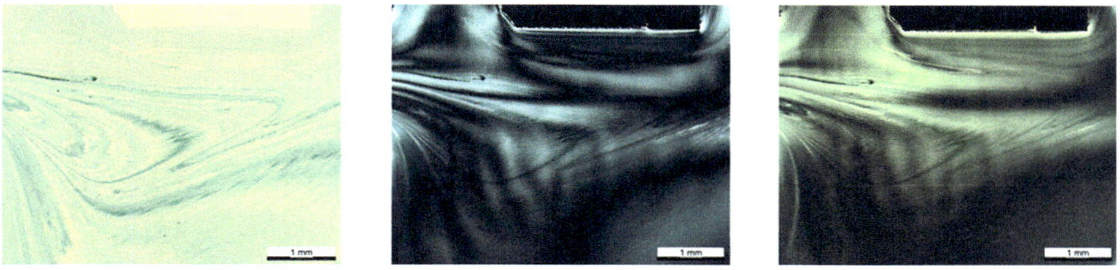

Durchlicht, Hellfeld | Durchlicht, polarisiert, Isoklinen + Isochromaten | Durchlicht polarisiert, λ/4-Plättchen, ohne Isoklinen

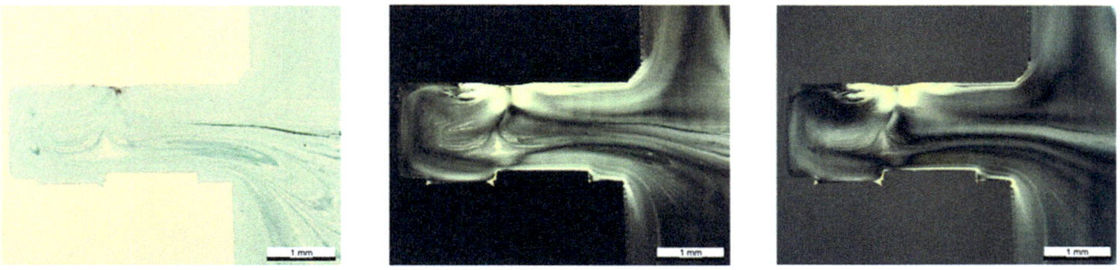

Durchlicht, Hellfeld | Durchlicht, polarisiert | Durchlicht polarisiert, λ/4-Plättchen, ohne Isoklinen

Bild 2.21 Spritzgießformteil aus PA6 im Hellfeld und im polarisierten Licht ohne und mit λ/4-Plättchen
links: Fließlinien aufgrund einer schlecht homogenisierten PA6-Schmelze im Durchlicht
mitte: Orientierungsdoppelbrechungen (Isoklinen und Isochromaten) der gleichen Proben im polarisierten Durchlicht
rechts: gleiche Probe im polarisierten Licht mit λ/4-Plättchen

Farbpartikel können als Kristallisationskeime wirken. Beim Fehlen der Farbpigmente werden weniger Kristallite und damit Sphärolithe initiiert, d. h. die entstehenden Sphärolithe können größer wachsen als die vielen farbpigmentinitiierten Sphärolithe, Bild 2.22.

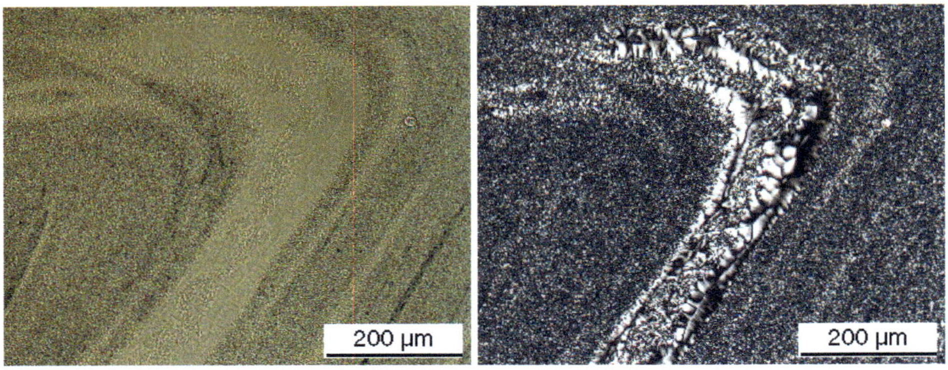

Bild 2.22 Partielle Sphärolithbildung aufgrund ungleichmäßig verteilter Farbpigmente in PA 66
links: Hellfeld
rechts: Polarisation

2.1.1.6.3 Besondere Erscheinungen im polarisierten Licht

Kristalline Strukturen sind im polarisierten Licht darstellbar, Bild 2.23.

Unter dem Licht-Mikroskop werden Strukturen im polarisierten Licht normalerweise bis zu einer 300-fachen Vergrößerung dargestellt. Die mit einem Mikrotom hergestellten Schnitte sind normalerweise im Mittel etwa 10 µm dick. Versuchsweise kann man dann versuchen auf 5, 3 oder sogar 1 µm herunterzugehen, was aber schon problematisch werden kann.

> Lamellenstrukturen sind im polarisierten Licht mikroskopisch nicht darstellbar.

Im polarisierten Licht *sind* mikroskopisch feststellbar:

- Spärolithformen und -größen (Schnitt)
- Wechselnde morphologische Strukturen
- Strukturen an Kontaktflächen
- Isoklinen (Linien gleicher Hauptspannungs- bzw. Orientierungsrichtung, im zirkular-polarisiertem Licht nicht sichtbar)
- Fließlinien, Orientierungen, Eigenspannungen
- Kalte Pfropfen
- Unterschiedliche Materialien
- Lunker und Fremdkörper

Im polarisierten Licht *sind nicht* mikroskopisch feststellbar:

- Lamellen
- Kristallisationsgrad in quasiamorphen Bereichen
- Kontaktflächenübergänge

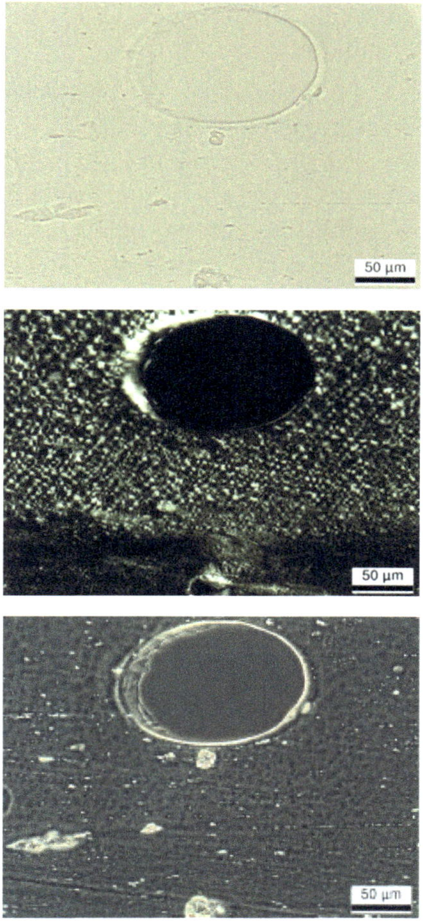

Hellfeld:

- einfachste Möglichkeit der Durchlichtmikroskopie
- Absorptionsunterschiede in der Probe
- nicht-polymere Zusatzstoffe und deren Verteilung (Pigmente, Ruß)

Polarisation:

- Polarisator unter und Analysator oberhalb des Objektes
- anisotropes Objekt: Gangunterschied als Funktion der Doppelbrechung
- Sphärolithformen, -größen, -verteilung, Molekülorientierungen, thermische Schädigungen, Verarbeitungseinflüsse

Phasenkontrast:

- Phasenring und angepasste Ringblende
- Brechungsindexunterschiede verschiedener Phasen
- Polymermischungen oder nichtpolymere Zusatzstoffe

Bild 2.23 Mikrotomschnitt einer PP-Probe mit deutlichem Lunker
oben: Hellfeld
mitte: Polarisation
unten: Phasenkontrast

Visualisierung von Bindenähten

Die komplexe geometrische Gestaltung spritzgegossener Kunststoffbauteile erfordert häufig die Nutzung mehrerer Anschnitte oder das Umfließen von Werkzeugelementen innerhalb der Kavität. Eine Teilung von Schmelzeströmen und deren anschließendes Zusammenfließen haben die Bildung von Bindenähten zur Folge. Bekanntermaßen sind solche Nahtstellen optische und/oder mechanische Schwachstellen im Bauteil.

In Spritzgießbauteilen wird nach der Art des Zusammentreffens der Schmelzeströme zwischen sogenannter *Fließnaht* und *stagnierender Bindenaht* unterschieden. Im Fall der Fließnaht bewegen sich die Schmelzeströme nach dem Zusammentreffen vereint weiter, bei der stagnierenden Bindenaht treffen sie mit anschließendem Stillstand frontal, meist am Fließwegende, aufeinander.

Aus der Bindenahtbildung resultieren einige Besonderheiten, wie beispielsweise parallel zur Bindenaht orientierte Molekülketten und Füllstoffe, kristallmorphologische oder spannungsbedingte Gradienten und Oberflächenmarkierungen (z. B. V-Kerbe). Der Grad der optischen und mechanischen Minderung der Bauteilqualität hängt überwiegend vom Material und von der Prozessführung ab. Es sind daher einige konstruktive und technologische Optimierungen entwickelt worden, um Bindenähte in unkritische Bereiche im Bauteil zu verlegen, mechanisch zu verbessern oder ganz zu vermeiden.

Weiterhin können Temperatur- und Geschwindigkeitsgradienten zusammen mit lokalen Scherdeformationen während der Plastifizierung oder der Formfüllung zu sehr unterschiedlichen Kristallmorphologien und -größen im Bauteil führen. Das Versagen kann daher prozessbedingt von duktil zu spröde wechseln und damit das Bauteilverhalten im Gebrauch enorm verändern bzw. die Bindenahtfestigkeit weiter herabsetzen.

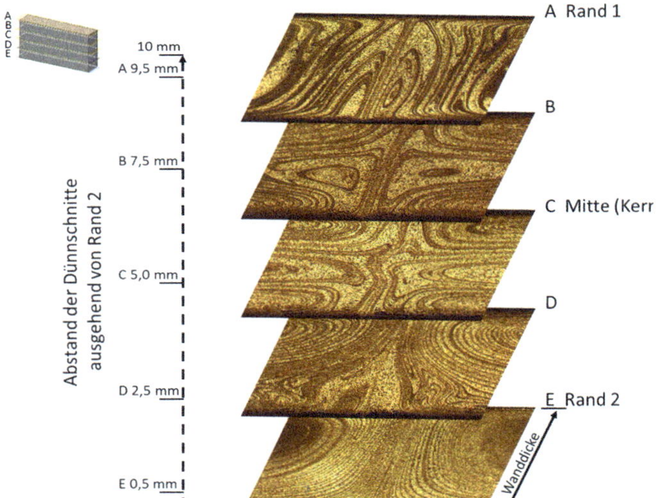

Bild 2.24 Dünnschnitt durch den Anguss einer Bürste aus PE-HD [Kühnert]

Zusätzlich zu den bereits umfangreich vorhandenen Erkenntnissen sowohl zu grundlegenden Bindungsmechanismen an diesen Grenzflächen als auch zu praktischen Erfahrungen aus Schadensfällen können neue Präparationsmethoden das Versagensverhalten an Bindenähten oder an strömungsbedingten Strukturinhomogenitäten insbesondere für teilkristalline Thermoplaste verstehen helfen. Die Visualisierung solcher spezifischen Strukturbilder gelingt nur mittels aufwendiger Detailpräparationen.

Um nun prozessbedingte Strukturbilder (Fließlinien, Bindenähte) mittels Polarisation sichtbar zu machen, erfolgen gezielte Detailpräparationen als *Dünnschnitt-Präparation*, wobei sich die schichtweise Entnahme von Dünnschnitten aus einem Probekörper oder Bauteil als sinnvoll erwiesen hat.

2.1.1.6.4 Beispiele für mikroskopische Strukturbilder

Viele polarisationsoptische Aufnahmen zeigen vor allem „bunte Bilder". Erkennbar sind die sphärolithischen Strukturen, deren Größe, Verformungen und gerichtete kristalline Strukturen z. B. Dendrite. Die primären Strukturen, Lamellen mit amorphen Übergangsbereichen und überwiegend amorphen Zonen sind bei teilkristallinen Thermoplasten nicht differenziert darstellbar und schon gar nicht in ihrer Wirkung zu bewerten, bei amorphen Strukturen schon gar nicht.

An Kontaktflächen bei Schweißverbindungen, Bindenähten, Mehrkomponentenspritzguss und -extrusion sind Unterschiede kaum nachvollziehbar, da die eigentlichen Prozessparameter Temperatur und Druck und deren zeitlicher und lokaler Verlauf kaum bestimmbar sind. Tendenzielle Einflüsse sind allerdings bekannt bzw. nachvollziehbar.

Der Angussbereich ist einer der kritischsten Bereiche eines Spritzgussteils und sollte nie in der Gebrauchsphase mechanisch hochbelastet sein, besonders unter Zugspannungen. Nach dem Füllen des Werkzeugs gibt es kurzfristig Stillstand für die Schmelze, die dann im Angussbereich erstarrt. Im danach folgenden Nachdruck wird dieser schon erstarrte Anguss in das Formteil gedrückt, eine zuverlässige Anhaftung ist häufig nicht gegeben. Der jetzt im Angussbereich befindliche Kunststoff erstarrt unter zu niedrigen Temperaturen. Die ungleichmäßigen Eigenspannungen sind an den unregelmäßigen Isochromaten und den Isoklinen erkennbar.

Obwohl bei der vorliegenden Bürste kein Schadensfall vorliegt, sind typische Phänomene des Angusses zu erkennen, Bild 2.26. Die sphärolithische Struktur im unteren Probenbereich erscheint ordentlich auskristallisiert. Im oberen Bereich und in der Angusszone sind schon erstarrende Bereiche durch nachgedrückte Schmelze plastisch deformiert. Die Schmelze selbst, erkennbar im mittleren Bereich scheint ausreichend erwärmt.

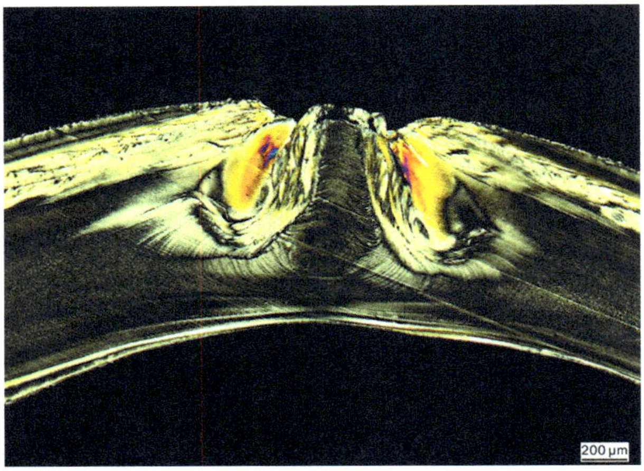

Bild 2.25 Dünnschnitt durch den Anguss einer Bürste aus PE-HD

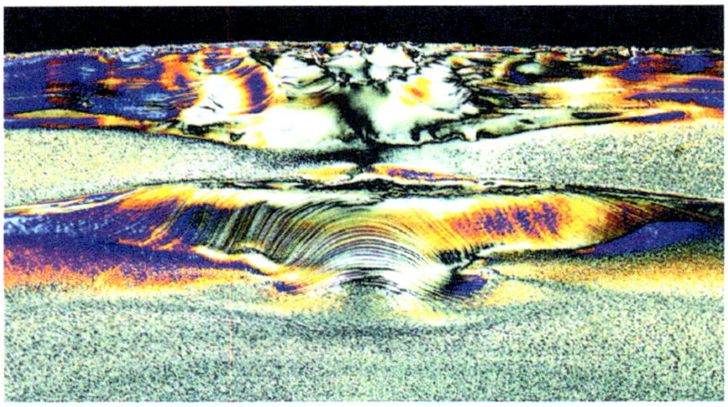

Bild 2.26 Angussbereich eines POM-Teils

Ein Zahnrad aus PA 66 zeigt schichtweise vollkristalline Strukturen. Die Schichten bestehen aus seitlich gerichteten und im Inneren gleichmäßigen Sphärolithen. Eine Erklärung wurde bisher nicht gefunden, da Schmelzen nicht schichtweise strömen. [1]

In der Durchlichtmikroskopie können unterschiedliche Strukturen dargestellt werden. In einer Probe aus PP mit eingearbeitetem EPDM erkennt man im polarisiertem Licht die sphärolithische Struktur durch die Isoklinen, im Phasenkontrast an der gleichen Probe die EPDM Partikel, Bild 2.28.

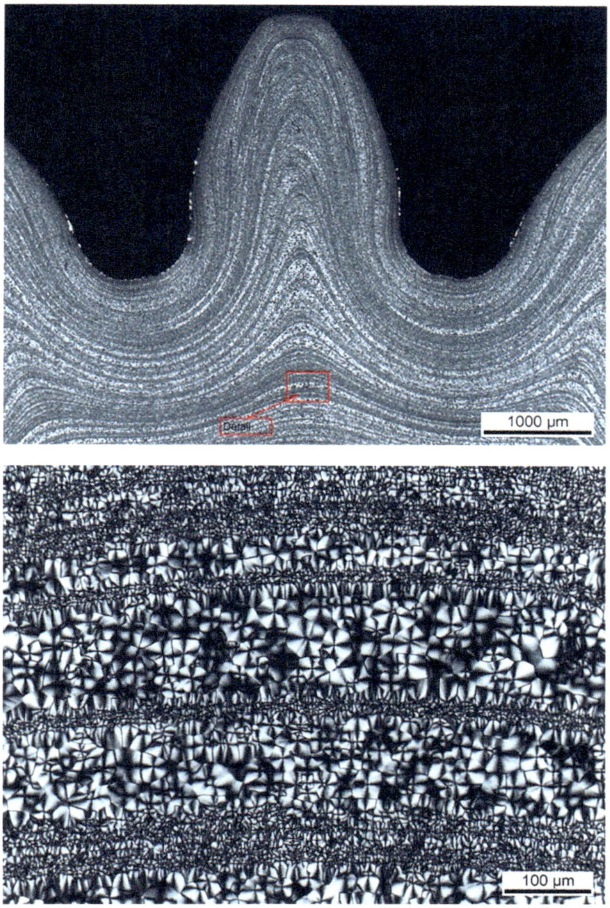

Bild 2.27 Schichtweise Strukturen in Zahnrad aus PA 66 mit Detailvergrößerung

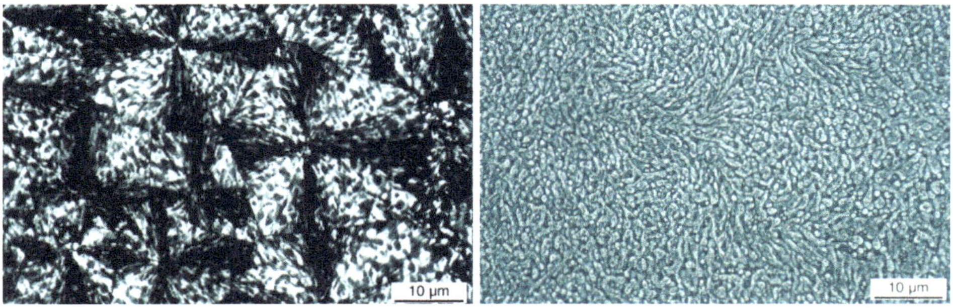

Bild 2.28 Polypropylen mit EPDM-Kautschuk im Durchlicht
links: linear polarisiertes Durchlicht
rechts: Phasenkontrast Durchlicht

Als weiteres Beispiel für eine im Phasenkontrast entstandene Durchlichtaufnahme zeigt Bild 2.29 das mit EPDM-Kautschuk modifizierte Polypropylen. Erkennbar sind nun deutlich die EPDM (punktförmig grün) bzw. PP-Phasen (schwarz zusammenhängend), die sich kontrastreich voneinander unterscheiden.

Um unterschiedliche Kunststoffe darzustellen und ggf. deren Strukturen zu analysieren, sind oft unterschiedliche Mikroskopieverfahren sinnvoll, Bild 2.29.

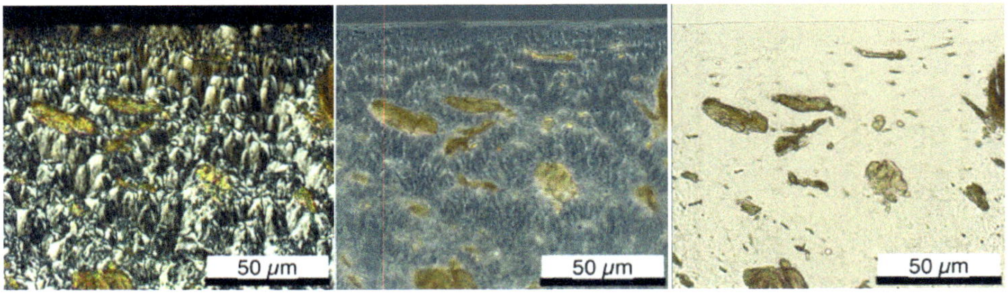

Bild 2.29 POM mit zerkleinerten Aramidfasern verstärkt, dargestellt in verschiedenen Durchlichtverfahren
links: Polarisation-Durchlicht
mittig: Phasenkontrast-Durchlicht
rechts: Hellfeld-Durchlicht

Während die kristallinen Strukturen im polarisierten Durchlicht eindeutig am deutlichsten abgebildet werden können, sind die Aramidabschnitte kaum erkennbar. Im Phasenkontrast-Durchlicht ist das Gegenteil der Fall. Als Überblick von Faserabschnitten und Struktur vielleicht am besten geeignet, während die Faserzugabe im Hellfeld eindeutig am besten zu erkennen ist. Erkennbar ist, dass die Faserabschnitte im Randbereich nicht auftreten, sodass für tribologische Anwendungen so noch eine Schwäche erkennbar ist. Inwieweit die kristallinen Strukturen für Eigenschaftsaussagen geeignet sind, ist auch in diesem Fall zweifelhaft.

2.1.1.6.5 Verarbeitungsfehler

Schweißnähte in Kunststoffen weisen besonders wegen der lokal unterschiedlichen Temperaturen komplexe Strukturen auf.

Die Gesamtansicht und strukturelle Ausbildung einer Warmgasschweißverbindung mit einer Warmgastemperatur von 310 °C und einer Schweißgeschwindigkeit von 4 mm/s, Bild 2.30. In der Schweißnaht lag der Zusatzwerkstoff im Schmelzezustand vor. Im Inneren ergeben sich beim Abkühlen und Schwinden Lunker.

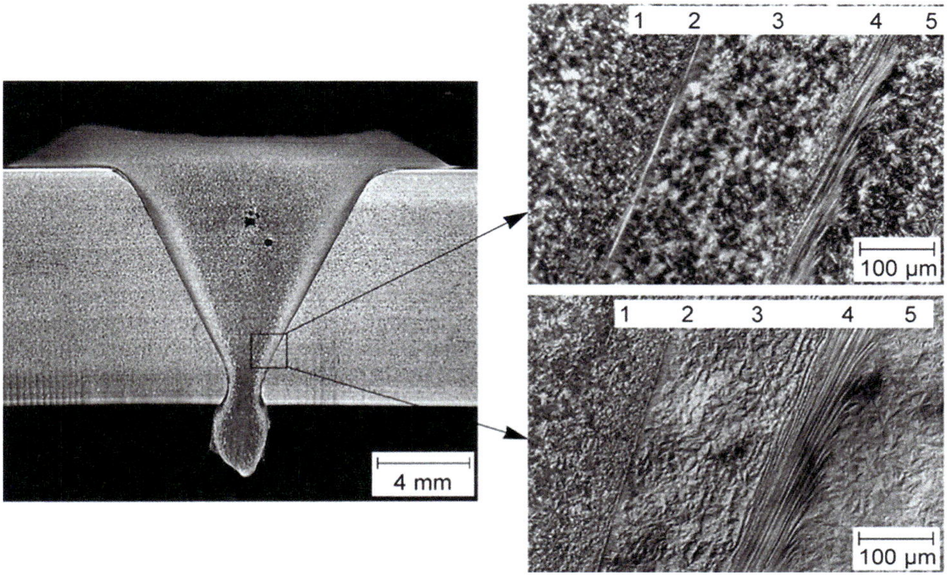

Bild 2.30 Gesamtansicht und strukturelle Ausbildung der Hellfeld-Durchlicht-Fügeebene einer Warmgasschweißverbindung eines PP
links und rechts oben: Mikrotomschnitt im polarisierten Licht
rechts unten: Anschliff geätzt mit $H_2SO_4/HNO/KMnO_4$*, RT – 24 h; (Differential-Interferenz – Kontrast-Aufnahme)*

Die Detailvergrößerung des Fügebereichs zeigt fünf unterschiedliche Strukturbereiche:

1. Zusatzwerkstoff
2. transkristalline Front
3. mittlere Sphärolithe
4. deformierte Sphärolithe
5. Grundwerkstoff

Die rekristallisierten Schichten (3) waren beim Schweißen aufgeschmolzen und sind wieder erstarrt.

Im Grundwerkstoff (5) war die maximale Temperatur während des Schweißprozesses so niedrig, dass keine Änderung der Sphärolithstruktur durch rheologische Vorgänge aufgetreten ist. Der Bereich der deformierten Sphärolithe (4) stellt den Übergangsbereich zwischen Schmelzeschicht und Grundwerkstoff dar. Die Temperatur lag im Bereich des Kristallitschmelzpunktes. Kleine Kristallite waren aufgeschmolzen, große blieben noch fest. Daher waren die Sphärolithe in Richtung der wirkenden Schubkräfte deformierbar.

Im Anschluss an die deformierten Sphärolithe (4) folgt ein schmaler Bereich mit sehr geringem Sphärolithdurchmesser. In Richtung Fügeebene nimmt der Durchmesser zu. Der Zone mittlerer Sphärolithe (4) folgt ein schmaler Bereich mit sehr heller Struktur. Der linke Rand der transkristallinen Front (2) markiert die Fügeebene. Der Kontakt zwischen Zusatzwerkstoff (1) und Grundwerkstoff (5) erzeugt eine hohe Keimdichte. Der Zusatzwerkstoff kühlt nahe der Fügeebene schneller als im Nahtzentrum ab und bildet wegen der schnelleren Keimbildung eine feinsphärolitische Struktur, die in Richtung Nahtzentrum grober wird. Die verschiedenen Strukturen weisen deutlich unterschiedliche Eigenschaften auf, die allerdings im Einzelnen noch nicht erfassbar sind.

Bei ordnungsgemäß durchgeführten Schweißnähten müssen beide Partner in der Bindenaht in einem Schmelzezustand vorgelegen haben. Dieses erkennt man an den sogenannten Wärmeeinflusszonen, die dadurch entstehen, dass sich die kristalline Struktur neu gebildet hat, Bild 2.31. Eine Schweißverbindung an einem Kraftstofftank lässt in der Schweißnaht links eine Wärmeeinflusszone erkennen. Die rechte Hälfte war eine Schmelze, die insgesamt gleichmäßig erstarrt ist. Dieses kann man nur im polarisierten Licht eindeutig erkennen.

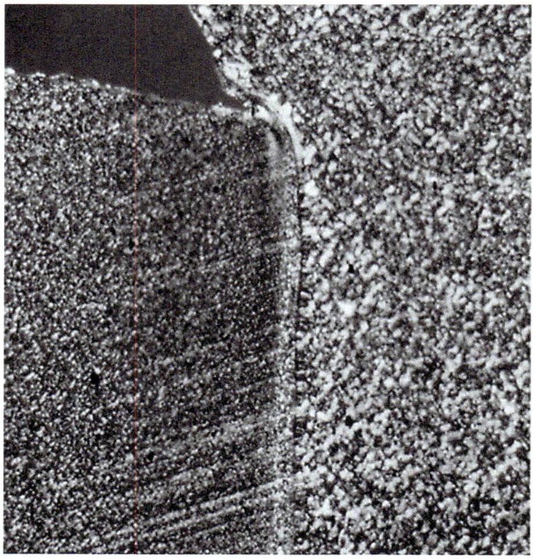

Bild 2.31 Wärmeeinflusszone in einer Schweißnaht eines Kraftstofftanks aus PE-HD

Während Fließlinien schon im Übergang zur makroskopischen Analyse sind, sind Lunker profane Fehler, die eigentlich keines polarisierten Lichtes bedürfen, es sei denn die kristallinen Strukturen sind zu ihrer Analyse nützlich.

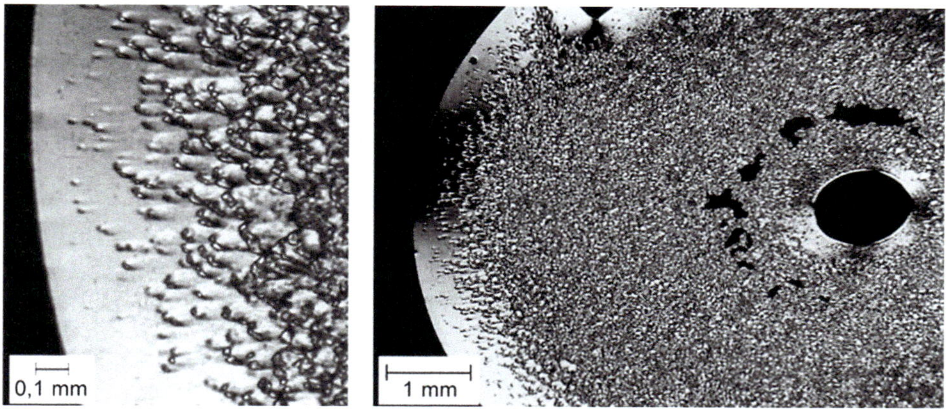

Bild 2.32 Schnitt durch einen Druckkopf aus Polyamid 66 (PA 66) mit amorpher, reibungsbeanspruchter Randzone und Lunker (Mikrotomschnitt im linear polarisierten Licht, ≈ 10 µm dick)
links: Ausschnittsvergrößerung

Ursache für die dargestellte Struktur ist, dass die Kunststoffschmelze an zwei Stellen Kontakt mit dem Werkzeug hat, an der Gleitfügefläche und rund um den inneren Stift. Wegen seines geringen Durchmessers von weniger als 1 mm kann der innere Stift weder gekühlt noch geheizt werden. Dass um ihn herum gut kristallisiertes Gefüge zu finden ist, deutet darauf hin, dass der Stift durch die wiederholt beim Fertigen eingedrungene heiße Schmelze ausreichend erwärmt wurde. Die eigentliche Werkzeugwand wurde dagegen stark gekühlt, sodass sich keine ausreichende Kristallisation ausbilden konnte. Zudem deuten die Lunker darauf hin, dass der Anguss des zu kalten Werkzeugs zu schnell eingefroren ist und keine Kunststoffmasse mit dem Nachdruck zum Ausgleich der durch die Kristallisation geschwundenen Masse und dadurch entstandenen Lunker erfolgen konnte.

Da äußerlich am Formteil nicht zu erkennen ist, ob ein Material ausreichend gut kristallisiert ist, ist die Versuchung groß, durch niedrigere Werkzeugtemperaturen, aufgrund der schnelleren Abkühlung Zeit im Verarbeitungszyklus zu sparen, zumal Material- und Maschinenkosten festliegen.

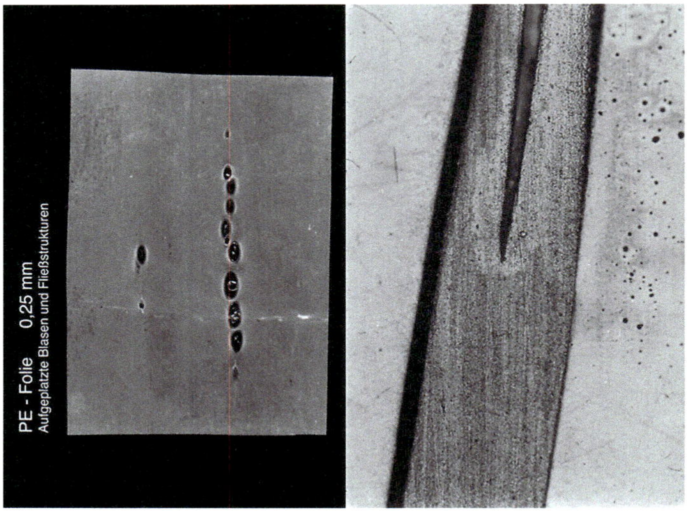

Bild 2.33 Blasfolien aus PE mit Doppelungen
links: Aufsicht
rechts: Querschnitt mit Materialdopplung

PE-Folien wurden bei sehr niedrigen Außentemperaturen von < 20 °C mit außenstehenden Silos im Blasverfahren hergestellt, Bild 2.33. Dabei traten Doppelungen auf. Die Struktur ist einwandfrei, die Doppelungen auf Eiskristalle zurückzuführen, die im nicht reduzierten Blasprozess nicht ausreichend aufgeschmolzen und entfernt waren.

Die Zahnräder in einem Waschmaschinengetriebe zeigen deutliche Verschleißmerkmale, Bild 2.34. Die unzureichende Kristallisation im Zahnrandbereich lässt auf zu niedrige Werkzeugtemperatur schließen. Durch die Reiberwärmung und Wärme aus dem Waschvorgang erfolgte eine Nachkristallisation. Da die kristalline Struktur dichter ist als die amorphe treten lokale Schwindungen auf, die zu Rissen entlang der dendritischen Sphärolithe führen.

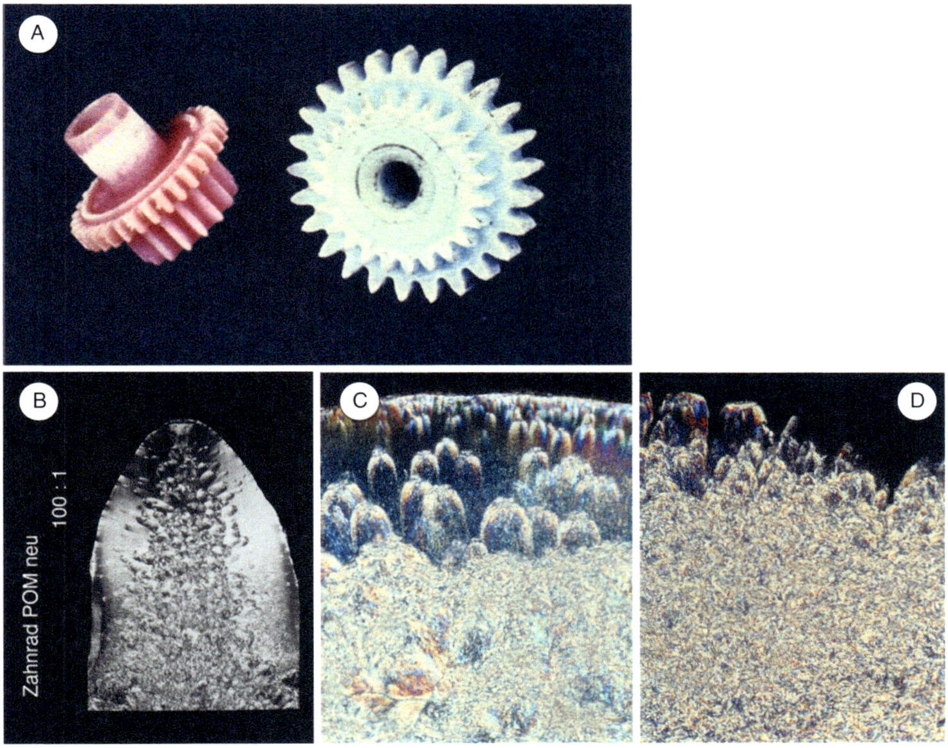

Bild 2.34 Zahnräder aus Waschmaschinengetrieben aus POM
A: Zahnräder nach Gebrauch
B: Schnitt durch neues Zahnrad
C: neues Zahnrad, 5 h bei 120 °C getempert
D: Zahnflanke nach Gebrauch

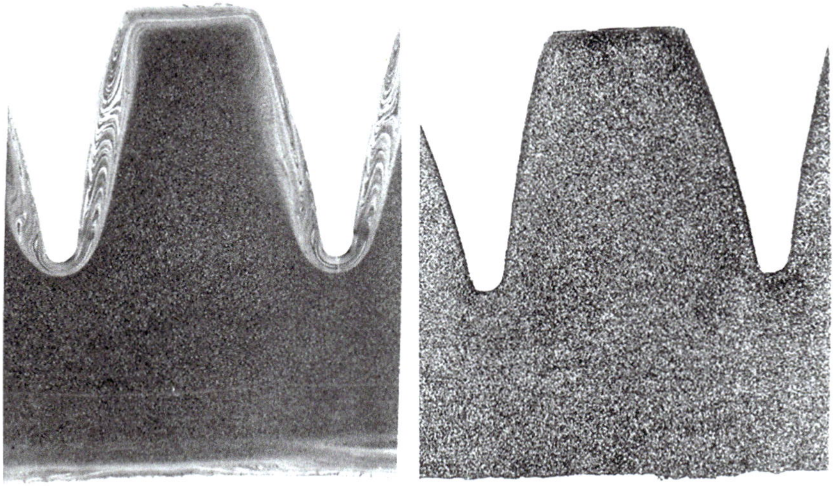

Bild 2.35 Nockenwellen-Zahnräder aus PA 66

An den kritischen Belastungsstellen zeigen Zahnräder aus zu kaltem Werkzeug Fließstrukturen. Besonders kritisch sind dabei die Zahnflanke, bei der eine Art Bindenaht an der Stelle höchster Pressung erkennbar ist, Bild 2.35. Die zweite hoch beanspruchte Stelle ist der Zahnfuß, der ebenfalls Fließstrukturen enthält. Eine vorbildliche Temperaturführung führt zu einer makellosen Struktur.

2.1.1.6.6 Glasfaserverstärkte Teilkristalline

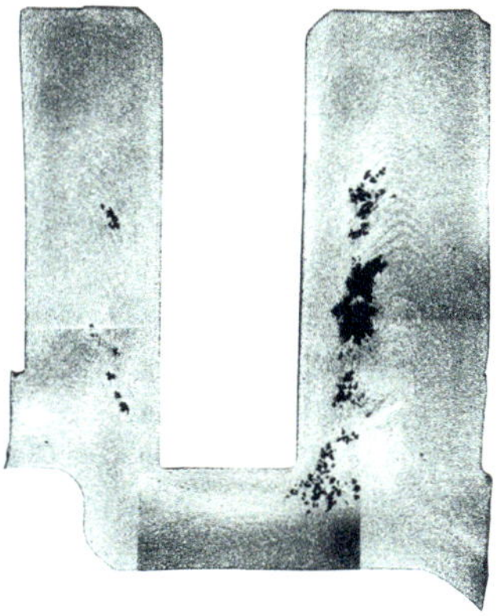

Bild 2.36 Befestigungstubus eines Wasserkastens aus PA 66 - GF 30 für PKW-Kühler
Schaden: Riss im Tubus (zur Bindenaht) - zu geringer Kernlochdurchmesser;
Vakuolen - mangelhafte Entlüftung

Ein Wasserkasten aus glasfaserverstärktem PA 66 zeigt einen konstruktiven und verarbeitungstechnischen Fehler, Bild 2.36. Der Schmelzestrom fließt durch die dünneren Querschnitte in den dickeren. Dort ist der Schmelzedruck reduziert, zusätzlich ist die Schmelze im dünneren Querschnitt bereits stärker abgekühlt, zumal der Einsatz nicht temperiert ist. Da die Abkühlschwindung nur die Matrix betrifft und deren Fließverhalten durch die Glasfasern behindert ist, entstehen verstärkt Lunker. Die Lage dieser Lunker im Inneren des Materials reduziert die Versagensneigung. Einige Lunker sind in kurzglasfaserverstärkten Formteilbereichen weniger kritisch als in unverstärktem Material.

Eine Kohlenstofffaserverstärkung ist noch kritischer, weil durch die Kohlenstofffasern die Wärme noch leichter abgeleitet werden kann und das Nachfließverhalten der Matrix reduziert wird. CF 40 wird zentralsymmetrisch über einen Fließkanal angespritzt [1]. Um eine Bindenaht am hochbelasteten Pleuelende zu vermeiden, ist ein Überlauf vorgesehen, Bild 2.37 rechts oben. Lunker sind trotzdem nicht zu vermeiden. Um die Abkühlung und den Druckverlust der Schmelze gering zu halten, wurde der Heißkanal reduziert durch symmetrische Anordnung der Kavitäten, Bild 2.37 unten.

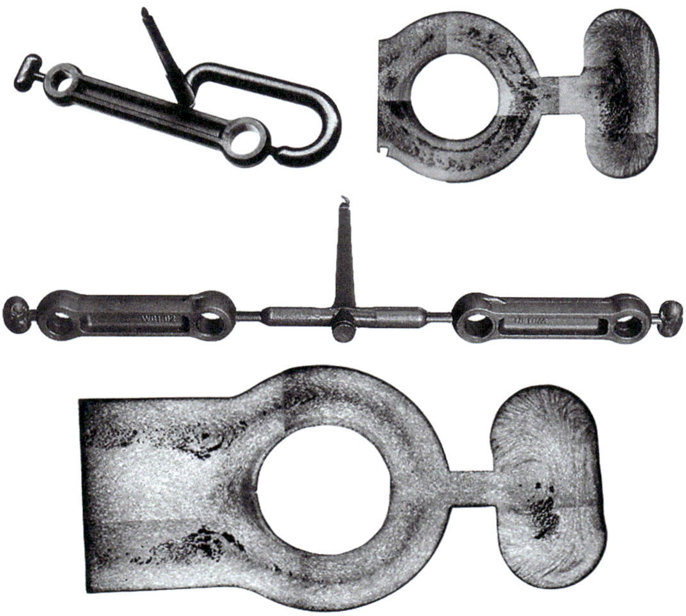

Bild 2.37 Bohrhammerpleuel aus PA 66 CF 40 mit Überlauf
oben: Muster mit Überlauf und Lunkern
unten: Reduzierung der Lunker durch Verkürzung der Angusskanäle

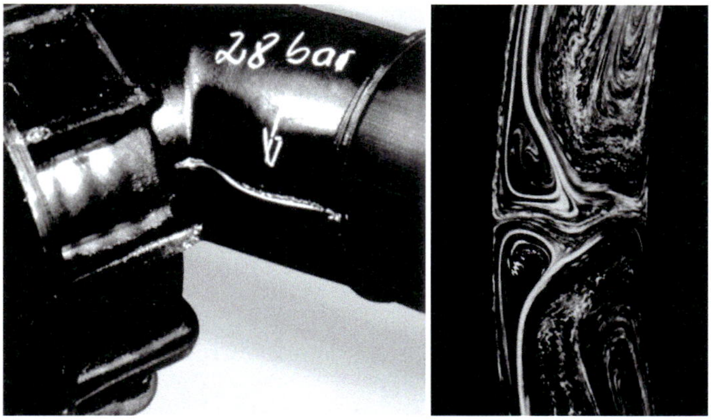

Bild 2.38 T-Stück einer Befüllleitung mit Riss (PE-HD)

Ein Riss im T-Stück einem Anguss gegenüber deutet immer auf einen Bindenahtfehler hin, Bild 2.38. Nun sind Bindenähte bei PE-HD im Allgemeinen nicht schwach. Wenn aber die Verarbeitung derartig starke Fließlinien einschließlich noch nicht aufgelöster Granulatteilchen aufweist, ist von einer deutlich zu niedrigen Schmelzetemperatur auszugehen.

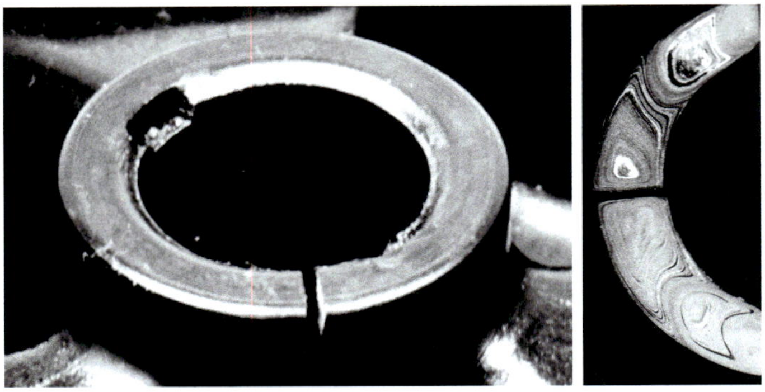

Bild 2.39 Bindenahtbruch einer Rollenbandage

Noch deutlicher wird ein Bruch in einer Bindenaht, wenn noch aufgeschmolzene Granulatteilchen zu erkennen sind, Bild 2.39. Diese sind oberflächlich nicht abgezeichnet und können nur mittels eines Mikrotomschnitts unter dem Mikroskop ermittelt werden. Gerade bei schwarz eingefärbtem Material werden Fehler leicht überdeckt.

Solche Granulatteilchen können fast den ganzen Querschnitt einer Wanddicke ausfüllen und sind äußerlich oberflächlich trotzdem nicht erkennbar, Bild 2.40.

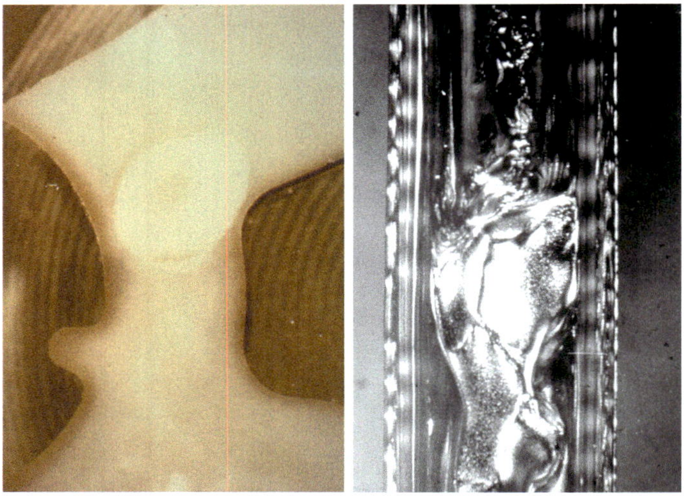

Bild 2.40 Pfropfen – unaufgeschmolzenes Granulat in Spritzgussteil

Den starken Einfluss der hohen Abkühlgeschwindigkeit der 220 °C warmen Schmelze an der kalten Werkzeugwand von ~ 90 °C auf die Kristallitbildung zeigt Bild 2.41.

Es handelt sich dabei nicht um eine amorphe Struktur sondern vermutlich am um eine sich nicht abzeichnende Lamellenbildung. In ca. 100 µm Abstand von der Werkzeugoberfläche beginnen transkristalline Bereiche, die nach 200 µm Abstand in eine sphärolithischen Struktur übergehen. Wird die Schmelze im zweiten Prozessschritt auf die kalte POM-Oberfläche aufgespritzt, bilden sich in der Grenzfläche wegen der viel langsameren Abkühlung, als auf einer gekühlten Metall-Werkzeugwand, gleich transkristalline Bereiche, die bereits nach 100 µm eine normale kristalline Struktur aufweisen.

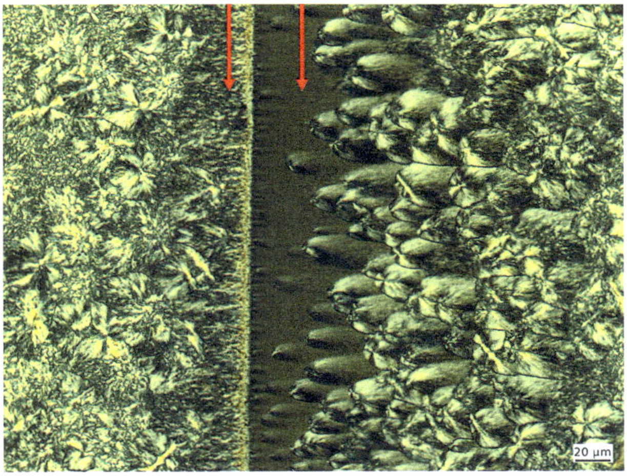

Bild 2.41 Grenzfläche im 2-Komponenten-Spritzguss eines Campus-Zugstabes aus nukleiertem POM [Kühnert]
rechts: als erste gespritzte Probenhälfte - feinkristalline Struktur durch schnelle Abkühlung an Werkzeugoberfläche mit 90 °C
links: als zweite aufgespritzte Probenhälfte - Kontaktfläche mit transkristallinen Bereichen zum Vorspritzling

■ 2.2 Normen

DIN 65046-1 (10/2010)
Luft- und Raumfahrt - Prüfverfahren für Oberflächenschutzschichten; Beschichtungsstoffe - Teil 1: Übersicht und Kurzzeichen

DIN ISO 8576 (06/2002)
Optik und optische Instrumente - Mikroskope - Bezugssysteme der Polarisationsmikroskopie

Verwendete Literatur

[1] Wolf, H.: Spannungsoptik. Bd. 1 Grundlagen, 2. Aufl. Springer Verlag, Berlin, 1976

[2] Wikipedia: Brechungsindex (Abrufdatum: Juli 2019)

[3] Ehrenstein, G. W.: Polymer-Werkstoffe. 3. Aufl. Carl Hanser Verlag, München, 2011

[4] Fischer, E. W.: Stufen- und spiralförmiges Kristallwachstum bei Hochpolymeren. Online 02. 06. 2014; Zeitschrift für Naturforschung A; De Gruyter

[5] Rieger, J.: Klassifizierung der Kunststoffe und ihre Zustandsbereiche in: Altstädt, V. [Hg.]: Polymerphysik für die Praxis der Aufbereitung und Verarbeitung. VDI Gesellschaft Kunststofftechnik, Düsseldorf, 1996

[6] Deutschle, H. M.; Wittel, F. K.; Kröplin, B.-H.: Simulation von Spannungsoptik im Rahmen der FEM. 17. Deutschsprachige ABAQUS-Benutzerkonferenz, Nürnberg, 2005

[7] Kühnert, I.: Bindenähte und Grenzflächen. Vortrag 18. Februar 2013

3 Rasterkraftmikroskopie

Mit Dr. Rolf Peter Baumann

3.1 Einleitung

Die Rasterkraftmikroskopie ist ein sehr sensitives und spezifisches Werkzeug zur Untersuchung besonders der Oberflächeneigenschaften von sowohl amorphen, als auch teilkristallinen Standard-, Konstruktions- sowie Hochtemperatur-Kunststoffen und deren Schadensanalyse. Als spezielles Rastersondenmikroskop nutzt das Rasterkraftmikroskop atomare Kräfte auf der Nanometerskala um eine zu untersuchende Oberfläche im Rasterprozess mechanisch abzutasten.

Das Rasterkraftmikroskop im Besonderen erlaubt die präzise Messung von Wechselwirkungskräften und Materialwiderstand und damit die Untersuchung von Adhäsion, Reibung, Elastizität, Härte und sogar spezifischer molekularer Erkennung an funktionalen Oberflächen. Diese Parameter sind für das Anwendungsverhalten vieler Kunststoffe von großer Bedeutung – als Beispiel seien Lacke, Kleber, Haarpflege-Produkte oder thermoplastische Werkteile genannt.

> Die Rastermikroskopie ermittelt Eigenschaften aber keine Kennwerte für übliche technische Anwendungen; Kombinationen zwischen Rastermikroskopie (AFM) und thermischer Analyse (TA).

3.2 Funktionsprinzip

Zur Detektion der Wechselwirkungskräfte wird eine sehr feine Tastspitze (engl.: cantilever) verwendet, die von ihren Eigenschaften her an die entsprechende Messaufgabe angepasst sein sollte. Im Wesentlichen ist hier die Kraftkonstante und Resonanz-Frequenz der Spitze zu beachten; für komplexere Messungen aber auch die Leitfähigkeit bzw. die Chemie der Spitze.

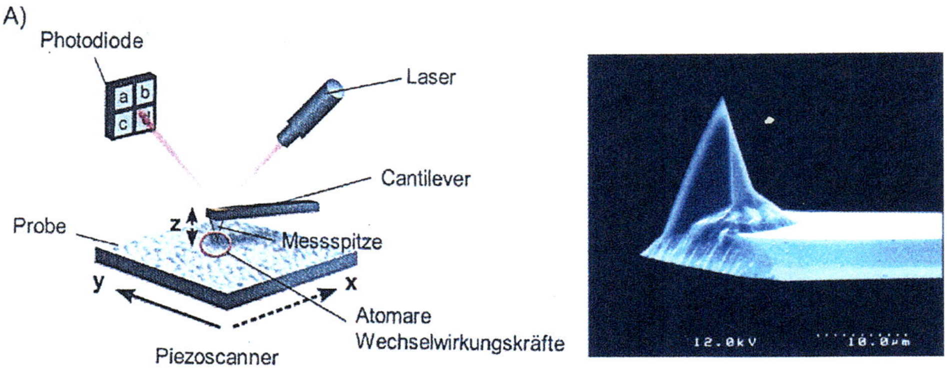

Bild 3.1 Schematischer Aufbau eines Rasterkraftmikroskops (A) mit Probe und Messspitze

Diese Instrumente bestehen aus einer sehr feinen, teilweise atomar spitzen Sonde, die im Kontakt oder im Nahfeld (d.h. bei einem Abstand von < 50 nm) in einem Raster über die zu untersuchende Probe geführt wird und dabei Punkt für Punkt Informationen über deren Oberfläche liefert. Als Informationen können dabei nicht nur topographische oder elektronische Bilder der Oberfläche, sondern auch lokale spektroskopische Daten erhalten werden.

Probe und Messspitze werden in unmittelbare Nähe zueinander gebracht und im Rasterprozess gegeneinander bewegt. Je nach Gerätebauart wird entweder die Probe oder die Spitze bewegt. Die atomaren Wechselwirkungskräfte die zwischen der feinen Messspitze und der Probe auftreten, sorgen für eine Auslenkung des sogenannten Cantilever welche mittels Laser und dem Lichtzeigerprinzip über eine viergeteilte Photodiode detektiert wird. Wechselwirkungskräfte können attraktiv und repulsiv sein und sind von unterschiedlichster Natur.

Über verschiedene Wechselwirkungskraft selektiver Messmodi lassen sich neben der Topographie auch nanomechanische, -elektrische und -chemische Eigenschaften der Oberfläche parallel ermitteln. Bei der Oberfläche kann es sich auch um eine innere Oberfläche bzw. einen Querschnitt einer Probe der durch (cryo-)Anschnitt/Bruch erzeugt wurde handeln (B). Messbereich und Auflösung liegen typischerweise im Mikro- respektive Nanometerbereich. In z-Richtung werden sogar Auflösungen im Angström-Bereich erzielt, Bild 3.2.

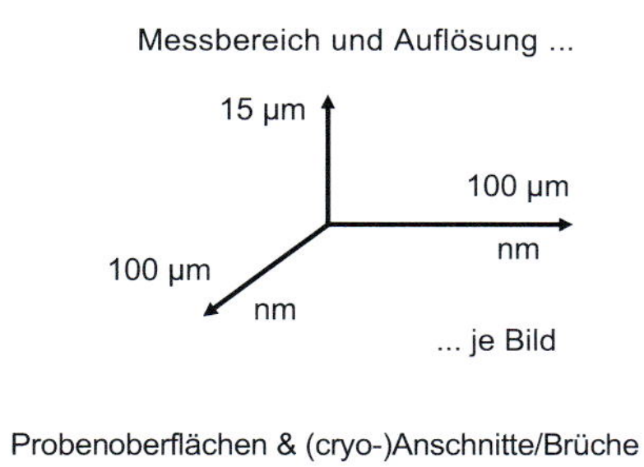

Bild 3.2
Messbereich und Auflösung bei der Rasterkraftmikroskopie

3.2.1 Arbeitsweise des Rasterkraftmikroskops

Der Sensor eines Rasterkraftmikroskopes besteht aus einem weichen Federbalken (engl.: cantilever), an dessen Ende sich die Spitze (engl.: tip) mit einem Radius von einigen Nanometern befindet, Bild 3.1 und Bild 3.3. Während der Sensor eine Oberfläche abrastert, wird die zwischen Spitze und Probe wirkende Kraft durch die Verbiegung des Cantilevers gemessen. Zu diesem Zweck wird üblicherweise ein Laserstrahl auf die Rückseite des Cantilevers fokussiert, wo er reflektiert wird und (über einen Spiegel) auf einen Quadrantenphotodetektor fällt. Die detektierten Kräfte werden dabei als Rückkopplungssignal zur Steuerung der vertikalen Bewegung des Sensors über der Oberfläche verwendet. Sowohl diese als auch die horizontalen Rasterbewegungen werden von Stellelementen aus piezoelektrischen Keramiken übernommen.

Das AFM besteht aus einem Scanner mit piezokeramischen Stellelementen, welche die Probe (oder den Sensor) bewegen, einer optischen Detektionseinheit zur Bestimmung der Cantilever-Auslenkung und einer Elektronik zur Datenaufnahme und Regelung.

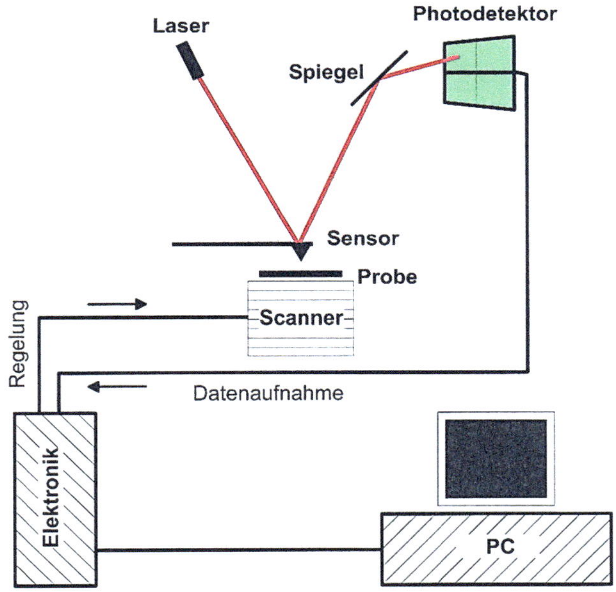

Bild 3.3 Arbeitsweise des Rasterkraftmikroskops

Die Rasterkraftmikroskopie arbeitet zwar immer an einer Oberfläche, bei der zu untersuchenden Oberfläche handelt es sich aber nicht zwingend um die Oberfläche eines Kunststofferzeugnisses per se, sondern oftmals auch um einen mittels (Cryo-) Mikrotomie oder (Cryo-)Bruch erzeugten Querschnitt, also eine innere Oberfläche.

Die richtige Wahl der Probe (der zu untersuchenden Oberfläche) und deren korrekte Präparation ist sehr wichtig und hängt unmittelbar von der zu analysierenden Fragestellung bzw. dem zu untersuchenden Schaden ab. Das Polieren einer Probe reduziert zwar die Rauigkeit, sodass die Probe besser untersucht werden kann, entfernt eventuell aber auch die gesuchte Information, wie z. B. eine Oberflächenmodifikation. Die Ursache für haptische und optische Fehler wird meist an der Oberfläche von Kunstoffbauteilen selbst gesucht, rührt aber nicht selten vom Bulkmaterial oder der Anlage zur Herstellung selbst her.

3.2.2 Praktische Beispiele

3.2.2.1 Messmöglichkeiten

Rasterkraftmikroskope werden generell in Tip- und Sample-Scanning differenziert, wobei erstere den großen Vorteil bieten, dass die Spitze über der Probe verfahren wird und die Probengeometrie daher kaum Einschränkungen unterliegt, sodass meist direkt am Kunststoffbauteil bzw. am Querschnitt gemessen werden kann. Bei Letzteren wird eine kleine Probe von meist einem Zentimeter Durchmesser und wenigen Millimetern Höhe auf einem Piezo-Rohrscanner unter der AFM-Spitze bewegt. Der Messbereich reicht bei beiden Bauarten typischerweise von wenigen Nanometern bis ca. 100 µm × 100 µm in x-y-Richtung (in der Ebene der Oberfläche) und ca. 15 µm in z-Richtung (senkrecht zur Probenoberfläche) s. a. Bild 3.2.

Insbesondere im universitären Umfeld gibt es auch Spezialgeräte die weitaus größere Messbereiche abrastern können und sogar echte 3D-Abbildungen, also auch das Abrastern von Materialüberhängen, erlauben. Für qualitativ hochwertige Messergebnisse dürfen die Proben nicht zu rau sein.

> Aufgrund der Sensitivität der Methode sind auch geringe Probenkontaminationen schnell störend sichtbar und daher zu vermeiden.

Bei der Reinigung von Probenoberflächen mit Chemie ist auf Kompatibilität zu achten. Eine Veränderung durch Anlösen oder Quellen ist zu vermeiden. Auch die meisten Druckluftanlagen bringen mehr Öl und Silikone auf eine Oberfläche als sie entfernen.

Die laterale Auflösung des AFM ist durch die Anzahl an Messpunkten pro Zeile und der Anzahl der Zeilen pro Bild gegeben (jeweils bis 8192 bei guten Geräten). Größere Messbereiche können durch softwarebasiertes Stitching, also Zusammenschneiden mehrerer Einzelbilder erreicht werden.

Insbesondere gegenüber der Elektronenmikroskopie zeichnet sich die Rasterkraftmikroskopie dadurch aus, dass Materialien unter verschiedensten Bedingungen, mitunter sehr anwendungsnah, untersucht werden können. Somit lassen sich z. B. die Morphologie und nanomechanischen Eigenschaften von polymeren Materialien bei unterschiedlicher relativer Luftfeuchte aber auch erhöhten Temperaturen online und in-situ untersuchen.

Da die Glasübergangstemperatur vieler Kunststoffe, wie der Polyamide, und damit verknüpft auch die (nano)mechanischen Eigenschaften stark von der relativen Luftfeuchte abhängen ist dies oftmals ein wichtiger Messparameter. Um unterschiedlichste Messbedingungen kontrolliert zu generieren gibt es kommerziell erhältliche, sogenannte Umweltgehäuse, Flusszellen etc. wobei viele Anwender meist auf eigens angefertigte, optimierte Speziallösungen zurückgreifen. Auch in Lösung, saurem oder basischem Milieu (typischerweise pH 1 bis 13) und organischen Lösungsmitteln können Proben untersucht werden. In trüben Lösungen oder Ölen lassen sich ebenfalls Messungen durchführen. Da hier auf die Lichtzeigermethode zur Detektion der Cantilever-Bewegung verzichtet werden muss, kommen meist Spezialgeräte zum Einsatz, die die Cantilever-Bewegung z. B. elektrisch, akustisch oder magnetisch erfassen.

Zeitaufgelöste Messungen bieten eine weitere Dimension zur Untersuchung von Kunststoffen über die auch z. B. Migrations-, Entmischungs-, Nachkristallisations- und Degradationsphänomene zugänglich sind. Als Beispiel sind hier während des Extrusionsprozesses verwendete Schmiermittel und Additive zu nennen, die sofort oder über die Zeit an die Oberfläche migrieren und dort mit dem AFM abbildbar sind. Die Form, Welligkeit sowie Rauigkeit von Walzen oder Spritzgussformteilen wird typischerweise dem Kunststofferzeugnis aufgeprägt. Ein Fehler hier führt folglich zu einem Fehler im Produkt.

Neben direkten Oberflächen gibt die Analyse präparierter Querschnitte Aufschluss über die Morphologie, (In)homogenitäten, Defekte und Fehlstellen in Kunstoffbauteilen, die wesentlich für Struktur-Eigenschafts-Beziehungen sind und letztendlich die Leistungsfähigkeit eines Bauteils bestimmen. Querschnitte sind auch interessant zur Untersuchung von Gradienten in Materialien, ob morphologischer, mechanischer oder chemischer Natur.

3.2.2.2 Auswertung

µTA-Untersuchungen ermöglichen ähnlich wie DSC-Untersuchungen die Messung von endo- und exothermen Effekten, die auf Enthalpieerhöhung bzw. -erniedrigung des Stoffes basieren. Im Gegensatz zur DSC kann die zugrundeliegende Probenmasse nicht ermittelt werden, somit ist keine quantitative Auswertung von Enthalpien möglich. Ausgewertet wird der Verlauf der Sensorspannung in Abhängigkeit von der Temperatur und/oder der Zeit. Weiterhin kann ähnlich zu TMA-Messungen die Bewegung des Sensors in µm (Sensorauslenkung) aufgenommen werden, d. h. eine Veränderung der Probe durch Ausdehnung oder ein Eindringen des Sensors in die Probe (z. B. beim Schmelzen oder im Glasübergangsbereich).

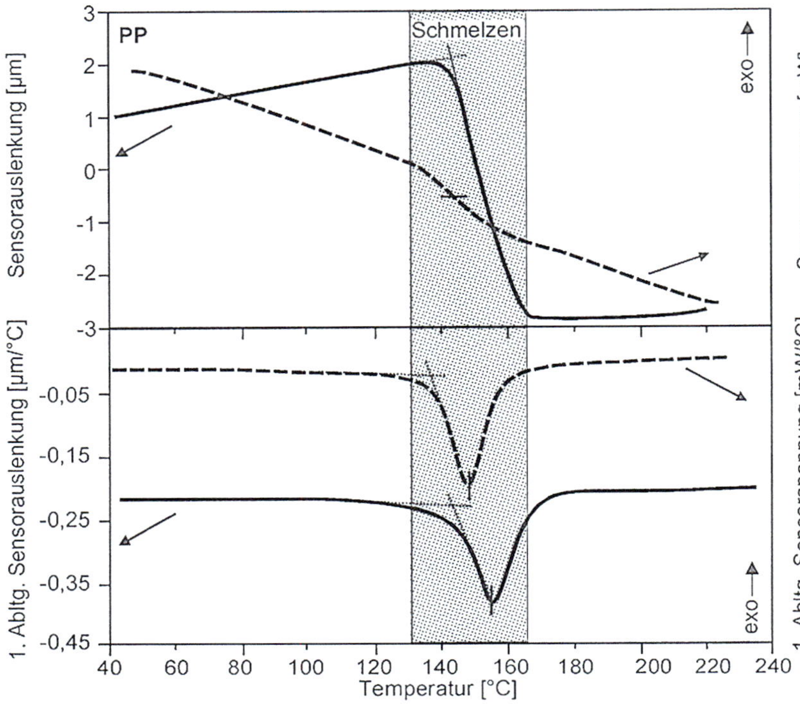

Bild 3.4 Typischer Kurvenverlauf einer µTA-Messung an einer PP-Probe
oben: Sensorauslenkung und Sensorspannung
unten: 1. Ableitung der beiden Signale
Heizrate 10 °C/s, Belastung 30 nA

In Bild 3.4 sind die beiden typischen Kurven am Beispiel eines PP gezeigt. Die Auswertung der Temperaturen erfolgt durch Tangentenschnittpunkte. Häufig wird auch die 1. Ableitung des Signals über der Temperatur aufgrund der besseren Auswertbarkeit herangezogen. Der grau hinterlegte Bereich kennzeichnet den Schmelzbereich des Polypropylen. Die Schmelztemperatur kann nun als Tangentenschnitt (Onsettemperatur) aus dem Signal der Sensorauslenkung, als Halbe Stufenhöhe der Sensorspannung oder als Onsettemperatur (Tangentenschnittpunkt) der ersten Ableitung der Sensorspannung ermittelt werden. Bei vielen Kunststoffen ist das Signal der Sensorauslenkung deutlich ausgeprägter und wird zur Auswertung häufiger herangezogen als das Signal der Sensorspannung.

3.2.2.3 Kalibrierung

Im Gegensatz zu klassischen DSC- oder TMA-Versuchen muss bei der µTA vor der Messung jeder neuen Probe eine Temperaturkalibrierung durchgeführt werden. Bei allen Änderungen oder Bewegungen der AFM-Einheit ist eine erneute Kalibrierung erforderlich. Die Kalibrierung erfolgt mit bekannten Substanzen im interessierenden Temperaturbereich und bei Raumtemperatur, Bild 3.5.

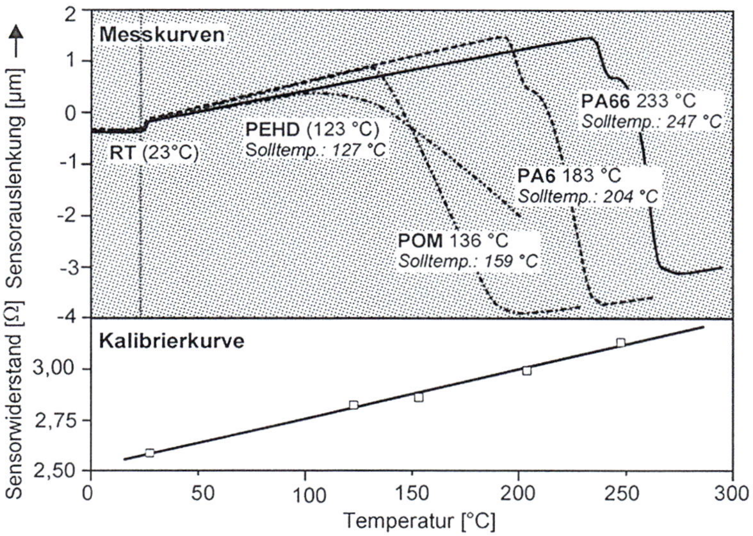

Bild 3.5 µTA-Messungen thermoplastischer Kunststoffe für die Kalibrierung
Heizrate 10 °C/s, Belastung 30 nA
Solltemperaturen sind in der DSC ermittelte extrapolierte Onsettemperaturen

Die Praxis hat gezeigt, dass die Verwendung von mindestens drei Kalibriersubstanzen aufgrund häufig auftretender Schwankungen sinnvoll ist.

3.2.2.4 Verschiedene Anwendungen

Tabelle 3.1 Beispiele für praktische Anwendungen von µTA-Messungen bei Kunststoffen

Anwendung	Kennwert	Beispiel
Mehrschichtsysteme	T_g, T_m	Identifizierung der einzelnen Schichten von Multilayer-Rohren oder -Folien
Klebe- und Fügetechnik	T_g, T_m	Charakterisierung von Beschichtungen hinsichtlich Dicke und Aushärtung
Mehrkomponentenspritzguss	T_g, T_m	Betrachtung von Grenzschichten, Mischphasen
Alterungserscheinungen	T_m	Charakterisierung von Grenzschichten

Neben der Temperaturkalibrierung ist es notwendig, einen sog. I/O-T Offset zu kalibrieren. Hierbei werden Hystereseeffekte der Temperaturkontrollelektronik korrigiert. Diese Effekte sind umso geringer, je länger die Kontrollelektronik läuft; deshalb werden diese Geräte nach Möglichkeit nicht ausgeschaltet.

Die Erfahrungen in der Praxis haben gezeigt, dass das Messgerät und die Messelektronik sehr empfindlich auf Änderungen in der Umgebung reagieren und es deshalb notwendig ist, die Messungen in einer gleichbleibend klimatisierten Umgebung durchzuführen. Weiterhin ist es erforderlich, die Kalibrierung mehrmals täglich zu kontrollieren.

Konstant klimatisierte und erschütterungsfreie Umgebung notwendig, Kalibrierung mehrmals täglich.

3.2.2.5 Praktische Vorgehensweise

Tabelle 3.2 Praktische Vorgehensweise Rasterkraftmikroskopie

Probenvorbereitung	Die Stelle der Probenentnahme wird problemspezifisch gewählt. Die Probenoberfläche muss glatt (10 µm), möglichst poliert und planparallel sein.
Probenpositionierung	Der größtmögliche Scanbereich beträgt 100 × 100 µm. Dieser Bereich kann maximal während eines Scans abgebildet werden. Die Punkte für die lokale thermische Analyse werden nach dem Oberflächenscan gewählt
	Planparallele und glatte (max. 10 µm) Proben
Sensorvorbereitung	Der Sensor muss vor der Messung gereinigt sein. Anhaftende Probenreste verfälschen das Ergebnis. Der Sensor wird mit einer geeigneten Belastung (Andruckkraft) auf die Probenoberfläche aufgebracht. Die dadurch verursachte Ablenkung des Lasers muss überprüft werden. Die Qualität einer Messung hängt auch von der Form und des Winkels der jeweiligen Messspitze ab.
Belastung (Andruckkraft)	Die Belastung auf den Sensor wird in nA gewählt und liegt bei der Messung von Kunststoffen zwischen 10 und 50 nA Auslenkung auf dem Fotodetektor.
Scanparameter	Der Sensor hat während des Scanvorgangs eine bestimmte konstante Temperatur; diese liegt meist um 50 °C. Zur gezielten Hervorhebung bestimmter Effekte kann diese erhöht werden. Die Aufnahme des Scans liefert Informationen über die Topografie der Probe und über qualitative Wärmeleitfähigkeitsunterschiede. Anhand dieser Bilder werden bestimmte Punkte für die nachfolgende lokale thermische Analyse ausgewählt.
Messprogramm	Das Messprogramm muss material- und probenspezifisch mit geeigneten Parametern für Start-/Endtemperatur und Heizrate gewählt werden.
Heizrate	Die Heizraten liegen im Vergleich zu den anderen Methoden der Thermischen Analyse sehr hoch. Aufgrund der geringen Probenmenge (Oberflächenbereich) und des kleinen Sensordurchmessers (5 µm) können Heizraten bis zu 100 °C/s erzielt werden. Für die Untersuchung von Kunststoffen sind Heizraten von 5 bis 10 °C/s günstig.
	Heizraten von 5 bis 10 °C/s
Starttemperatur	Die Starttemperatur sollte min. 50 °C unterhalb des ersten erwarteten Effekts liegen. Meist beginnt die Messung bei Raumtemperatur. Es sind aber auch tiefe Starttemperaturen möglich; diese erfordern einen Zusatz, mit Hilfe dessen die komplette Probe gekühlt wird.

Endtemperatur	Um eine sichere Auswertung zu ermöglichen, sollte die Endtemperatur ca. 30 °C oberhalb des zu messenden Effekts liegen. Eine beginnende Zersetzung ist bei dieser Methode nicht so kritisch zu sehen, da in der Regel bei µTA-Messungen kein definiertes Abkühlen und anschließendes 2. Aufheizen erfolgt.
Auswertung/ Interpretation	Nach Durchführung des Scans wird zunächst die Topografie und das Wärmeleitfähigkeitsbild beurteilt. Die Messung der lokalen thermischen Analyse an verschiedenen Stellen wird meist hinsichtlich der Temperaturen ausgewertet.

3.2.2.6 Spritzgussoberflächen PUR

Die Ether bzw. Ester basierten TPU-Platten zeigen an der Oberfläche (Tabelle links in Bild 3.6) weder in verschiedenen Shorehärte-Messungen noch in Vertiefung oder Härte Unterschiede. Zug-Dehnung oder Dynamisch-Mechanische-Analyse hingegen (Tabelle rechts in Bild 3.6) zeigen deutliche Unterschiede in den Bulkeigenschaften beider Proben. Mechanische (Indenter = Härteprüfungen) Messungen am Querschnitt (Diagramm Mitte in Bild 3.6) zeigen einen Anstieg im Modul der Ester basierten Proben von der Oberfläche in das Bulk der Spritzgussplatte.

Die Rasterkraftmikroskopie (Materialkontrastbilder) an entsprechenden Stellen des Querschnitts (Bild 3.6 unten) erklärt diese vermeintliche Diskrepanz und zeigt eine deutliche Zunahme in der Kristallinität der Esterprobe im Bulk im Vergleich zur amorphen Oberfläche auf. In der lamellar kristallinen Struktur mit Dimension im Wellenlängenbereich des sichtbaren Lichts, liegt nicht nur die verbesserte Makromechanik der Bulkprobe, sondern auch deren milchige Trübung begründet.

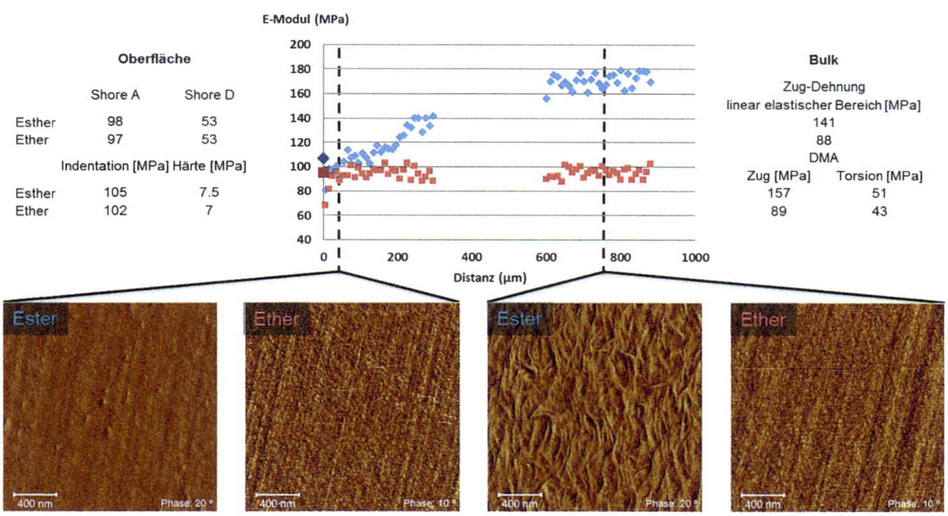

Bild 3.6 Struktur-Eigenschafts-Beziehungen zweier via Spritzguss hergestellter Polyurethan-Platten

Herstellungs- aber auch materialbedingt weisen die meisten Kunststofferzeugnisse bereits ohne Schaden unterschiedliche Oberflächen und Bulkeigenschaften auf, die mit entsprechenden AFM-Methoden quantitativ erfasst werden können. So weichen z.B. der Kristallinitätsgrad an der Oberfläche und im Bulk von Spritzgussformteilen teilkristalliner Kunststoffe, je nach Temperatur des Formwerkzeugs und verwendetem Material, mitunter stark voneinander ab. Sowohl in nanomechanischen Messungen als auch in nanothermischen Analysen kann dieser quantifiziert werden.

Hautbildung und ähnliche Phänomene sind ebenfalls zu berücksichtigen und nicht irrtümlicherweise als Fehler oder Schaden zu identifizieren. Insbesondere bei komplexen Kunststoff- oder Komposit-Systemen und/oder Schadensfällen kann es sehr sinnvoll sein Referenzproben mit zu charakterisieren, die eindeutig den Soll-Zustand wiedergeben. Die Rasterkraftmikroskopie ist letztendlich eine bildgebende Methode und über den direkten visuellen Vergleich Ist/Soll-Zustand lässt sich in vielen Fällen die Fehlerursache bereits identifizieren oder ableiten.

Die zwischen Tastspitze und Probe auftretenden Wechselwirkungskräfte können mechanischer, elektrischer, magnetischer oder chemischer Natur sein. In Abhängigkeit der gemessenen Wechselwirkungskräfte ist das Rasterkraftmikroskop folglich in der Lage, neben der Visualisierung einer Oberfläche, also Morphologie- und Rauigkeitsinformationen, auch Aussagen über die Materialzusammensetzung sowie der nanomechanischen, nanoelektrischen und nanochemischen Eigenschaften der untersuchten Oberfläche mit sehr hoher Ortsauflösung zu liefern.

Je nach zugrundeliegender Fragestellung können ein oder mehrere interessante Parameter gewählt und zur Beantwortung der Frage analysiert werden. Da bei modernen Geräten über mehrere Datenkanäle die unterschiedlichen Probenparameter parallel gemessen werden können besteht die Möglichkeit diese ortsaufgelöst zu korrelieren. Die Adhäsion oder Elastizität lässt sich z.B. in Abhängigkeit der Materialzusammensetzung oder Struktur untersuchen.

3.2.2.7 Bioabbaubare Blasfolie

Sowohl im E-Modul A) als auch im Adhäsionskanal B) ist eine lamellare Vorzugsorientierung der drei einzelnen Polymerblendkomponenten deutlich zu erkennen. Diese sorgt mitunter für anisotrope mechanische Eigenschaften im Endprodukt. Polyester A und B sind mechanisch gesehen rigider als die Blendkomponente ecoflex® und unterscheiden sich selbst im E-Modulkanal deutlich voneinander. Chemisch gesehen sind beide Komponenten jedoch recht ähnlich wie der Adhäsionskanal zeigt.

Das Verhältnis ecoflex®:Polyester A zu Polyester B, die Lage der Komponenten sowie die Länge und Stärke der Lamellen bestimmen maßgeblich die mechanischen Eigenschaften, aber auch die Bioabbaubarkeit des Endprodukts und lassen sich direkt aus den AFM-Messungen extrahieren. Für die Farbskalierung der Bilder (Delta Maximalwert-Minimalwert) gilt: je heller die Farbe, umso größer die dargestellte Messgröße. Zur Messung wurde eine Spitze verwandt, die einen E-Modulmessbereich von ca. 10 MPa = N/mm^2 bis 2 GPa = 2000 N/mm^2 abdeckt. Zur Vermeidung von Messartefakten wurde die Probe senkrecht zur Verarbeitungsrichtung abgerastert.

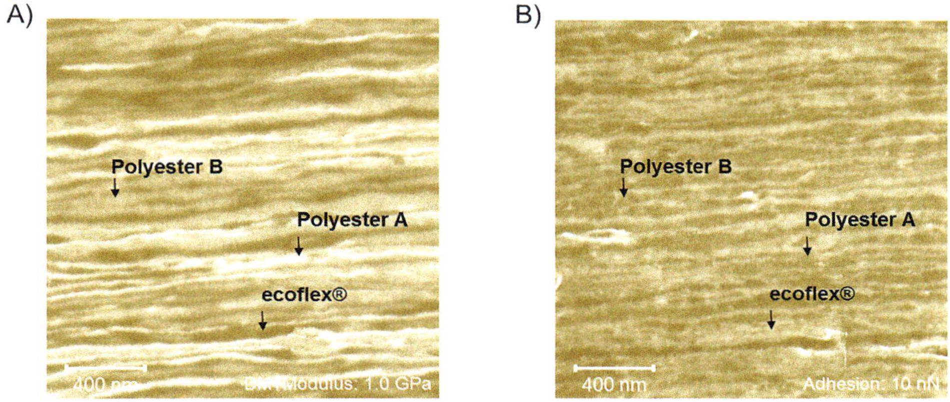

Bild 3.7 Querschnitt durch eine bioabbaubare Blasfolie, senkrecht zur Verarbeitungsrichtung

Im Probenquerschnitt kann die Korrelation verschiedener Datenkanäle Aufschluss über die einzelnen Phasen eines Polymerblends und dessen Morphologie bzw. Kompatibilität geben; an der Oberfläche einer Beschichtung wie z. B. eines Lackes, aber auch Informationen über die Blockfestigkeit liefern. In Verbundwerkstoffen oder an Haft- und Klebenähten gibt ein Querschnitt über die Grenzfläche Aufschluss über die Eigenschaften der Interphase der miteinander verbundenen Materialien. Gibt es eine (un)gewünschte Migration von Additiven, wie Weichmacher, an die Grenzfläche? Ist eine gute Wechselwirkung zwischen einem Matrix Kunststoff und eingebetteten Glasfasern gegeben usw.?

Wie bereits angedeutet, können diese ortsaufgelösten Parameter mit den Endeigenschaften in Verbindung gebracht werden, wie z. B. die gemessene Elastizität und der Quervernetzungsgrad mit der Abriebsfestigkeit eines Materials.

3.2.2.8 Bewitterung von Blend aus PBT und PET

Die Bewitterung wurde gemäß der Norm „SAE J1960“ durchgeführt. Die Rauigkeit Rq der Probenoberfläche nimmt von:

- A) Rq = 3,4 nm über
- B) Rq = 6,3 nm nach
- C) Rq = 115 nm hin

stark zu. Neben der morphologischen Verwitterung der Probenoberfläche geht mit der Bewitterung auch eine Abnahme des mittleren E-Moduls einher. Insbesondere aromatische Polymersysteme neigen in Außenanwendungen zu Photooxidation, was zu einem Abbau der Polymerketten und einer Abnahme der Kristallinität des Kunststoffes führt. Die Degradation und dessen Fortschritt lässt sich über E-Modul-Messungen an der Materialoberfläche sowie im Querschnitt quantitativ bestimmen:

- A) = 6,9 GPa = 6900 N/mm^2
- B) = 5,8 GPa = 5800 N/mm^2
- C) = 5,3 GPa = 5300 N/mm^2

Für die Farbskalierung der Bilder (Delta Maximalwert-Minimalwert) gilt:

- E-Modul A) bis C) 10 GPa = 10 000 N/mm^2,
- für die jeweiligen Topographiebilder A)/B) 30 nm und C) 150 nm.

Je heller der Farbwert, desto größer die Messgröße. Zur Messung wurde eine Spitze verwandt, die einen E-Modul-Messbereich von ca. 2 GPa bis 10 GPa abdeckt.

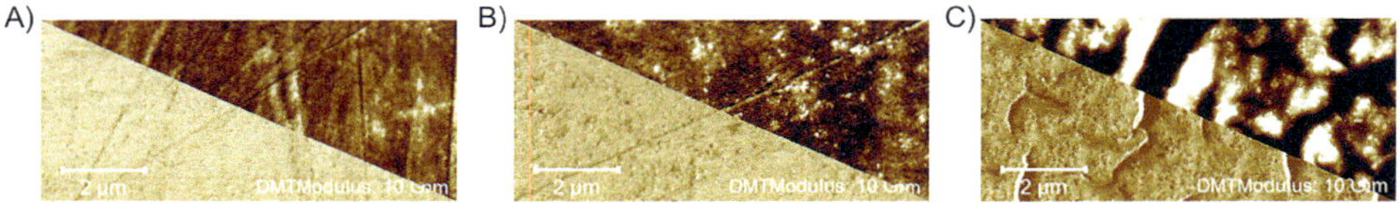

Bild 3.8 Topographie (obere rechte Bildhälfte) und E-Modul (untere linke Bildhälfte) Informationen an jeweils ein und derselben Messstelle der Oberfläche eines Blends aus Polybutylenterephthalat (PBT) und Polyethylenterephthalat (PET) mit fortschreitender Bewitterung *A) = 6,9 GPa = 6900* N/mm^2*, B) = 5,8 GPa = 5800* N/mm^2*, C) = 5,3 GPa = 5300* N/mm^2

Mit elektrisch leitfähigen Spitzen können Oberflächenpotentiale und -ladungen, aber auch Leitfähigkeiten bestimmt werden und über chemisch modifizierte Spitzen mit hoher Ortsauflösung selektiv Säure-, Base- oder andere Funktionalitäten aufgespürt werden. Da die Spitzen typischerweise aus Silizium bestehen, können diese via Chlor-Silan-Chemie direkt funktionalisiert werden. Alternativ können die Spitzen auch zunächst mit Gold bedampft und anschließend über gängige SAM-Verfahren der Thiolchemie modifiziert werden. Das Anbinden von Molekülen, Proteinen, polymeren Konstrukten und ganzen Zellen ist mit mehr oder weniger Aufwand möglich.

Bei der Verwendung und Präparation biologischer Materialien ist darauf zu achten, dass deren native Konformation und Funktionalität auch nach dem Anbinden an den Cantilever noch gegeben ist. Über die Eigenschaften eines Kunststoffes hinaus lassen sich mit funktionalisierten Messspitzen gezielt Wechselwirkungen zwischen Materialien untersuchen.

In Anbetracht der stetig komplexer werdenden Materialien ist eine Kombination komplementärer Methoden zur Kunststoff- und Kunststoffschadensanalyse mittlerweile zum Standard geworden. Die elementspezifischen Elektronenmikroskopie-Methoden (EDX/-WDX) aber auch Methoden der Oberflächenanalytik wie Röntgenphoto-Elektronenspektroskopie (XPS), Infrarot (ATR-IR), Raman und Flugzeit-Sekundärionenmassenspektroskopie (Tof-SIMS) sowie die Lichtmikroskopie, aber auch unterschiedlichste mechanische (Zug-Dehnung, DMA, TMA) und thermische (DSC) Methoden gehören hier dazu.

3.2.2.9 Struktur einer Schweißnaht

Der Einfluss der Ausschwingdauer auf die Ausbildung der Struktur der Schweißnaht wurde zunächst mittels Lichtmikroskopie untersucht. Es ist zu erkennen, dass sich bei reduzierter Ausschwingdauer im Übergang Grundwerkstoff/Schweißnaht eine zusätzliche morphologische Schicht ausbildet, wie sie bei langer Ausschwingdauer kaum zu beobachten ist. Eine genauere Betrachtung geätzter PP-Schweißnähte im Auflichtmikroskop zeigt, dass es sich bei der zusätzlichen Schicht um Bereiche mit transkristallinen Strukturen handelt, die senkrecht zur Schweißebene in die Fügezone hineinwachsen, Bild 3.9.

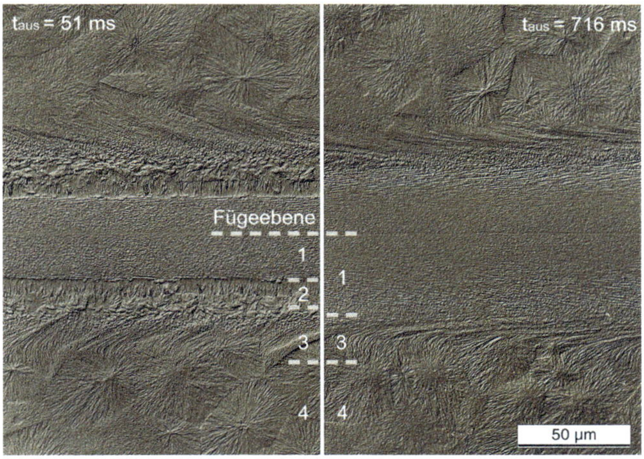

Bild 3.9 Schweißnähte nach Ätzen mit $KMnO_4$-Lösung, 24 h bei Raumtemperatur (Auflichtmikroskopie)
1 feinstrukturierte Rekristallisation
2 transkristalline Struktur
3 scherdeformierte Sphärolithe
4 Grundwerkstoff

Die Ausbildung dieser transkristallinen Schicht bei der kurzen Ausschwingzeit lässt sich damit erklären, dass die Orientierungen in der Schmelze relaxieren und nach dem Ausschwingen relativ ungestört kristallisieren. Bei der längeren Ausschwingzeit dauern die Schervorgänge an, überlagern sich die erfolgenden Kristallisationen und führen zu der bekannten gescherten Struktur zwischen Fügeebene und Grundwerkstoff mit verringerter Festigkeit senkrecht zu Scherung.

Der Einfluss der Ausschwingdauer t_{aus} auf die Ausbildung der Struktur der Schweißnaht wurde mittels AFM-Aufnahmen bestätigt, Bild 3.10.

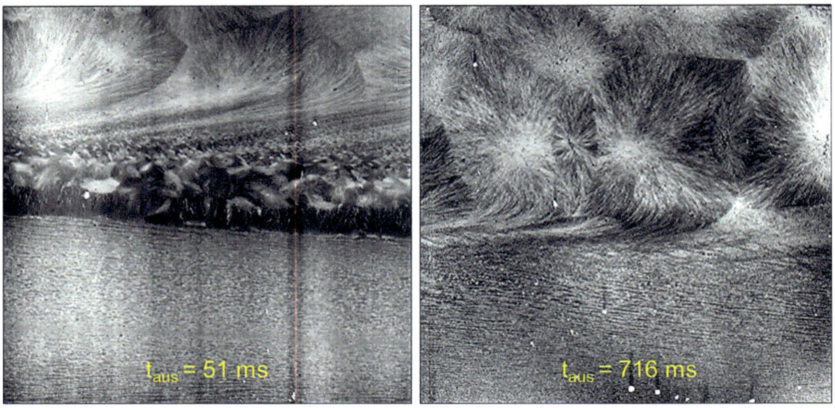

Bild 3.10 AFM-Aufnahmen von Schweißnähten vibrationsgeschweißter Platten aus PP mit unterschiedlicher Ausschwingdauer nach Ätzen mit $KMnO_4$-Lösung, 24 h bei Raumtemperatur, Schwingrichtung: linear längs, Amplitude: a = 0,6 mm, Fügedruck: p = 1,0 N/mm^2

Die Untersuchungen mit der hochauflösenden AFM-Analyse bestätigen die mikroskopischen Bilder geätzter Proben. Durch die längere Ausschwingzeit während des Abkühlprozesses wird die Kristallisation infolge der erhöhten Scherung bei zunehmender Viskosität der Schmelze und verminderter Relaxationsfähigkeit gestört, wodurch vermehrt gescherte Strukturen entstehen.

3.3 Vor- und Nachteile des Rasterkraftmikroskops

Der entscheidende Vorteil der Rasterkraftmikroskopie ist ihre Vielseitigkeit: Das AFM kann nicht nur die Topographie im Nanometerbereich bestimmen, sondern auch Informationen über Elastizität, Härte, Reibung und Adhäsion. Gerade bei Kunststoffmischungen können die einzelnen Komponenten (z. B. aufgrund der unterschiedlichen Glastemperatur) so deutlicher unterschieden werden als in der reinen Topographie. Die Messungen können in nahezu beliebiger Umgebung durchgeführt werden, nicht nur im Vakuum; gängige Medien sind Luft, wässrige Lösungen oder inerte Gase; zudem kann noch die Temperatur variiert werden, um etwa bestimmte Anwendungsbedingungen nachzustellen. Schlussendlich verlangen auch die Proben keine aufwändige Präparation; zeitkritische (und eventuell strukturverändernde) Schritte wie Anfärben oder Beschichten entfallen.

Der Preis für diese Flexibilität ist eine Beschränkung auf kleine Bildausschnitte (bis 100 µm × 100 µm) und nicht allzu raue Oberflächen (bis etwa 10 µm). Zudem sollten die Kosten für den Verbrauch der Messsonden (engl.: cantilever) von vornherein eingerechnet werden – hier zu sparen wäre eine Vergeudung von Potenzial, das in einer solch leistungsstarken Methode steckt.

3.4 Normen

ASTM E2859 (11/2017)
Standard Guide for Size Measurement of Nanoparticles Using Atomic Force Microscopy

DIN ISO/TS 12805 DIN SPEC 52409 (08/2014)
Nanotechnologien – Werkstoffspezifikationen – Leitfaden zur Spezifizierung von Nanoobjekten

DIN EN ISO 25178-6 (06/2010)
Geometrische Produktspezifikation (GPS) – Oberflächenbeschaffenheit: Flächenhaft – Teil 6: Klassifizierung von Methoden zur Messung der Oberflächenbeschaffenheit

DIN SPEC 52407 (03/2015)
Nanotechnologien – Methoden zur Präparation und Auswertung für Partikelmessungen mit Rasterkraftmikroskopie (AFM) und Rasterelektronenmikroskopie im Transmissionsmodus (TSEM)

DIN EN 62565-3-1 (11/2014)
Nanofertigung – Materialspezifikationen – Teil 3-1: Graphen – Vordruck für Materialspezifikation für elektrotechnische Anwendungen

ISO 13095 (07/2014)
Chemische Oberflächenanalyse – Rasterkraftmikroskopie – Verfahren zur in situ-Charakterisierung des Schaftprofils von AFM-Sonden zur Messung von Nanostrukturen

ISO 19606 (02/2017)
Hochleistungskeramik – Prüfverfahren zur Bestimmung der Oberflächenrauheit dünner keramischer Schichten mittels Rasterkraftmikroskopie (AFM)

Verwendete Literatur

[1] Pfau, A., Schrepp, W.: Rastersondenverfahren in der industriellen Praxis. *Physikalische Blätter* 1999; 55 (6): 31 - 35

[2] Binnig, G., Rohrer, H., Gerber, C., Weibel, E.: Tunneling through a controllable vacuum gap. *Appl Phys Lett* 1982; 40: 178 - 180

[3] Binnig, G., Rohrer, H., Gerber, C., Weibel, E.: Tunneling through a controllable vacuum gap. *Appl Phys Lett* 1982; 40: 57 - 61

[4] Pohl, D. W., Denk, W., Lanz, M.: Optical Stethoscopy: Image recording with resolution. 20. *Appl Phys Lett* 1984; 44: 651 - 653

[5] Binnig, G., Quate, C. F., Gerber, C.: Atomic Force Microscope. *Phys Rev Lett* 1986; 56: 930 - 933

[6] Tamayo, J., Garcia, R. A.: Deformation, contact time, and phase contrast in tapping mode scanning force microscopy. *Langmuir* 1996; 12: 4430 - 4435

[7] Hutter, J. L., Bechhoefer, J.: Hutter, J. L., Bechhoefer, J. Calibration of atomic-force microscope tips. *Rev Sci Intr* 1993; 7: 1868 - 1873

[8] Kirsch, S., Kutschera, M., Choi, N.-Y., Frechen, T.: Kirsch, S., Kutschera, M., Choi, N-Y., Frechen, T. Does Morphology Stick? Tailored Particle Morphologies by Swelling Polymerization Process (2006); *J. Appl. Polym. Sci.* 101(3), 1444 - 1455

[9] Wohlleben, W., Bartels, F. W., Altmann, S., Leyrer, R. J.: Mechano-Optical Octave Tunable Elastic Colloidal Crystal Made from Core-Shell Polymer Beads with Self-Assembly Technique (2007); *Langmuir* 23, 2961 - 2969

[10] Hansmeier, N., Bartels, F. W., Ros, R., Anselmetti, D., Tauch, A., Pühler, A., Kalinowski, J.: Classification of hyper-variable *Corynebacterium glutamicum* surface-layer proteins by sequence analyses and atomic force microscopy (2004); *J. Biotechnol.* 112, 177 - 193

4 Fluoreszenzmikroskopie

Mit Dr. Markus Rückel

4.1 Einleitung

Die Fluoreszenzmikroskopie ermöglicht eine sehr sensitive und spezifische Analyse von Fehlern und Schäden von Kunststoffen, die während ihrer Verarbeitung als auch bei ihren verschiedenen Verwendungszwecken auftreten können. Zudem kann die Mikroskopie helfen, die beabsichtigten Eigenschaften der Kunststoffmaterialien zu verstehen und zu verbessern. Die Morphologie der Kunststoffe hat hierbei einen entscheidenden Einfluss auf die mechanischen und optischen Eigenschaften.

Fluoreszenzmikroskopie beruht auf dem physikalischen Effekt der Fluoreszenz. Wenn fluoreszierende Stoffe mit Licht bestimmter Wellenlängen angeregt werden, strahlen diese Licht anderer, längerer Wellenlängen ab (*Stokes*-Verschiebung). Bei der Fluoreszenzmikroskopie wird das erzeugte, vergrößerte Bild des untersuchten Objekts nur durch abgestrahltes (emittiertes) Licht erzeugt. Durch Farbfilter wird sichergestellt, dass das Anregungslicht blockiert wird. Fluoreszenzmikroskopische Bilder sind dann informativ, wenn nicht das ganze mikroskopische Präparat gleichmäßig fluoresziert, sondern wenn nur einige Strukturen leuchten. Diese Strukturen erzeugen helle Signale vor dunklem Hintergrund.

4.2 Funktionsprinzip

Die Herausforderung für die Aufklärung der Morphologie ist es, einen möglichst starken Abbildungskontrast der einzelnen Phasen und Domänen des Kunststoffes zu erreichen. Hier zeichnet sich die Fluoreszenzmikroskopie mit der selektiven Anfärbung durch geeignete Fluoreszenzfarbstoffe einzelner Phasen des Kunststoffes besonders aus. In einigen Fällen kann auch die intrinsische Autofluoreszenz einzelner Phasen von Kunststoffmaterialien genutzt werden, die zum Teil rückwirkend eine Aussage über die Verarbeitungsweise und die Belastung während der Anwendung treffen lässt.

Die hohe Nachweisempfindlichkeit der Fluoreszenzfarbstoffe ist darauf zurückzuführen, dass die Fluoreszenzemission in einem Wellenlängenbereich detektiert wird, der nur eine sehr geringe Überlappung mit dem Wellenlängenbereich, der zur Anregung der Fluoreszenzfarbstoffe verwendet wird, aufweist. Dadurch ist die Detektion der Fluoreszenz überwiegend frei von Anregungslicht und zeigt meist nur einen sehr geringen Hintergrundanteil z. B. durch eine vorliegende Autofluoreszenz des Kunststoffes.

Aus biologischen Anwendungen von Fluoreszenzfarbstoffen ist bekannt, dass verschiedenste Moleküle bzw. Polymere sehr selektiv markiert werden können. Entscheidend dafür sind funktionelle Gruppen, die eine gezielte Verbindung mit einer Substanz eingehen können. Polyamide tragen z. B. als Endgruppe der Polymerkette eine Aminogruppe, ähnlich zu Proteinen, und können daher mit Farbstoffen, die für eine Proteinmarkierung eingesetzt werden, kovalent markiert werden. Ein Farbstoff, der dazu sehr häufig eingesetzt wird, ist Fluoresceinisothiocyanat, das sein Absorptionsmaximum bei 485 nm und Emissionsmaximum bei 514 nm aufweist.

In vielen Fällen werden kamerabasierte Weitfeldmikroskope eingesetzt, um die Fluoreszenzverteilung abzubilden. In der Fluoreszenzmikroskopie steht man vor dem Problem, dass das emittierte Fluoreszenzlicht meist nur sehr schwach ist und vom wesentlich stärkeren Anregungslicht, also von der Beleuchtung des Mikroskops überstrahlt wird. Um die Fluoreszenz sichtbar zu machen muss das längerwellige Fluoreszenzlicht vom kurzwelligen Anregungslicht getrennt werden.

Dazu wird der Teil eines Lampenspektrums zur Anregung der Fluoreszenz herausgefiltert, der von einem vorhandenen Farbstoff absorbiert werden kann (im Falle des Fluoresceinisothiocyanat z. B. der Bereich zwischen 470 nm und 490 nm). Die räumliche Auflösung wird hierbei durch die Wellenlänge des verwendeten Lichts und der numerischen Apertur des Objektivs bestimmt und liegt typischerweise im Bereich von 200 nm bis 300 nm in lateraler Richtung. Die axiale Auflösung ist abhängig von der Morphologie der Probe und deutlich schlechter. Daher werden sehr häufig wenige Mikrometer dicke Schnitte mittels eines Mikrotoms angefertigt, um eine Überlagerung verschiedener Strukturen in der Tiefe der Probe zu vermeiden.

4.2.1 Konfokale Fluoreszenz

Eine deutliche Verbesserung in der Auflösung und auch im Abbildungskontrast bietet die konfokale Fluoreszenzmikroskopie. Die Charakterisierung von Polymermaterialien durch Fluoreszenzbildgebung bietet wertvolle zusätzliche Informationen für die Transmissionselektronenmikroskopie. Nur wenige Polymere zeigen einen Autofluoreszenzeffekt für die Anregung von sichtbarem Licht. Die PURs und PPE gehören zu diesen Gruppen und können in Fluoreszenz ohne Anfärbung untersucht werden. Die Mehrheit der Polymere muss jedoch mit Fluorophoren angefärbt werden, um abgebildet zu werden. Neocarmin® Lumogen F-Rot 300, Fluorescein und Rhodamin sind wichtige Farbstoffe für die Färbung von Polymeren.

Einige Beispiele zur Neocarmin®- und Lumogen-Färbung werden nachfolgend erläutert. Im Unterschied zur Fluoreszenz-Weitfeldmikroskopie basiert sie auf der Fokussierung von Laserstrahlen in die zu untersuchende Probe (im Falle des Fluoresceinisothiocyanat kann ein Argonlaser mit einer Wellenlänge von 488 nm verwendet werden). Dieser Fokus wird für die Aufnahme eines Bildes über die Kunststoffprobe gerastert. Entscheidend für die deutliche axiale Auflösungsverbesserung ist hierbei eine Lochblende im Detektionspfad der Fluoreszenz, die die angeregte Fluoreszenz außerhalb des Fokus größtenteils unterdrücken kann, Bild 4.1. Die axiale Auflösung profitiert dadurch deutlich und liegt typischerweise bei ca. 600 nm.

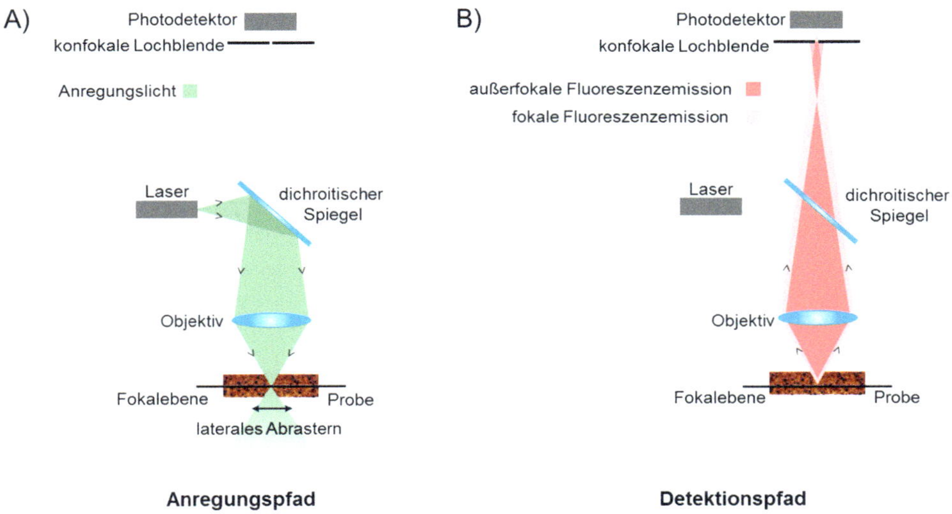

Bild 4.1 Aufbau eines konfokalen Fluoreszenzmikroskops mit A) Anregungspfad und B) Detektionspfad

Für die Anregung der Fluoreszenz wird ein Laser genutzt, dessen Wellenlänge in der Nähe des Maximums des Absorptionsspektrums liegt. Der Laserstrahl wird durch das Objektiv auf einen Punkt in der Probe fokussiert. Zur Bildgebung wird dieser Fokus lateral über die Probe gerastert. Die Anregung der Fluoreszenz kann dabei im gesamten Fokuskegel erfolgen. Zur Detektion sammelt das Objektiv in einem begrenzten Raumwinkel die angeregte Fluoreszenz ein. Da die Fluoreszenz rotverschoben zur Anregungswellenlänge ist, kann sie einen dichroitischen, d.h. wellenlängenabhängigen Spiegel passieren. Eine konfokal angebrachte Lochblende unterdrückt, in Abhängigkeit des Durchmessers der Lochblende, einen Großteil der emittierten Fluoreszenz im außerfokalen Bereich. Das Fluoreszenzlicht wird durch einen punktförmigen Detektor detektiert.

Die Unterdrückung der außerfokalen Fluoreszenz durch die konfokale Lochblende erlaubt es einzelne „optische Schnitte" durch die Probe zu legen, um eine dreidimensionale Darstellung zu erlangen. Dabei wird die Fokusebene in der Probe durch einen Piezotisch Aufnahme für Aufnahme vertikal verschoben. Mit zunehmender Tiefe wird jedoch das Fluoreszenzsignal durch Streuung und Absorption deutlich schwächer. Daher ist die maximale Eindringtiefe für die konfokale Mikroskopie abhängig von der Streu- und Absorptionslänge der Probe und in den meisten Fällen auf eine Streulänge limitiert [1]. Für transluzente Kunststoffe liegt dies typischerweise bei wenigen Mikrometern Eindringtiefe, Bild 4.2.

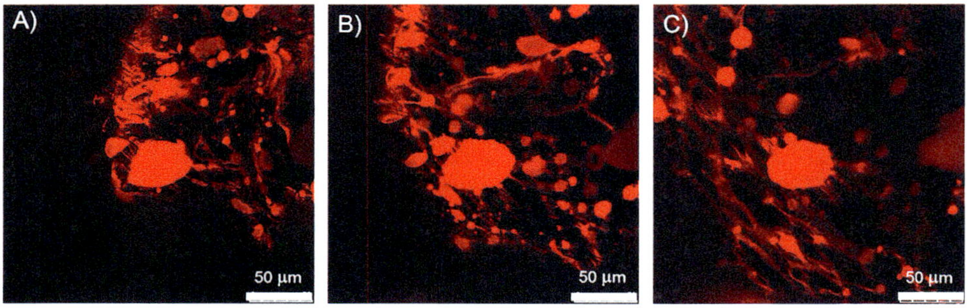

Bild 4.2 „Optische Schnitte" durch ein Polymerblend von einer inhomogen, dispers verteilten Butadien-Kautschukphase in Styrol-Acrylnitril für
A) an der Probenoberfläche,
B) 6 µm Tiefe und
C) 14 µm Tiefe in der Probe

Die Probenoberfläche weist eine leichte Neigung zur Fokalebene auf. Dadurch dringt die Fokalebene nur in der rechten Hälfte der Aufnahme A) in die Probe ein. Die Butadien-Kautschukphase wurde mit einer Lösung von Fluorol-Yellow in Ethanol selektiv angefärbt. Die Intensität der emittierten Fluoreszenz ist durch Helligkeitsunterschiede in einer roten Farbskala dargestellt.

Für die Präparation eines Querschnitts durch ein Kunststoffteil werden Rotationsmikrotome, bestückt mit Diamantklingen, eingesetzt. Faserverstärkte Kunststoffe werden meistens grob in kleinere Stücke zersägt, in Epoxidharz eingebettet und dann angeschliffen und poliert. Für die Mikroskopie werden im Allgemeinen nur Kunststoffproben im Millimeterbereich benötigt.

4.2.2 Fluoreszenzmarkierung

Ziel der Fluoreszenzmarkierung ist es, einen Kontrast zwischen den vorhandenen Komponenten oder Phasen eines Kunststoffes zu erzeugen. Eine Möglichkeit der selektiven Anfärbung besteht darin, vor der Mischung die gewünschte Kunststoffkomponente über kovalente Bindungen zu markieren. Dies erfordert in den meisten Fällen eine große Menge eines Fluoreszenzfarbstoffs. Zusätzlich muss dieser den Verarbeitungsprozess, bei dem hohe Temperaturen und Scherkräfte auftreten können, unbeschadet überstehen und es muss sichergestellt werden, dass die Fluoreszenzmarkierung keine störenden Nebeneffekte zeigt, wie z. B. eine veränderte Mischbarkeit. Daher wird üblicherweise der Ansatz verfolgt, nach der Kunststoffverarbeitung eine selektive Fluoreszenzmarkierung durchzuführen. Entscheidend sind dabei nicht nur die Eigenschaften des Farbstoffs an sich, sondern auch die des Lösungsmittels, in dem der Farbstoff zur Markierung gelöst wird.

Kann zum Beispiel eine Phase eines Polymerblends das Lösemittel mehr absorbieren als eine andere, so kann der Farbstoff diese Polymerphase bevorzugt anfärben. Eine weitere wichtige Eigenschaft zur selektiven Markierung ist die Polarität des Farbstoffs, die typischerweise der zu markierenden Phase angepasst wird. Für eine selektive Anfärbung von Butadien-Kautschuk, dispers verteilt in Styrol-Acrylnitril, zeigt eine Lösung aus Fluorol-Yellow in Ethanol einen sehr hohen Kontrast zwischen den beiden Phasen, Bild 4.2.

Weiterhin können die beiden Phasen eines ecovio®-Blends (Polyesterblend) selektiv angefärbt werden (Bild 4.3A und B). Die ecoflex®-Phase lässt sich mit einer Lösung von Lumogen Rot in Ethanol und die Polymilchsäurephase mit Fluorol Yellow in Ethanol anfärben. Typischerweise werden 0,1 % des Farbstoffs gelöst und die Kunststoffoberfläche darin eingetaucht. Nach ein paar Minuten wird die Oberfläche mit Wasser abgewaschen und kann danach direkt abgebildet werden. Polyamide können mit einer kommerziell erhältlichen Neocarmin®-Lösung selektiv angefärbt werden, Bild 4.3C. Diese Lösung wurde speziell für die Färbung von Polyamidfasern entwickelt und enthält fluoreszierende Farbstoffe, die mit der Fluoreszenzmikroskopie sehr gut detektiert werden können. Diese Beispiele von Polymerblends zeigen die Einfachheit der Anfärbung und den hohen Abbildungskontrast der dadurch zustande kommt. Die Größe der dispersen Phase hat hierbei einen erheblichen Einfluss auf die mechanischen Eigenschaften dieser Polymerblends.

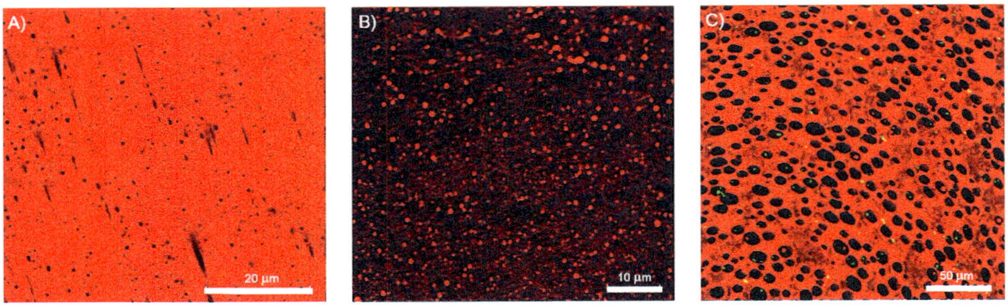

Bild 4.3 Angefärbte Polymerblends von ecovio® und Polyamid/Polyethylen.
A) Selektive Anfärbung der ecoflex®-Phase eines ecovio®-Blends durch Lumogen Rot, gelöst in Ethanol.
B) Selektive Anfärbung der Polymilchsäure eines ecovio®-Blends durch Fluorol Yellow, gelöst in Ethanol
C) Selektive Anfärbung der Polyamidphase in einem Blend mit Polyethylen durch eine Neocarmin®-Lösung

Bild 4.4 zeigt eine weitere Anwendung der PA-Färbung von Polyamid mit Neocarmin®. In einer 90:10 PP/PA-Mischung wurde die Oberfläche mit Neocarmin®-Fluoreszenzfarbstoff gefärbt, der nur mit der PA-Komponente wechselwirkt. Die Anregung wurde durch Bestrahlung mit grünem Licht (568 nm) durchgeführt und auf der Emissionsseite eines Langwellenpassfilters (LP590) durchgeführt. Bild 4.4 zeigt das grün fluoreszierende PA in grün und die PP-Matrix in schwarz.

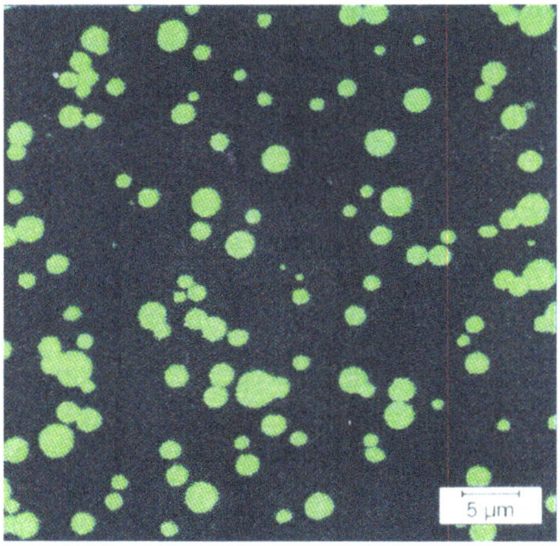

Bild 4.4
CLSM-Fluoreszenzbilder einer Anschnittfläche eines PP/PA-Blends nach Einfärbung mit Neocarmin®

Eine andere Anwendung für Neocarmin®-Fluoreszenz ist die Mischung von glasfaserverstärktem PES und PA. Kleine Stücke spritzgegossener Pellets wurden vor dem Anfärben mit Neocarmin® angeschliffen und poliert. Im Bild 4.5 sind die PES-Phase und die Glasfasern in grün und die PA-Phase in rot dargestellt. Es wird eine cokontinuierliche Netzwerkstruktur mit einer Anreicherung von PA um die Glasfasern beobachtet.

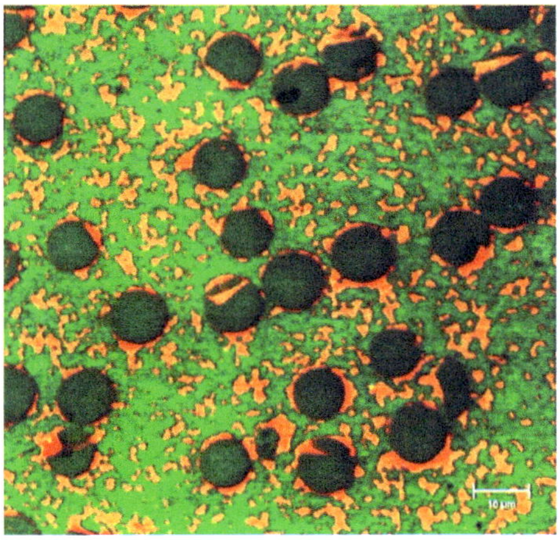

Bild 4.5
Affinität von Polyamid zu Glasfasern nach dem Anfärben mit Neocarmin®; Fluoreszenzbild; rot: Polyamid; grün: PES mit Glasfasern

Noch deutlich stärker zeigt sich die Affinität vom PA zu den Glasfasern bei einer Mischung von Polyamid mit PPS auf Bild 4.6.

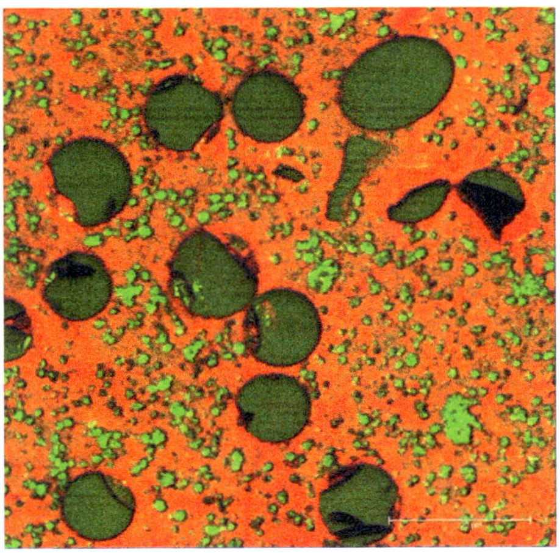

Bild 4.6
Affinität von Polyamid zu Glasfasern
Kombinationsbild Reflexion – Fluoreszenz
rot: Polyamid mittels Neocarmin®
grün: PPS

Als Vergleich mit der Hellfeldmikroskopie zeigt Bild 4.7 den Einschluss eines sogenannten Fischauges aus PE in PA mit dem Vorteil, dass die Materialien in der Fluoreszenzmikroskopie klar erkennbar sind, die Strukturen allerdings weniger deutlich.

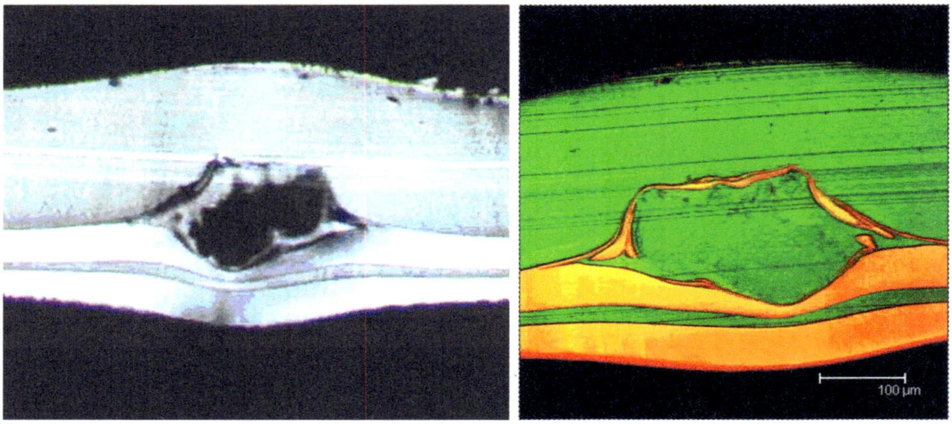

Bild 4.7 Vergleich einer Hellfeld-Mikroskopie-Aufnahme mit einer Fluoreszenz-Reflektion; PA mit Neocarmin® angefärbt, PE erscheint grün

4.2.3 Autofluoreszenz

Ohne Fluoreszenzmarkierung kommt man aus, wenn eine Phase oder ein Bereich des Kunststoffes eine *Autofluoreszenz* zeigt. Es ist bekannt, dass viele Polymere durch *Photooxidation* vergilben, d. h. sie zeigen ein verändertes Absorptionspektrum, das teilweise im sichtbaren Bereich liegen kann. Dies geht in vielen Fällen einher mit einer erhöhten Autofluoreszenz. Photooxidation ist ein dominierender Schädigungsmechanismus, wenn Kunststoffe in Außenanwendungen verwendet werden und verwittern. Über die Autofluoreszenz lässt sich der Grad der Bewitterung und die Ausbreitung der Photooxidation in die Tiefe des Kunststoffteils im Nachhinein bestimmen, Bild 4.8. Dies lässt Rückschlüsse auf die Lebensdauer des Kunststoffteils zu. Durch Einsatz geeigneter Additive kann die Bewitterung der Kunststoffoberfläche deutlich reduziert werden.

Die Bewitterung wurde gemäß der Norm „SAE J1960" durchgeführt. Dargestellt ist in Rot die Autofluoreszenz des Blends an einem Querschnitt der Probe. In Grün wird durch die konfokale Detektion des rückgestreuten Anregungslichts die semikristalline Struktur des Blends sichtbar. Die Probenoberfläche zeigt mit zunehmender Bewitterungsdauer einen Anstieg und eine Ausbreitung in die Tiefe der Autofluoreszenz.

Auch während der Verarbeitung des Kunststoffes können Schäden auftreten, die durch die Abbildung der Autofluoreszenz analysiert werden können. Zum Beispiel kann es bei der Spritzgussverarbeitung bei schlechter Entlüftung zu lokalen „Verbrennungen" kommen, die eine thermisch induzierte Oxidation des Kunststoffs bewirken. Die konfokale Fluoreszenzmikroskopie kann über die Detektion der Autofluoreszenz den Bereich der „Verbrennungen" sichtbar machen, Bild 4.9.

Diese Stellen sind teilweise mit dem Auge kaum zu erkennen, können aber bei der Anwendung der Kunststoffteile zu einer verringerten mechanischen Beanspruchung führen.

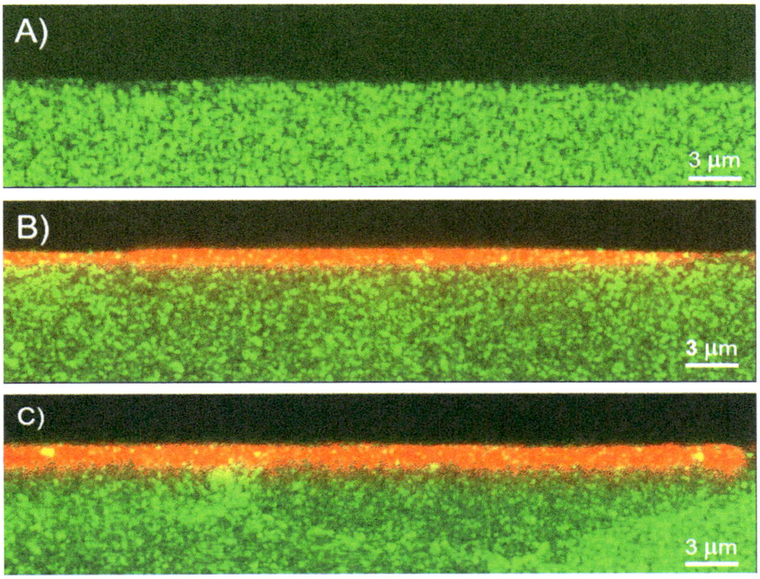

Bild 4.8 Blend aus Polybutylenterephthalat (PBT) und Polyethylenterephthalat (PET) mit fortschreitender Bewitterungsdauer für
A) keine Bewitterung
B) 480 Std.
C) 1200 Std.

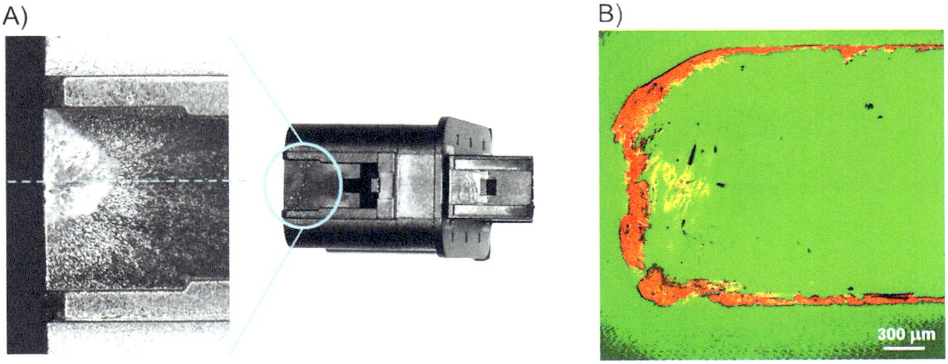

Bild 4.9 Spritzgegossener Stecker aus Polybutylenterephthalat (PBT) mit Oberflächen-Defekt

Ausschnittsvergrößerung des geschädigten Bereichs (Bild 4.9A). Gestrichelte Linie zeigt die Position des Querschnitts, der für die konfokale Aufnahme B) präpariert wurde. In Rot ist der autofluoreszente Bereich gezeigt und in Grün ist das konfokal detektierte zurückgestreute Signal der Querschnittsoberfläche dargestellt. Außerhalb des rot dargestellten Bereichs befindet sich das Epoxidharz, das zum Einbetten der Probe verwendet wurde. Der autofluoreszente Bereich zeigt die thermische Schädigung des PBT während der Spritzgussverarbeitung.

PUR sind eines der wenigen Polymere, die bei Anregung mit sichtbarem Licht (488 nm) eine Autofluoreszenz zeigen. In Hartschäumen kann neben den Stegen auch die Schaumlamelle insbesondere im normalen Reflexionsmodus abgebildet werden. Aufgrund von Interferenzeffekten werden Linien gleicher Dicke abgebildet. In einem Kombinationsbild (Reflexion/Fluoreszenz) kann die komplette Schaumzelle visualisiert werden (Bild 4.10). Querschnitte von PA-Fasern zeigen oft eine dünne fluoreszierende Oberflächenschicht (Bild 4.11). Da PA eine Autofluoreszenz zeigt, wenn es bei höherer Temperatur unter Luft behandelt wird, ist anzunehmen, dass die dünne Oberflächenschicht durch thermische Oxidation verursacht wird. Pigmente innerhalb des Faserquerschnitts werden durch den normalen Reflexionsmodus abgebildet.

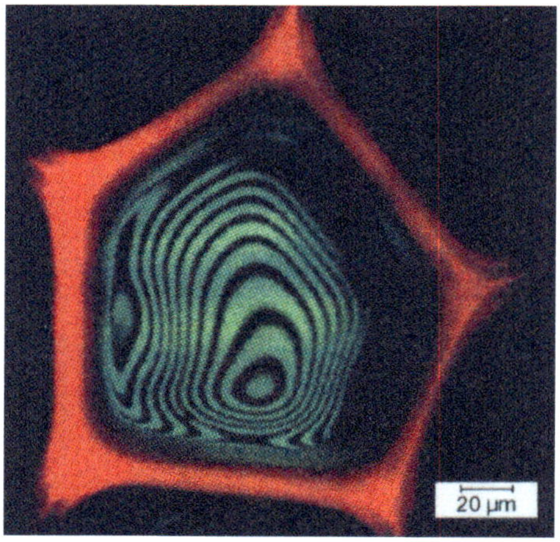

Bild 4.10
Kombinationsbild (Reflexion/Fluoreszenz) einer starren PUR-Hart-Schaumzelle

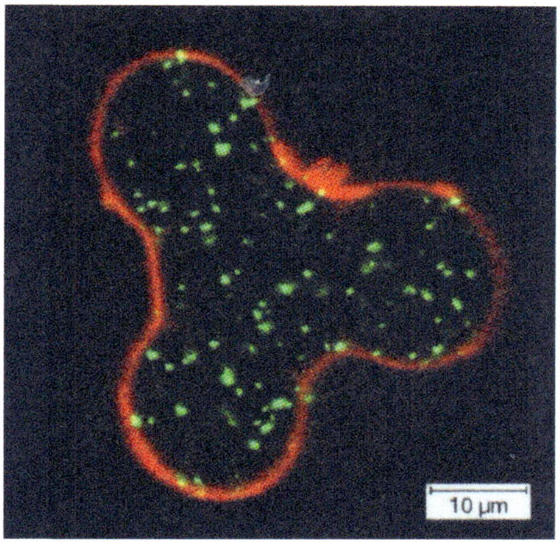

Bild 4.11
Optischer Querschnitt durch eine trilobale Faser, Pigmente im Faserquerschnitt sind grün dargestellt

4.2.4 Vorteil der Fluoreszenzmarkierung

Im Gegensatz zu anderen lichtmikroskopischen Methoden bietet die Fluoreszenzmikroskopie den Vorteil einen hohen Abbildungskontrast für ausgewählte Phasen und Domänen im Kunststoff nutzen zu können. Dies erleichtert die Interpretation der Aufnahmen und führt daher zu verlässlicheren Korrelationen mit den Eigenschaften der Kunststoffe.

4.3 Normen

DIN 51003 (05/2004)
Totalreflektions-Röntgenfluoreszenz-Analyse (TXRF) – Allgemeine Grundlagen und Begriffe

DIN 51009 (11/2013)
Optische Atomspektralanalyse – Allgemeine Grundlagen und Begriffe

Verwendete Literatur

[1] Ntziachristos V.: Going deeper than microscopy: the optical imaging frontier in biology. Nature Methods, 7(8), 603 – 614 (2010)

[2] Heckmann W.: Characterization of Polymer Materials by Fluorescence Imaging. Microscopy and Microanalysis, Vol.11 Supplement S02, (2005) 2036 – 2037

5 Rasterelektronen-mikroskopie REM – FEM – EDX

5.1 Überblick

Bilder die mit einem Rasterelektronenmikroskop aufgenommen wurden zeichnen sich aus durch:

- **Tiefenscharfe Darstellung von rauen Oberflächen** (Bruchflächen, Verschleißspuren, Oberflächenschäden)
- **Hohe Auflösung** (Anbindung Füllstoff/Matrix, Strukturdarstellung an geätzten Proben)
- **Materialkontrast** (Verteilung von Füll- und Verstärkungsmittel)
- **Elementanalyse** (Identifikation einzelner Bestandteile)

Das Funktionsprinzip:

- Mittels energiedispersiver Röntgenspektroskopie (EDX-Analyse) können sämtliche Elemente vom Element 5 (Bor) bis zum Element 92 (Uran) gleichzeitig detektiert und quantifiziert werden.
- Die EDX-Analyse erfolgt mit einem in einem Rasterelektronenmikroskop eingebauten Detektor.
- Neben einer Mikrobereichsanalyse können auch sogenannte Linienprofile (Line-Scan), die die Elementverteilung entlang einer Linie darstellen, und Verteilungsbilder (Mapping), die die Elementverteilung auf einer Fläche charakterisieren, erstellt werden.

Einsatz in der Schadensanalyse:

- Beschreibung des Bruchverhaltens und Bruchverlaufs
- Bewertung der Kopplung von Matrix und Füll- und Verstärkungsstoffen
- Oberflächenabbildung zur Kennzeichnung von
- Kavitation und Tropfenschlag

- von Schäden aus äußeren Einwirkungen mit Chemikalien, Temperatur und Strahlung
- Reibungs- und Verschleißmechanismen
- Identifikation unbekannter Partikel oder Inhomogenitäten
- Charakterisierung von Mehrschichtaufbauten (z. B. Haftvermittler)

REM zeichnet sich aus durch:

- großen Vergrößerungsbereich
- hohe Tiefenschärfe
- Analysenmöglichkeit (EDX-Analyse)

Die Rasterelektronenmikroskope (REM) benutzen Elektronen statt Licht zum Transport von Informationen zur Darstellung von Oberflächen. Elektronen werden in einer evakuierten Säule zwischen einer beheizten (Beheizung zur Verringerung der Elektronenablöseenergie) Kathode und einer Anode mit einer Spannung von 1 bis 50 kV beschleunigt und von mehreren Kondensorlinsen und einer Aperturblende zu einem Strahl von ca. 5 bis 10 nm Durchmesser gebündelt, der auf eine Probe auftrifft und deren Oberfläche rasterförmig abtastet. Die abzutastende Oberfläche wird vorher gewählt.

Tabelle 5.1 Nutzbare Sichtfeld in Abhängigkeit von Beobachtungsabstand und angelegter Spannung (Zeiss Ultra), angelegte Beschleunigungsspannung 5/10/20 kV

Beobachtungsabstand in min	≈ min. Vergrößerung in x	Sichtfeld (horizontal) in mm
8,5	24/29/38	4,2/3,8/3,0
10	22/26/34	4,4/4,2/3,3
20	16/19/23	6,1/5,7/5,0
30	12/14/18	8,4/7,8/6,3
40	- /11/14	-/9,5/8,0

Die eingestellte Beschleunigungsspannung bestimmt die Energie, mit der die Elektronen auf die Oberfläche des Präparats auftreffen. Wegen der im Vergleich zu Metallen geringen Dichte der Kunststoffe ist die Eindringtiefe relativ hoch. Sie beträgt bei 30 kV fast 20 µm, bei 10 kV noch 2 bis 3 µm; das bedeutet, dass Elektronen, die bis zur Hälfte dieser Strecke reflektiert werden, die Oberfläche wieder erreichen können und zu einem Signal beitragen können.

5.2 Bildsignale und Kontrastentstehung

- Das Bild wird Punkt für Punkt und Linie für Linie zusammengesetzt. Da der Elektronenstrahl je nach Probenhöhe und Oberflächenungenauigkeit seine zylindrische Form beibehält, kann er höher und tiefer liegende Stellen gut erfassen und somit eine erstaunliche Tiefenschärfe erreichen. Begrenzt wird die Schärfe durch die Streuung bei der Reflektion und die Empfangsfläche der Szintillatoren zum Auffangen der Elektronen.
- Trifft der Elektronenstrahl auf die Probe, werden dort Wechselwirkungsprodukte erzeugt, die durch unterschiedliche Detektoren aufgenommen und zur Bilderzeugung genutzt werden. Für die Rasterelektronenmikroskopie werden die Sekundär- und die Rückstreuelektronen verwendet.
- Die **Sekundärelektronen** entstehen durch inelastische Streuungen der Primärelektronen an Atomkernen und deren Elektronenhüllen. Sie sind niederenergetischer und kommen aus dem oberflächennahen Bereich. Da sie sich leichter ablenken lassen, sind die SE-Detektoren seitlich in der Probenkammer geneigt angeordnet.

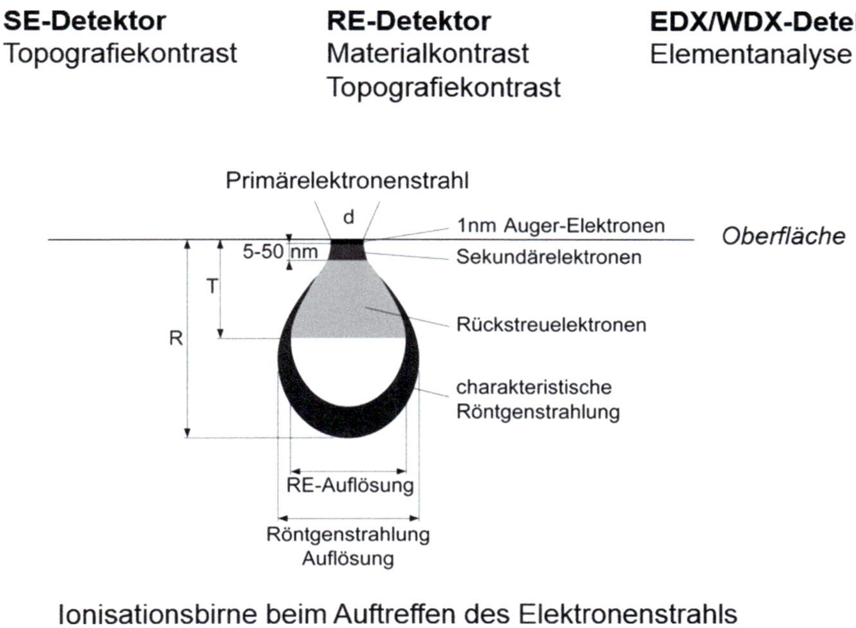

Bild 5.1 Entstehungsbereiche der Auger-, Sekundär- und Rückstreuelektronen und der Röntgenstrahlung in Materialien
d: Durchmesser Elektronenstrahl
R: Eindringtiefe der Röntgenstrahlung
T: Eindringtiefe der Rückstreuelektronen

Die **Rückstreuelektronen** weisen eine deutlich höhere Energie auf und stammen aus tieferen Bereichen des Anstrengungsvolumens. Rückstreuelektronen werden von Detektoren direkt unterhalb der Endlinse aufgenommen. Man betrachtet die Probe also direkt von oben. Ihr Informationsgehalt hängt stark von der Ordnungszahl des Materials ab. Schwere Elemente emittieren mehr Elektronen als leichte.

Noch weiter im Inneren des Materials entstehen **Röntgenstrahlen,** die mit Hilfe eines energiedispersiven (EDX – **E**nergy **D**ispersive **X**-ray) oder wellenlängendispersiven (WDX – **W**avelength **D**ispersive **X**-ray) Spektrometers analysiert werden. Elektronen, die in Richtung eines Detektors fliegen, werden von einem Kollektor abgesaugt und in Richtung eines Szintillators gelenkt. Treffen die Elektronen auf den Szintillator, erzeugt dieser Lichtblitze, die über eine Lichtleiter zu einem Multiplier geleitet werden. In diesem Multiplier werden die Informationen verstärkt und in ein elektrisch verwertbares Signal umgewandelt. Das fertige Bild erscheint so, als würde es von Szintillator beleuchtet und aus der Richtung des einfallenden Elektronenstrahls betrachtet. Zur Bilderzeugung können nur Elektronen beitragen, die zum Szintillator gelangen. Zum Verstärken des Effektes wird bei SE-Elektronen zwischen Probe und Szintillator eine Spannung gelegt. Je nach deren Höhe ist die Ausbeute der weniger energiereichen SE-Elektronen größer.

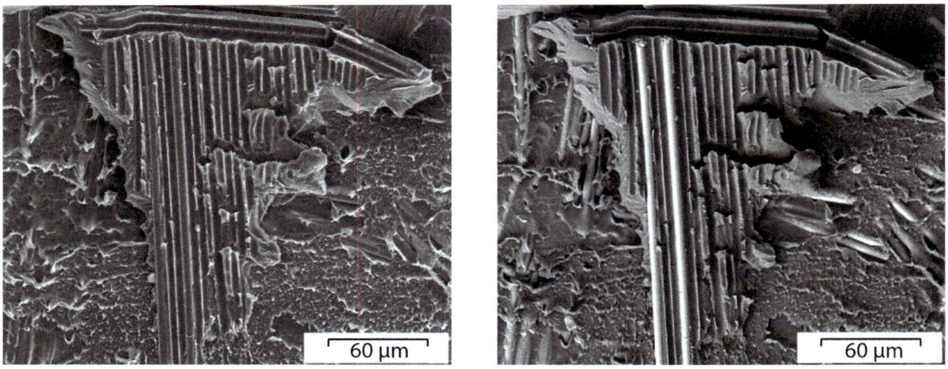

Bild 5.2 Vergleich von Bruchbildern mit SE- und RE-Detektor
links: SE-Detektor
rechts: RE-Detektor

Die auf Bild 5.2 oben dargestellte Bruchoberfläche einer PA6-GF50-Probe zeigt bei SE-Elektronen die reinen Oberflächenmerkmale deutlicher, mit leichten Überstrahlungen von Zipfeln und Rändern. Bei den RE-Elektronen ist die Tiefenwirkung deutlich größer. Oberflächennahe Glasfasern sind deutlich abgezeichnet.

Der Probenabstand beträgt bei niedriger Arbeitsspannung ca. 4 mm, bei normaler Spannung von 20 kV ca. 12 mm. Bei Übersichtsaufnahmen mit großer Tiefenschärfe kann der Abstand noch größer sein.

Bei RE-Elektronen wird auf eine zusätzliche Spannung verzichtet. Es wird daher eine Arbeitsspannung von > 3 kV gewählt.

Ein wichtiger Parameter ist beim Arbeiten mit dem RE-Detektor der Arbeitsabstand. Ist der Abstand zu gering, werden viele Elektronen durch die Öffnung im Detektor, durch die der Primärstrahl verläuft, gelenkt und erreichen so den Szintillator nicht. Ist der Abstand zu groß, werden zu viele RE-Elektronen selbst bei kleinen Abweichungen von der Senkrechten an den Szintillator vorbeigestreut. Ein günstiger Richtwert sind 9 mm Abstand.

Wird die Probe gekippt, werden weniger Elektronen dem RE-Detektor zugeführt, dafür aber umso mehr dem SE-Detektor. Um die Vorteile der RE-Elektronen zu nutzen, sind geringe Kippwinkel von Vorteil.

Da das Reflektionsvolumen der Sekundär- und Rückstreuelektronen birnenförmig bis rund ist, Bild 5.1, wird die Auflösung durch den Durchmesser der Emissionsfläche vor allem durch den Durchmesser der Sekundärelektronen und nicht durch den Durchmesser des primären Elektronenstrahl bestimmt. In günstigen Fällen sind Auflösungen von < 8 nm möglich.

Neben den klassischen Rasterelektronenmikroskopen wurden für gasende, verschmutzte, feuchte und nicht leitfähige Proben Mikroskope mit variablem Druck und deutlich reduzierten Anregespannungen entwickelt.

5.3 Feldemissionsmikroskopie (FEM)

Feldemissions-Mikroskope (FE-Mikroskope) verwenden Emitter, bei denen Elektronen durch hohe elektrische Feldstärken freigesetzt werden. Man unterscheidet dabei zwischen „kalten" FE-Kathoden (ausschließliche FE an einer extrem scharfen W-Einkristallspitze) und thermischen FE-Kathoden, z. B. den sogenannten Schottky-Emittern (ZrO/-W), bei denen die FE durch höhere Temperaturen sowie durch spezielle Beschichtungen unterstützt wird. Mit diesen Emittern können höhere Strahlstromdichten mit gleichmäßigerer Energieverteilung der Elektronen erzeugt werden.

Hauptziele bei der Verwendung von FE-Mikroskopen sind:

1. eine Steigerung der maximal möglichen REM-Auflösung
2. die REM-Untersuchung bei niedrigen Beschleunigungsspannungen

Die Steigerung der Auflösung resultiert überwiegend aus einer Verkleinerung des Strahldurchmessers ohne gleichzeitigen Verlust an Intensität. Darüber hinaus kommen in FE-Mikroskopen neuartige Linsen- und Detektorsysteme zum Einsatz, die ebenfalls zur Verbesserung der Auflösung beitragen. Erreichbar ist derzeit eine Auflösung von ca. 1 nm.

REM-Untersuchungen bei niedrigen Beschleunigungsspannungen (ca. 0,5 bis 5 keV) sind vor allem bei nichtleitenden Proben wie Kunststoffen von großem Interesse, da bei diesen Beschleunigungsspannungen teilweise ohne das Aufbringen metallischer Beschichtungen gearbeitet werden kann. Bei Beschleunigungsspannungen > ca. 5 keV kommt es ohne Beschichtung zu störenden elektrostatischen Aufladungen und zu thermischen Probenschädigungen.

Darüber hinaus führen niedere Beschleunigungsspannungen zu einer starken Verkleinerung des Volumens der Anregungsbirne. Bei niederen Beschleunigungsspannungen aufgenommene SE- und RE-Bilder enthalten daher mehr Oberflächeninformation, RE-Bilder erreichen die Auflösung von SE-Bildern.

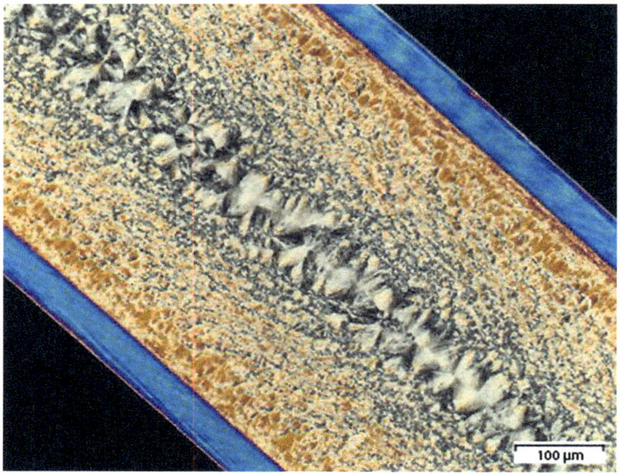

Bild 5.3 POM-Zugstab 1 : 8, Durchlicht, polarisiert

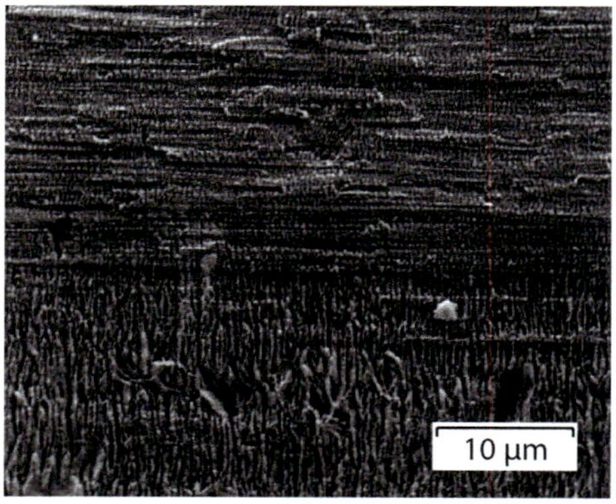

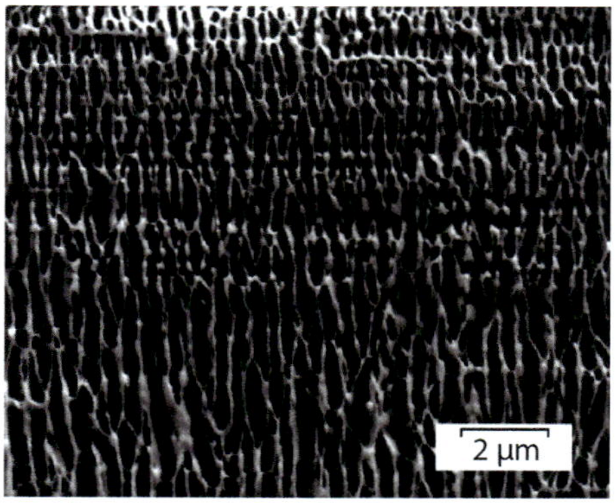

Bild 5.4 POM-Zugstab 1 : 16, geätzte Probe nicht besputtert
links: Übergang zur Randschicht [Mörl]
rechts: überwiegend durch Dehnströmung ausgerichtete Lamellen
FE-REM, SE2-Detektor (Kammerdetektor)

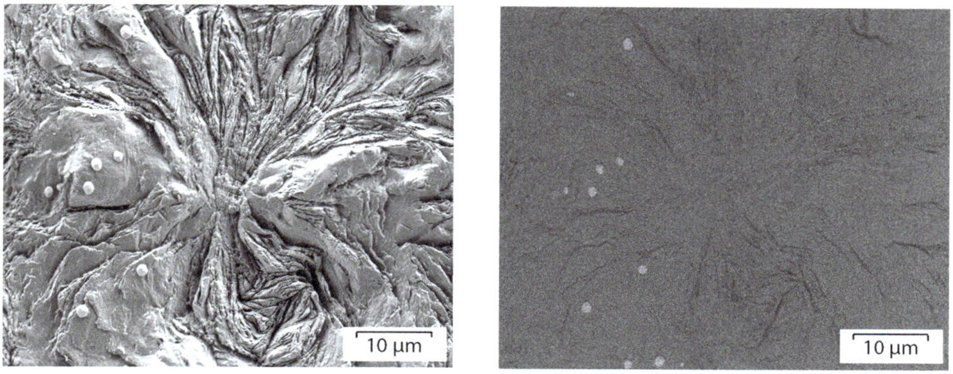

Bild 5.5 POM, geätzte Probe nicht besputtert [Mörl]
links: SE2-Detektor (Kammerdetektor)
rechts: ESB-Detektor (Rückstreudetektor)

Die Entwicklung von druckvariablen (VP, engl.: variable pressure) Geräten (sog. Feldemissionsgeräten – FEM) hat die Einsatzmöglichkeit des REM entscheidend erweitert. Dadurch wurde es möglich, stark gasende, verschmutzte, feuchte sowie nicht leitfähige Proben, die früher gar nicht oder nur durch eine spezielle Präparation einer Untersuchung zugänglich gemacht werden konnten, relativ einfach zu mikroskopieren und eine artefakt- und zerstörungsfreie Untersuchung und Analyse zu realisieren.

Im Vergleich zum REM liefert das FEM:

- bei niedrigen Anregungsspannungen und unbehandelten Kunststoffproben eine bessere Bildqualität und höhere Auflösung
- eine größere Schärfentiefe, da der Elektrodenstrahl wesentlich feiner gebündelt auf die Probe trifft
- treten bei Belastungen mit höherer Anregungsspannung (> 2 kV) aufgrund der wesentlich höheren Stromdichte häufiger Schäden durch thermische Belastungen der Probenoberfläche auf.

Niedervakuum-Technologie mit nichtleitfähigen Proben ist dann sinnvoll, wenn:

- eine Probe aus juristischen und historischen Gründen nicht beschichtet werden darf, z. B. Dokumente, Museumsstücke etc.
- eine Probe zwischen zwei Arbeitsprozessen im REM untersucht und wieder in den Arbeitsprozess eingeschleust werden soll
- dynamische oder elektronische Experimente im REM durchgeführt werden sollen, z. B. an Schaltkreisen, Platinen und Steckern
- feuchte Proben ohne Präparation untersucht werden müssen, z. B. biologische Proben, Lebensmittel, Öle und Creme.

Bei nicht oder nur gering leitenden Kunststoffoberflächen akkumulieren die Elektronen an der Oberfläche und können nicht abfließen. Dadurch bilden sich lokale Ladungen, die ihrerseits den Elektronenstrahl negativ im Sinne der Bildbildung beeinflussen.

5.4 Schäden und Artefakte

Kunststoffe erfahren im Rasterelektronenmikroskop nach längerer Belastung mit dem Elektronenstrahl eine thermische Schädigung. Man sollte deshalb versuchen, die Probe nur so kurz wie unbedingt nötig dieser Belastung auszusetzen. Ein Absenken der Beschleunigungsspannung kann auch einen positiven Einfluss haben. Bild 5.6 zeigt durch den Elektronenstrahl hervorgerufene Schädigungen.

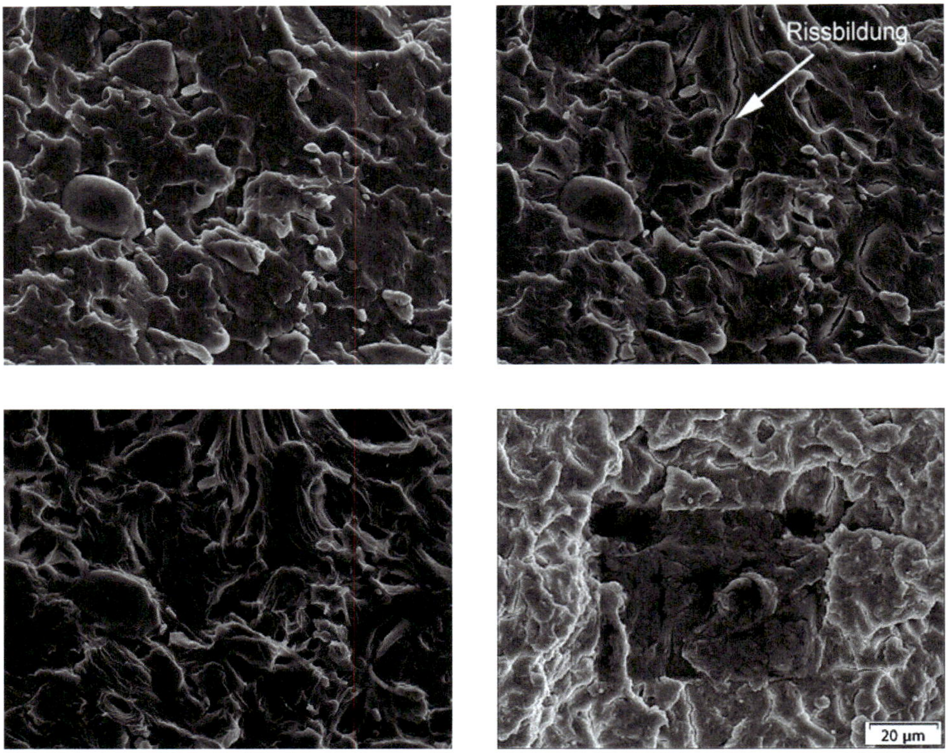

Bild 5.6 POM mit 18% PTFE und 2% Silikon Rasterelektronenmikroskop SE, 10 kV [Mörl]
oben links: 2 min belastet
oben rechts: 10 min belastet
unten links: 30 min belastet
unten rechts: Einbrennen der Messfläche

5.4.1 Aufladungen

Bruchflächen von faserverstärkten Kunststoffen oder poröse Proben wie z. B. Schäume lassen sich oft nur unzureichend besputtern und neigen dann während der Abbildung zu starken Aufladungen. Verbesserung bringen hier eine dickere Sputterschicht, ein Absenken der Beschleunigungsspannung und das Arbeiten mit dem Robinsondetektor. Bei Nutzung des Robinsondetektors kommen die RE-Elektronen nicht direkt aus der Oberfläche, somit wird diese weniger von den Aufladungen beeinflusst.

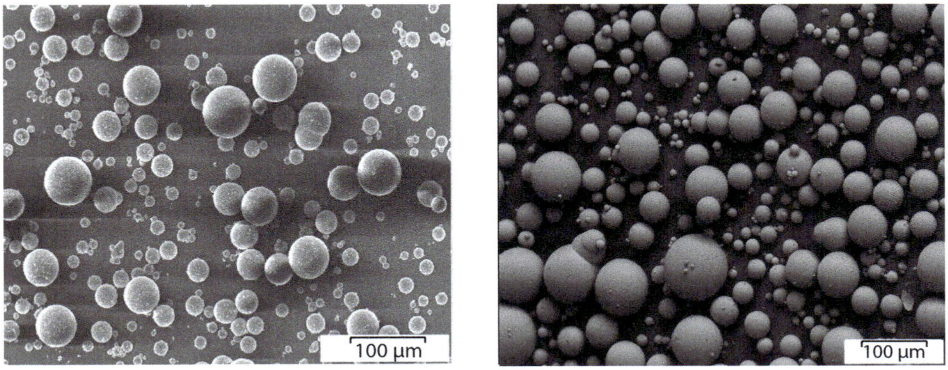

Bild 5.7 Glaskugeln
links: SE-Detektor
rechts: RE-Detektor

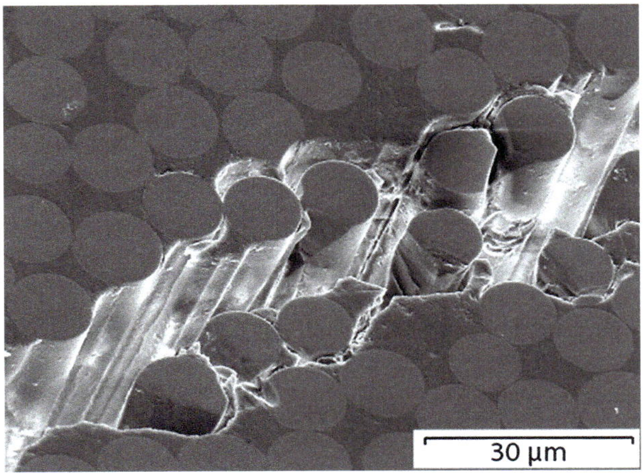

Bild 5.8 VE-Harz+GF, Anschliff, SE-Detektor

5.4.2 Kanteneffekt

Bei nicht oder nur an durchstrahlbaren Probenbereichen wie z.B. Kanten, Spitzen und Rundungen erhält man eine sehr hohe SE-Ausbeute, dies führt häufig zu störenden Überstrahlungen. Durch Absenken der Beschleunigungsspannung kann dieser Effekt etwas abgeschwächt werden.

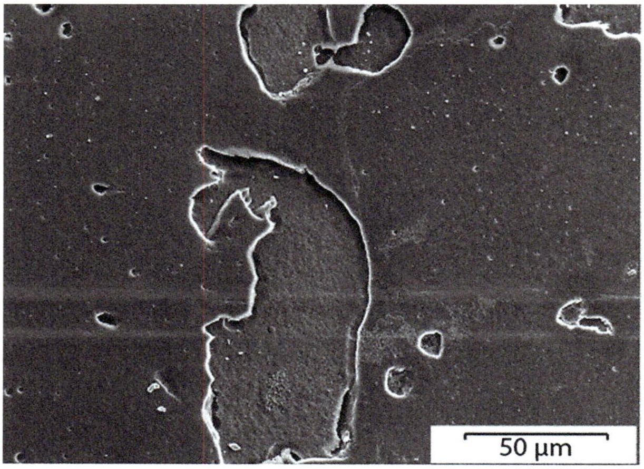

Bild 5.9 PA66+PE, plasmageätzt: 500 W; 2,5 mbar; 30 min

5.4.3 Aufnahmeflächen

Die Lage der Aufnahmeflächen der Detektoren, die Richtung der getroffenen Flächenelemente und die Richtung der reflektierten Elektronen bestimmen die Helligkeit und damit die Kontrastwirkung. Schlechte Wiedergabe ist an solchen Stellen festzustellen, die durch Abschattungseffekte entweder vom Elektronenstrahl nicht getroffen werden oder wo durch Hindernisse die Signale nicht zum Detektor gelangen.

Bei hohen Vergrößerungen ist es nicht möglich, eine Probenoberfläche lückenlos abzusuchen (z.B. kann eine Probe von 10 × 10 mm bei entsprechend hoher Vergrößerung die Dimension eines Fußballfeldes einnehmen. In der Kunststofftechnik sind Vergrößerungen (× 10000) zwischen 20- bis 10000-fach üblich. Daher muss man sich auf charakteristische (wiederholt feststellbare) Schädigungsmerkmale konzentrieren.

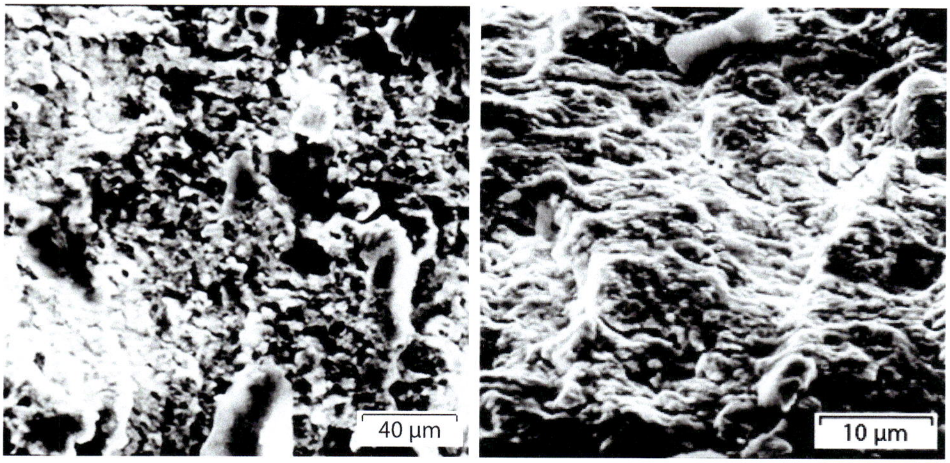

Bild 5.10 Schwingungsbrüche – duktiler Gewaltbruch von PE in und entgegen der Bruchfortschrittsrichtung
links: Schwingungsbruchfläche entgegen der Bruchfortschrittsrichtung
rechts: gleiches Bild in Bruchfortschrittsrichtung betrachtet mit Bruchbahnen, Schwingungsstreifen und Nebenrisse

Beim Betrachten von Bruchflächen sollte die Probe so im Gerät angeordnet sein, dass man in Bruchfortschrittsrichtung blickt. In diesem Fall sind Nebenrisse, die jeder Bruch bei seiner Ausbreitung hinterlässt und die sich sackgassenartig in die Tiefe erstrecken, am besten zu erkennen. Das gilt auch für Mikrorisse in Schwingungsbrüchen. In Bild 5.55 ist die schematische Darstellung einer Schwingungsbruchfläche mit den kennzeichnenden Merkmalen Bruchbahnen, Schwingungsstreifen und Nebenrisse wiedergegeben. Beim Betrachten in Bruchfortschrittsrichtung sind, wie in Bild 5.10 erkennbar, diese Merkmale auch zu finden. Dagegen sind beim Betrachten der gleichen Stelle aus der Gegenrichtung diese Merkmale entweder nicht oder nur sehr schwer als Schwingungsstreifen zu erkennen.

Bei niedrigen Vergrößerungen oder wenn sich nur ein Rückstreuelektronenbild darstellen lässt, kann man anhand radial strahliger Zeichnungen der Bruchlinien (strahlartige Ausbreitungsbahnen) den Bruchanfang lokalisieren und so einen Hinweis auf die Bruchfortschrittsrichtung erhalten. Auch bei sekundär beschädigter Oberfläche empfiehlt sich zuerst ein Betrachten im Rückstreuelektronenbild, weil die übergeordnete Topographie (Schlieren, Gräben, Grübchen) besser hervortritt. Das REM bietet die Möglichkeit, Kanten, Bruch- und Oberflächen gleichzeitig zu betrachten. Art und Lage von Anrissen in der Oberfläche lassen Schlüsse über die Brucheinleitung und damit häufig auch über die Bruchursache zu.

5.5 Energiedispersive Röntgenmikroanalyse (EDX)

Die EDX wird in der Schadensanalyse eingesetzt für:

- Identifikation unbekannter Partikel oder Inhomogenitäten
- Charakterisierung von Mehrschichtaufbauten (z. B. Haftvermittler).

Funktionsprinzip:

- Mittels energiedispersiver Röntgenspektroskopie (EDX-Analyse) können sämtliche Elemente vom Element 5 (Bor) bis zum Element 92 (Uran) gleichzeitig detektiert und quantifiziert werden.
- Die EDX-Analyse erfolgt mit einem in einem Rasterelektronenmikroskop eingebauten Detektor.
- Neben einer Mikrobereichsanalyse können auch sogenannte Linienprofile (Line-Scan), die die Elementverteilung entlang einer Linie darstellen und Verteilungsbilder (Mapping), die die Elementverteilung auf einer Fläche charakterisieren, erstellt werden.

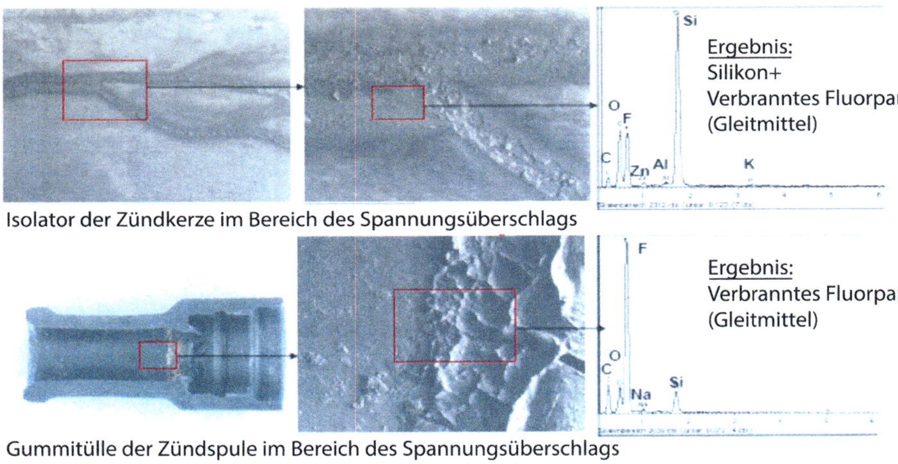

Bild 5.11 Verunreinigungen einer Isolator- und Gummioberfläche
oben: Silikon + verbranntes Fluorparafin (Gleitmittel)
unten: verbranntes Fluorparafin (Gleitmittel)

Die beim Elektronenbeschuss freiwerdende **Röntgenstrahlung** ist überwiegend elementspezifisch („charakteristische“ Röntgenstrahlung) und wird am REM meistens mit einem energiedispersiven Halbleiter-Detektor (EDX-Detektor) gemessen. Dieser wandelt die Röntgenstrahlung in elektrische Impulse um, deren Höhe proportional zur Energie der Röntgenstrahlung ist. Mittels aufwendiger Elektronik (Vielkanalanalysator) werden diese Impulse so verarbeitet, dass innerhalb kurzer Zeit das gesamte Röntgenspektrum eines Mikrobereichs erfasst wird. Aus der Lage der charakteristischen Spektrallinien folgt daraus die chemische Zusammensetzung (qualitative Analyse), während sich die Menge der vorhandenen Elemente aus der integralen Intensität der Spektrallinien ermitteln lässt (quantitative Analyse).

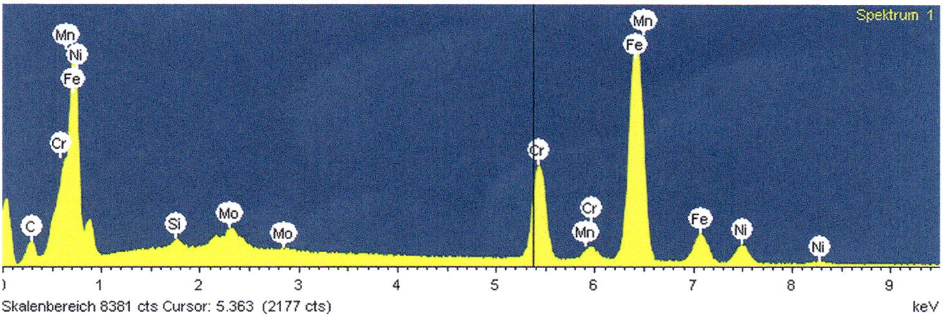

Bild 5.12 Spektrum eines Glasfasergewebes mit Stahlfasern

Darüber hinaus kann die Intensität einer elementspezifischen Röntgenlinie zur Abbildung einer Probenoberfläche verwendet werden. Auf diese Weise lässt sich die qualitative Verteilung des jeweiligen Elementes auf der Probenoberfläche darstellen (Röntgen-Verteilungsbild bzw. Mapping).

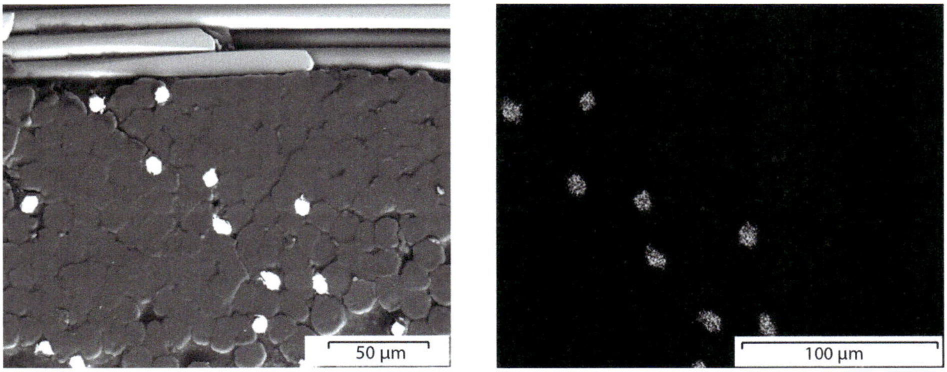

Bild 5.13 Glasfaser-Gewebe mit Stahlfasern
links: RE-Detektor
rechts: EDX-Verteilungsbild von Eisen

Ein typisches Beispiel einer EDX-Analyse ist das Fallbeispiel eines Bauteils aus POM, bei dem optisch Laufspuren zu erkennen waren. Die Oberfläche des Kunststoffs war teilweise zerstört. In diesen Bereichen sind Schwefel und Chlor detektiert worden, die oftmals Bestandteile von Reinigungsmitteln sind, Bild 5.14.

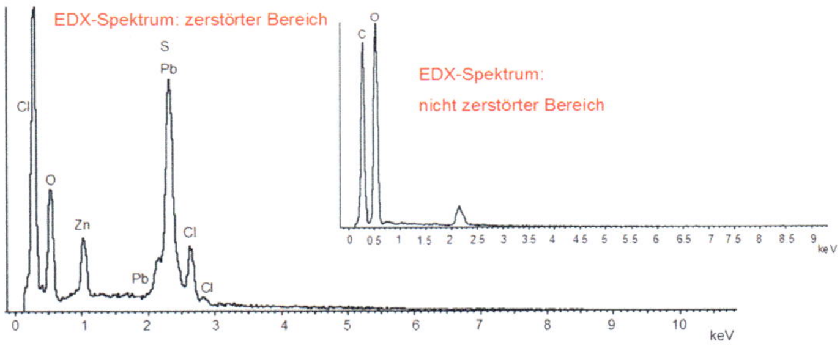

Bild 5.14 Bauteil aus POM mit Spuren von Schwefel und Chlor

■ 5.6 Probenvorbereitung

Allgemein wird man die Proben im ungereinigten Anlieferungszustand belassen, damit die Originalstrukturen und für die Schadensanalyse wichtigen Beläge unverändert sind. Für die Bruchuntersuchung müssen die Proben gereinigt werden, wobei die Wahl häufig von der Werkstoffart abhängig ist. Oft genügt das Spülen in Wasser. Bei stärker verschmutzten Proben wird im Ultraschallbad gereinigt.

Das Betrachten von Proben im REM ist nur möglich, wenn sie sich unter Elektronenbeschuss nicht verändern, nicht elektrisch aufladen und eine ausreichende Elektronenausbeute liefern.

Polymerwerkstoffe müssen aus diesem Grunde mit einem elektrisch leitenden Überzug, meist Gold, versehen werden. Hierzu bedient man sich der Kathodenzerstäubung (engl.: sputtering). In einer gasgefüllten Röhre wird die goldbeschichtete Kathode mit Ionen beschossen, um so Goldatome herauszuschlagen. Durch eine angelegte Spannung fliegen diese zur als Anode geschalteten Probe und bewirken einem Goldüberzug, Bild 5.15.

Durch Drehen und Kippen der Probe im Sputtergerät lässt sich auch bei einer sehr zerklüfteten Topografie eine relativ gleichmäßige Schicht aufbringen.

Au-Pd neigt auf der Probenoberfläche weniger zur Inselbildung als reines Au, dadurch werden auch feine Strukturen gut abgebildet, ein weiteres Targetmaterial ist z. B. Chrom.

Bild 5.15 Probenvorbereitung für REM-Aufnahmen

Bruchflächen von faserverstärkten Kunststoffen weisen oft freiliegende Fasern auf, die nur mit einem Rotationssputtergerät befriedigend besputtert werden können.

Kunststoffe werden leicht thermisch geschädigt und sollten deshalb nur kurze Zeit der thermischen Belastung im Sputtergerät ausgesetzt werden, die Sputterzeit beträgt in der Regel 1 bis 3 × 20 sec.

Veränderungen des zu untersuchenden Kunststoffs können auch durch chemischen Angriff, erhöhte Temperatur und durch Quellen oder Austrocknen bewirkt werden. Die Konservierung der Proben zum Schutz vor derartigen Einflüssen ist ebenfalls wichtig.

Vor dem Heraustrennen von Proben muss man den vermutlichen Schädigungsablauf zu rekonstruieren versuchen, um dann aus verschiedenen interessanten Bereichen die Proben so zu entnehmen, dass die wichtigen Schädigungsmerkmale hierbei nicht zerstört werden. Bei Brüchen versucht man zum Beispiel die Bruchausbreitung zu rekonstruieren. Hierbei helfen bei Gewaltbrüchen häufig in Bruchrichtung orientierte „Bruchlinien" oder bei Schwingungsbrüchen senkrecht zur Bruchrichtung und konzentrisch zum Bruchausgang orientierte „Rastlinien". Bei bekanntem Bruchverlauf genügen in der Regel Proben von Bruchende, Bruchmitte und Bruchanfang mit zugehörigem Oberflächenbereich, um eine ausreichende Beurteilung vorzunehmen. Häufig empfiehlt es sich, zunächst das Bruchende zu untersuchen, da dieser Bereich der jüngste und daher der am besten erhaltene ist.

Bei der Probenentnahme sind zwei wichtige Punkte zu beachten:

- die zu untersuchende Oberfläche darf nicht durch sekundäre Einflüsse verändert werden
- die zu untersuchende Probengröße ist durch die gerätetechnischen Gegebenheiten begrenzt, dies erfordert eine gezielte Auswahl der jeweiligen Proben.

Sekundäre Einflüsse, die die Probenoberfläche verändern, sind bei Kunststoffen u. U. bereits mit der Hand zu erzielen. Als Beispiel ist in Bild 5.16 die Veränderung einer Polyethylen-Bruchprobe durch Aufdrücken mit einem Fingernagel bis zur Unkenntlichkeit gegenübergestellt. Der Schutz vor mechanischer Beschädigung ist daher sehr sorgfältig zu beachten.

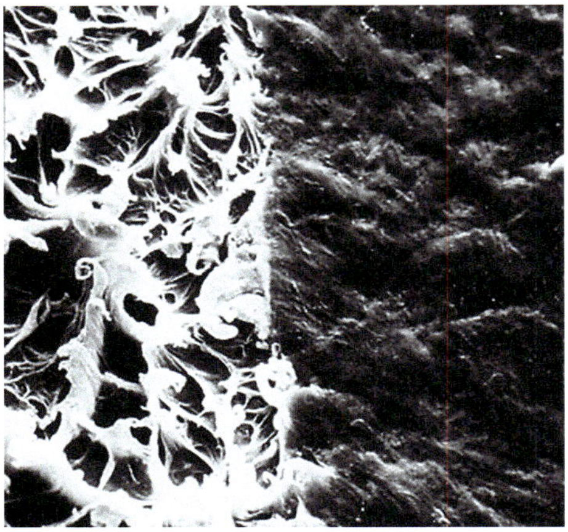

Bild 5.16
Bruchfläche von Polyethylen mit einem durch Aufdrücken mit einem Fingernagel veränderten Bereich [Schaper]

■ 5.7 Probenuntersuchung

Die sinnvolle Probenuntersuchung setzt voraus, dass die bei höherer Vergrößerung betrachteten Bereiche dem jeweiligen Probenabschnitt zuzuordnen sind. Dies ist möglich, wenn man die Untersuchung bei so geringer Vergrößerung beginnt, dass die Prüfstelle noch auf der mit dem unbewaffneten Auge betrachteten Fläche wiedererkannt wird. Bei weiterer Vergrößerung wird immer der mittlere Teil des Bildes wiedergegeben.

5.7.1 Kunststoff-Schadensbrüche unter dem REM

5.7.1.1 Inneres Volumen – Innere Fehler

Werkstofffehler können eingeteilt werden in Hohlräume, Fremdeinschlüsse und Inhomogenitäten. Hohlräume sind Lunker, Blasen, Poren, Einfallstellen und dergleichen. Da es sich um frei entstandene Oberflächen handelt, sind diese glatter als mechanisch beschädigte Flächen und Bruchflächen. Fremdeinschlüsse heben sich durch ihre besondere Gestalt, insbesondere in Bruchflächen ab. Sie können durch Mikroanalyseverfahren identifiziert werden. Inhomogenitäten entstehen durch eine ungleichmäßige Verteilung verschiedener Phasen.

Innere Fehler sind oft Bruchausgangsstellen. Dies gilt sowohl für Gewaltbrüche als auch für Schwingungsbrüche. Hieraus ist die Vermutung abzuleiten, dass bei Kunststoffen innere Fehler kritischer sind als bei Metallen. Bild 5.17 zeigt einen Lunker mit 4 mm Durchmesser in Gusspolyamid (in-situ polymerisiertes Captolactam). Die in der Lunkerwand sichtbaren Sphärolithgrenzen lassen vermuten, dass es sich um kristallisiertes Restmonomeres handelt.

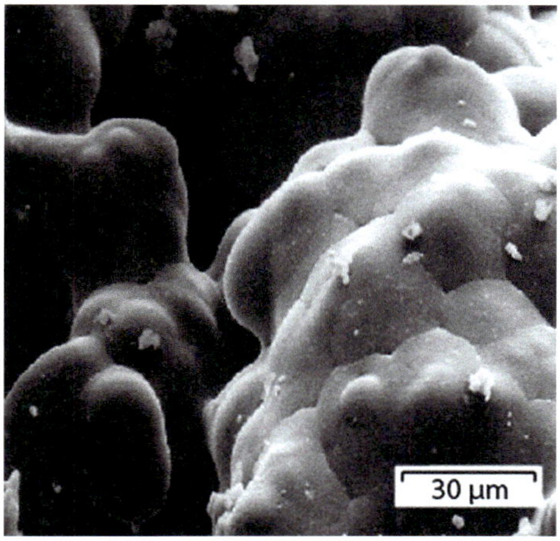

Bild 5.17
Lunker mit 4 mm Durchmesser in Gusspolyamid, polymerisiertes Caprolactam

Ein in Wasser bei Raumtemperatur entstandener Gewaltbruch an einem Probekörper aus POM legte eine poröse Mikrostruktur frei, die vermutlich in folgender Weise entstanden ist: Beim Erstarren wandelt sich die amorphe Schmelze mit einer Dichte von 1,05 g/cm^3 um, dabei entsteht eine gleichmäßig verteilte Mikroporosität in einer teilkristallinen Phase mit einer Dichte von 1,41 g/cm^3, Bild 5.18.

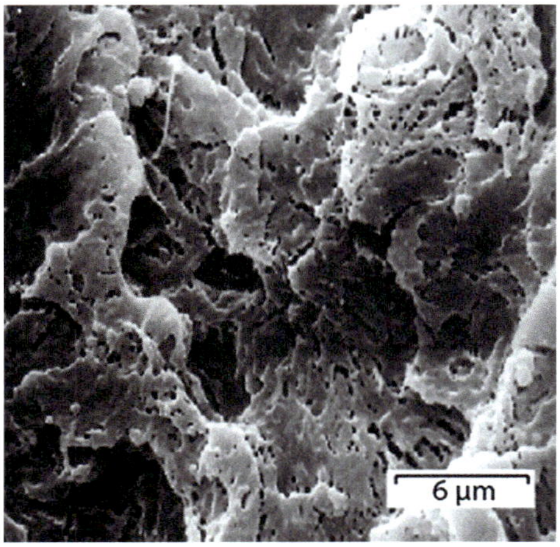

Bild 5.18
POM-Zeitstandbruch in Wasser mit poröser Mikrostruktur (Dichte amorph 1,05 g/cm^3 – kristallin 1,41 g/cm^3)

Wie Ätzstrukturen solcher Poren in POM zeigen, ist bis an den Porenrand eine vollständige Kristallisation zu finden.

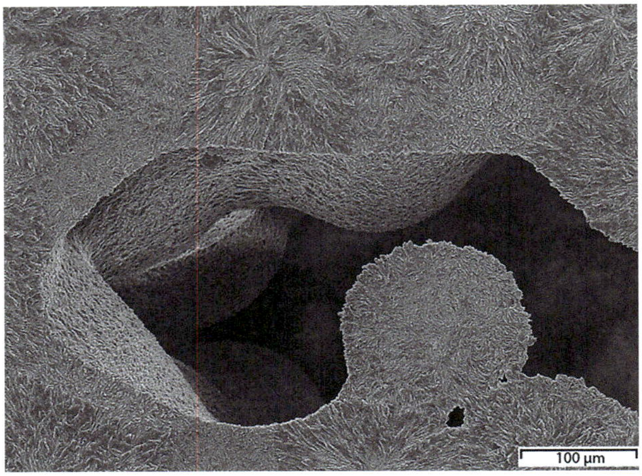

Bild 5.19 Geätzter POM-Lunker

Ätzparameter

Kunststoffe bestehen aus makromolekularen, kettenförmigen Grundelementen, die überwiegend aus Kohlenstoff und Wasserstoff aufgebaut sind. Der Durchmesser (physikalischer Wirkungsbereich) eines H-Atoms beträgt 0,24 nm, der eines C-Atoms ca. 0,38 nm. Die Auflösung im REM beträgt ca. 10 nm, beim Lichtmikroskop 1000 nm. Eine konkrete Abbildung von Atomen ist in beiden Fällen daher ausgeschlossen. Selbst eine 0,4 nm dicke und 6 µm lange Polyethylenkette kann nicht unter dem REM dargestellt werden.

Anhand einzelner Atome und Moleküle können Struktur- und besonders Brucherscheinungen nicht ausreichend erklärt werden, da sie selbst weder einzeln verformt noch zerstört werden. Zur Klärung von Versagensvorgängen ist das Verhalten der Überstrukturen entscheidend.

> Bruch ist die unerwünschte Trennung eines ehemals ganzen Funktionselementes in zwei oder mehrere Teilstücke.

Die Bruchursache kann in falscher Werkstoffwahl, in Werkstofffehlern oder in den Betriebsbedingungen liegen. Die Bruchflächen von Kunststoffen bieten viele kennzeichnende Merkmale, aus denen die Ursachen abgelesen werden können. Brüche breiten sich in verschiedene Richtungen aus. Dieses kann gleichzeitig oder zeitlich verschoben erfolgen. Für die Bruchanalyse schlägt *Klingele* vor, die Bruchskizze mit Pfeilen zur Kennzeichnung der Bruchrichtung zu versehen. Dadurch ergibt sich ein Gesamtbild des komplexen Bruchverlaufs, Bild 5.20.

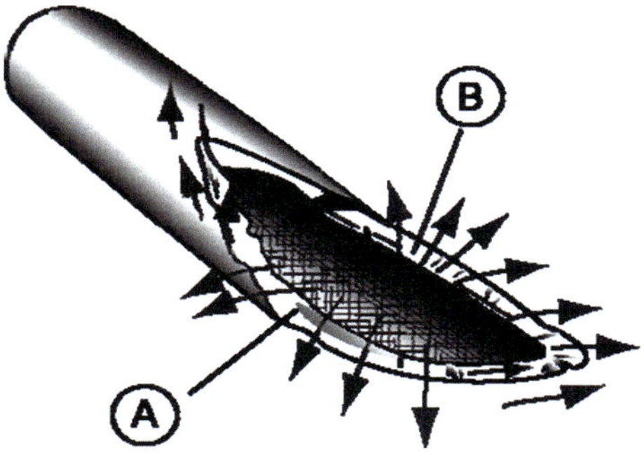

Bild 5.20 Ermittlung des Bruchverhaltens an einem Rohr nach *Klingele*

5.7.1.2 Makroskopische Beurteilung von Bruchstücken

Bruchformen setzen sich aus drei Grundformen zusammen:

- Normalspannungs-Sprödbrüchen
- Scherbrüchen und
- becherförmigen Brüchen.

Risse entstehen nur unter Einwirkung von Zug- und Schubspannungen.

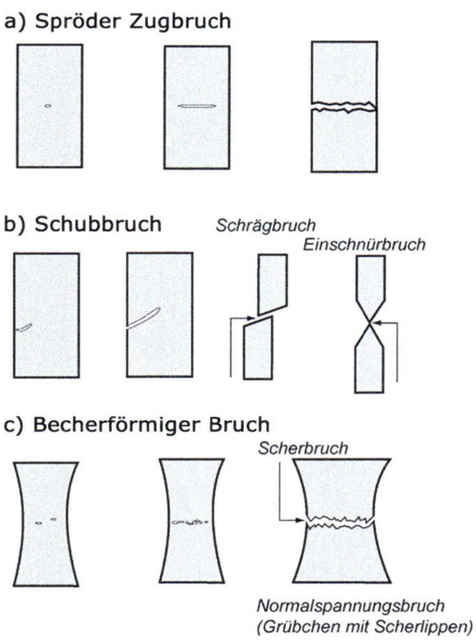

Bild 5.21 Grundbruchformen

Normalspannungsbrüche sind überwiegend spröde, Bild 5.21 oben. Scherbrüche können mit gleichbleibenden oder deutlich eingeschnürten Querschnitt erfolgen, Bild 5.21 mittig. Becherförmige Brüche sind ein Zusammenwirken von duktilen Normalspannungs- und Scherbrüchen, Bild 5.21 unten.

5.8 Bruchverlauf

Ehe man aus einer Bruchfläche Proben entnimmt und ehe man eine Probe in das REM gibt, sollte man versuchen, mit dem bloßen Auge oder mit dem Stereo-Lichtmikroskop Hinweise auf die Bruchursache und insbesondere den Bruchanfang zu bekommen.

Ist ein Werkstück in viele Teilstücke zerbrochen oder von vielen Rissen durchsetzt, so kann man aus den zusammengelegten Bruchstücken die zeitliche Reihenfolge der verschiedenen Risse ermitteln und zwar auf sehr einfache Weise: Ein jüngerer Riss kann sich nur solange ausbreiten, bis er auf eine Begrenzung oder auf einen älteren Riss trifft, Bild 5.22. Auf diese Weise kann man den ersten Anriss finden.

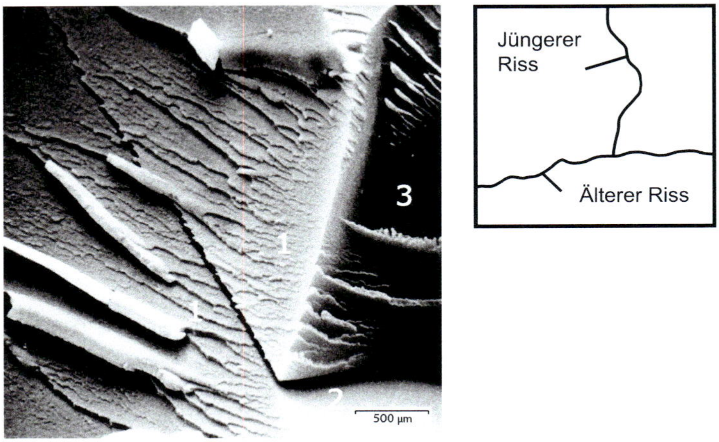

Bild 5.22 Zeitliche Einstufung von Rissen
rechts: Schema zu älterem und jüngerem Riss
links: Sprödbruch in PBT bei RT,
1. Riss in der gezeigten Ebene,
2. Riss von unten rechts nach oben links,
3. Riss rechts mit Keilstufen

Sprödbruch bei Raumtemperatur in PBTP mit Bruchausbreitung von unten nach oben (Bild 5.22). Auf vielen parallelen Sprödbruchbahnen sind kaum Verformungsspuren zu erkennen. Grate und Zipfelformen bleiben in der Größenordnung 0,1 µm. Kennzeichen des Sprödbruches sind auch absplitternde Späne.

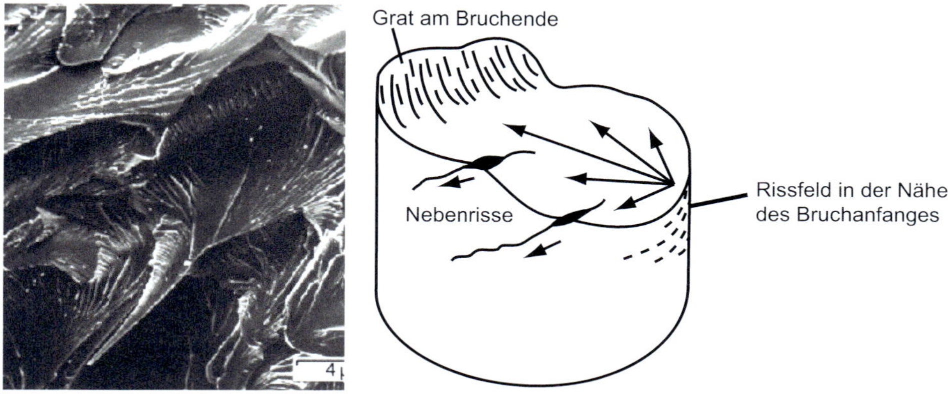

Bild 5.23 Spröder Gewaltbruch in EP von links unten nach rechts oben

Bei Raumtemperatur entstandener Gewaltbruch in EP. Der Bruch breitete sich im Wesentlichen von unten nach oben aus. Die örtliche Abweichung von dieser Hauptrichtung ist aus den von hellen Stufen gesäumten Sprödbruchbahnen zu entnehmen. Innerhalb der Bruchbahnen zeichnet sich eine Federstruktur ab.

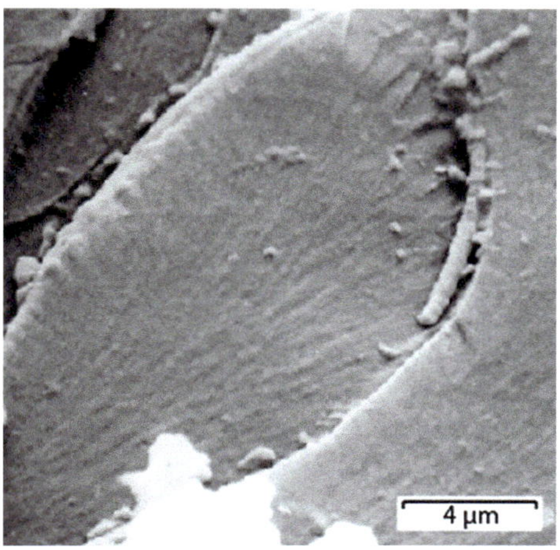

Bild 5.24
Spröder Gewaltbruch von Reaktionsharzen in GF-UP mit Federstruktur, Bruchausbreitung von links unten nach oben rechts

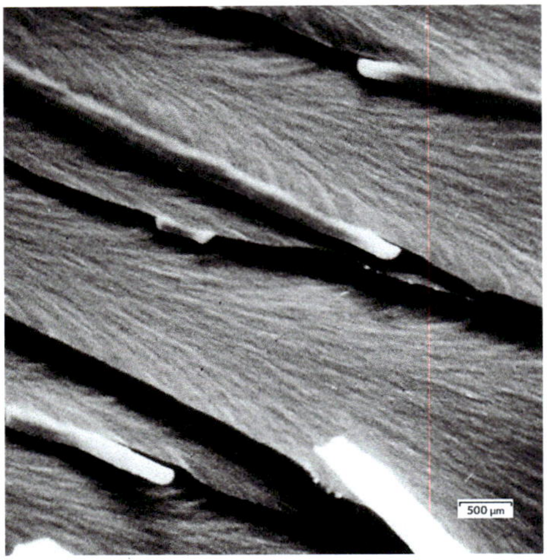

Bild 5.25
Gewaltbruch von links oben nach rechts unten in PF mit Baumwollfäden

Die Baumwollfasern behinderten die Ausbreitung des spröden Bruchs nur geringfügig (Bild 5.25). Der Bruch breitete sich von links oben nach rechts unten aus und hinterließ auf den Sprödbruchbahnen eine Federstruktur. An den Kanten der Bruchbahnen splitterten Späne ab.

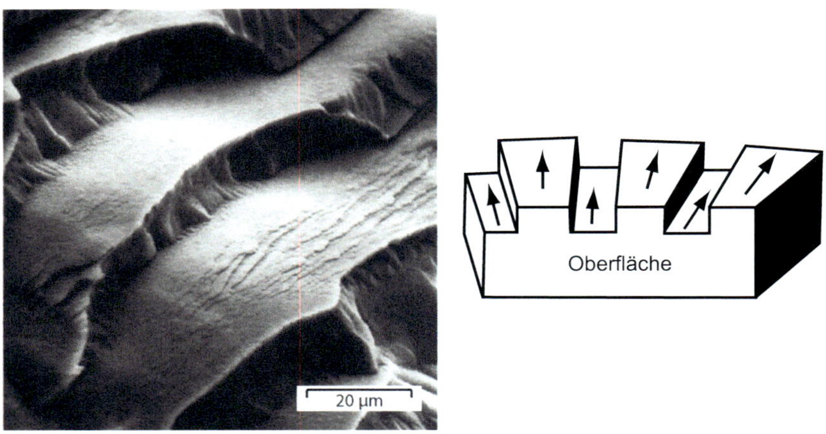

Bild 5.26 Sprödbruchausbreitung in PE bei −170 °C
Bruchausbreitung von links unten nach rechts oben

Die meisten Brucharten breiten sich durch den Werkstoff aus und hinterlassen dabei Strähnenmuster in Ausbreitungsrichtung, Bild 5.26, und manchmal Absätze quer zur Ausbreitungsrichtung. Die Strähnenmuster sind häufig strahlenförmig angeordnet, wobei das Zentrum der Strahlen den Bruchumfang kennzeichnet. Bei streifendem Lichteinfall sind die Strähnenmuster gut zu sehen. Im REM können diese Strähnenmuster mit Hilfe der rückgestreuten Elektronen und bei einem Kippwinkel von 30° besonders gut dargestellt werden.

Es ist zu empfehlen, auch die einer Bruchfläche benachbarte Oberfläche zu beobachten. In der Oberfläche erkennt man von der Hauptbruchfläche unter spitzem Winkel abzweigende Nebenrisse, die die Bruchausbreitung anzeigen, Bild 5.26.

Am Bruchende weicht der Bruch meist steil von der bisherigen Bruchausbreitung ab, so dass ein Grat oder auf der Gegenseite eine Abschrägung entsteht, Bild 5.26.

Außerdem erkennt man das Bruchende häufig an der stärkeren Zerfaserung oder Zerklüftung, verglichen mit dem Bruchanfangsgebiet.

5.8.1 Gewaltbrüche

Bei den Gewaltbrüchen wird zwischen spröden und duktilen Gewaltbrüchen unterschieden.

Thermoplaste, Duroplaste und Elastomere haben ein unterschiedliches Verformungsverhalten. Bei Thermoplasten werden die verknäulten, fadenförmigen Makromoleküle mit zunehmender Belastung verstreckt, ausgerichtet und gleiten teilweise voneinander ab. Die verstreckten Bereiche federn zurück, am stärksten an der höchst beanspruchten Bruchstelle, die sich beim Zerreißen zusätzlich erwärmt. Dadurch entstehen beim zipfeligen Verstrecken oft knotenförmige Verdickungen am Ende, Bild 5.27 bis Bild 5.30. Dieser Verstreckungsvorgang benötigt Zeit, so dass sich eine Abhängigkeit der Verformung bis zum Bruch von der Belastungsgeschwindigkeit ergibt. Zusätzlich werden die Umlagerungen durch erhöhte Temperaturen erleichtert. Die Moleküle können bei langsamer Verformungsgeschwindigkeit und erhöhten Temperaturen den einwirkenden Beanspruchungen leichter folgen als bei schlagartiger Beanspruchung und tiefer Temperatur.

5.8.1.1 Duktile Gewaltbrüche

Duktile Gewaltbrüche können in zwei Gruppen eingeteilt werden. Als Kriterium dienen die im Bruch verbliebenen Zipfellängen:

- Kunststoffe mit hoher plastischer Verformung bis zum Bruch, bleibende Zipfellänge 10 µm, Bild 5.27 und Bild 5.29
- Kunststoffe mit geringer plastischer Verformung bis zum Bruch, bleibende Zipfellänge 1 bis 10 µm, Bild 5.26 und Bild 5.30 und Bild 5.31

Nach dieser Einteilung gelten Brüche mit bleibender Zipfellänge < 1 µm als spröde. Zu den plastisch hoch verformbaren Werkstoffen zählen im Normalfall: PE, PP, PA, POM, PBT, PET, PTFE, PC, PVC, ABS. In die Gruppe schlecht verformbarer Kunststoffe (Zipfellänge im Bruch 1 bis 10 µm) fallen PS, SAN, EP, UP. Unter verformungsbehinderten Bedingungen (hohe Beanspruchungsgeschwindigkeit, geringe Temperatur, mehrachsiger Spannungszustand und Fremdzusätze) können auch sonst duktile Werkstoffe in diese Gruppe fallen, wie z. B.: PE, PA, POM, PBT, PTFE, PC, ABS, PVC.

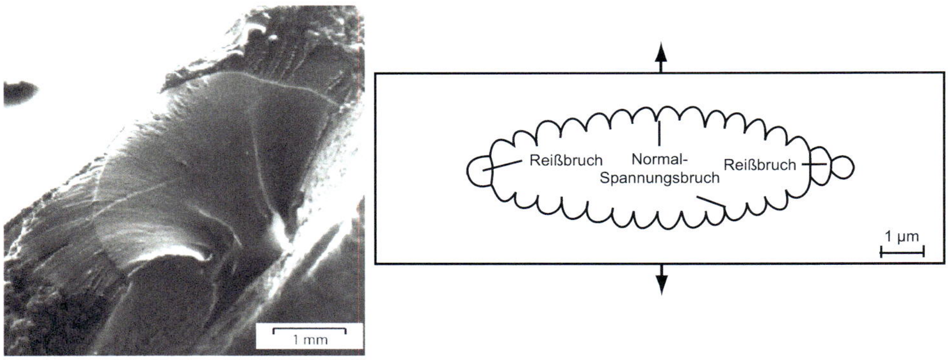

Bild 5.27 Duktiler Gewaltbruch in PA mit einem von einem Anguss ausgehenden Reißbruch

Bei Raumtemperatur entstandener duktiler Gewaltbruch in PA (Bild 5.26). Von einem Anguss ausgehend breitete sich zunächst ein Reißbruch aus. Seine Struktur ist gekennzeichnet durch V-Muster, gerichtete Zipfel und eine Streuung quer zur Ausbreitungsrichtung. Im Restbruch sind langgezogene Fäden und Zipfel als Kennzeichen der extremen duktilen Trennung zu sehen.

Typische Merkmale duktiler Reißbrüche sind v- und u-förmige Rampen und ondulierte Wände (Bild 5.28 und Bild 5.29).

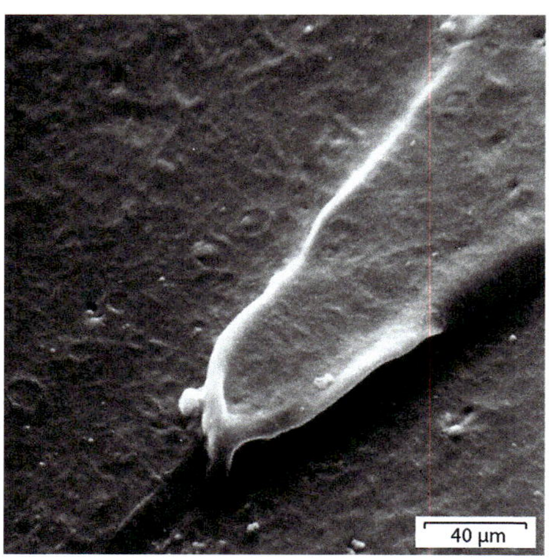

Bild 5.28
Reißbruch bei Raumtemperatur an einer 0,3 mm dicken Folie aus weichgemachtem PVC

Durch Verzweigung entstehen parallel zur Rissfortschrittsrichtung v- und u-förmige Rampen (Bild 5.28). Die Spitzen der Rampen zeigen gegen die Bruchfortschrittsrichtung.

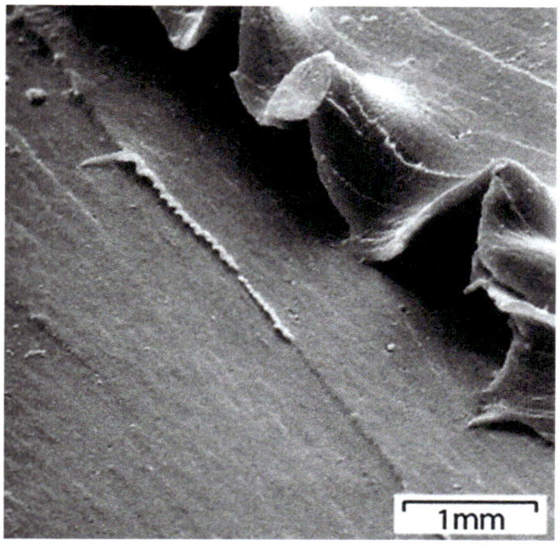

Bild 5.29
Reißbruch an weichgemachtem PVC bei Raumtemperatur

Der Bruch breitete sich längs einer ca. 0,3 mm dicken Folie von links oben nach rechts unten aus (Bild 5.29). Einzelne Zipfel und parallele Fibrillenstrukturen in hochgezogenen, ondulierten Kämmen lassen die vor dem Bruch stattgefundene Verstreckung erkennen. Die Zipfellänge beträgt ca. 20 µm. Daneben liegen äußerst glatte Bereiche ohne sichtbare Verformungsstrukturen vor.

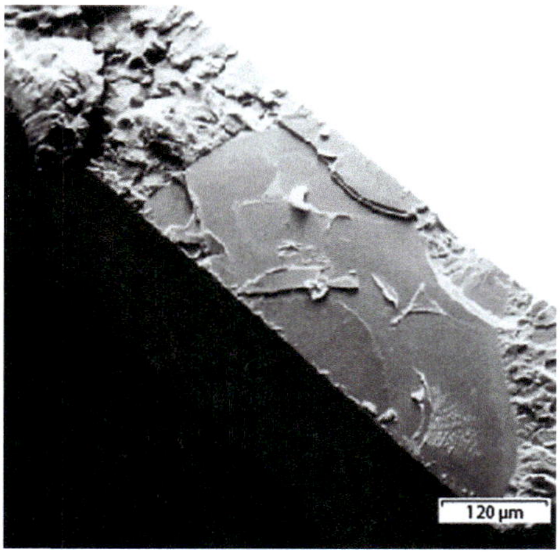

Bild 5.30
Bei RT gebildete ebene Craze-Anrisse in PS mit deutlich zerklüfteten Restgewaltbrüchen. Hauptanriss von links nach rechts, zwei kleinere Anrisse kamen von der rechten Gegenseite der Probe.

5.8.1.2 Reißbruch

Ungleichmäßig über den Querschnitt verteilte Normalspannungen, z. B. Biegespannungen, können das Einreißen des Werkstoffs von einer äußeren oder inneren Oberfläche, z. B. von einem Werkstofffehler aus, bewirken. Die Zipfel stehen dann schräg in den Bruchflächen, Bild 5.31. Bei gleichmäßig verteilter Dehnung entstehen an der Rissfront hochgezogene Wände, die in beiden Bruchflächen nach der Trennung als Wülste mit ondulierten Kämmen sichtbar bleiben, Bild 5.32. Weitere Merkmale des Reißbruchs sind v- oder u-förmige Rampen, deren Spitzen gegen die Bruchfortschrittsrichtung zeigen.

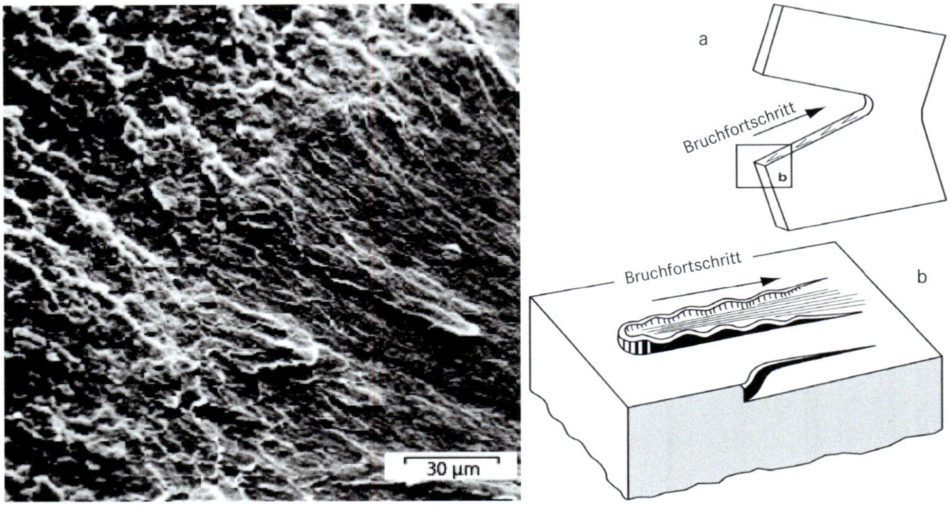

Bild 5.31 U- und V-förmige Rampen mit hochgezogenen Rändern
oben: u- und v-förmige Rampen mit hochgezogenen Rampen
unten: nach Zug-Schwellbelastung bildete sich zunächst ein Craze-Anriss, der sich als Reißbruch konzentrisch mit u- und v-förmigen Rampen ausbreitet

Eine Probe aus PS wurde unter Zug-Schwellbelastung geprüft. Unter der Belastung bildete sich im Inneren ein Craze-Anriss, der sich als Reißbruch konzentrisch ausbreitete. Die v-förmigen Zeichnungen in Bild 5.31 zeigen die radiale Rissausbreitung an (vgl. Bild 5.68). Als der Bruch die Hälfte des Querschnitts durchdrungen hatte, folgte der Gewaltbruch, dessen Mikrostruktur sich vom Craze unterscheidet.

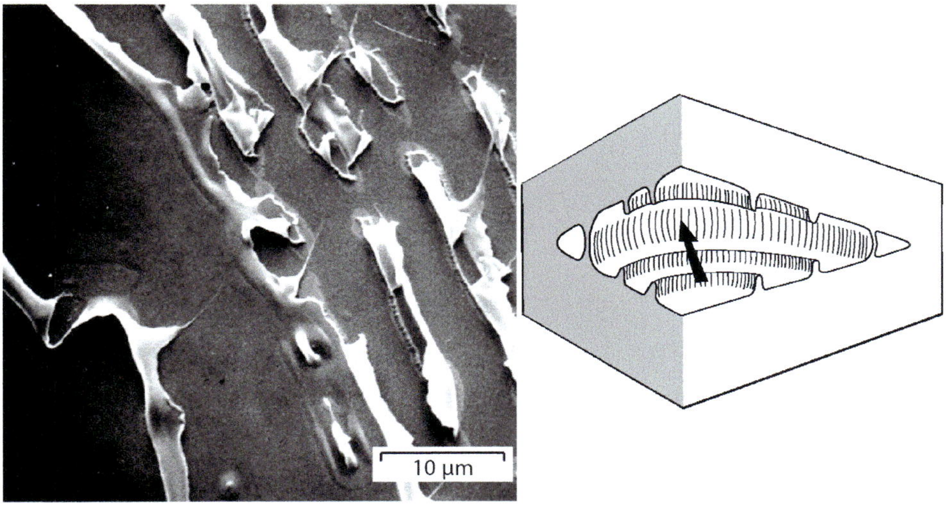

Bild 5.32 Reißbruch aufgrund ungleichmäßig verteilter Normalspannungen
oben: Schema eines Reißbruchs an freier Fläche
unten: geöffneter Craze-Anriss in PS mit weitgehend ebenen Bruchflächen und einzelnen duktil verformten Folien oder Faser

Bedingt durch den gleichmäßigen Dehnungsvorgang in Oberflächennähe werden nicht viele Zipfel (Säulen), sondern nur eine geschlossene Wand hochgezogen. Nach deren Trennung folgt die Dehnung oder Trennung einer zweiten Wand usw. In den zusammengesackten Wänden entsteht eine Fibrillenstruktur, die die Streckrichtung anzeigt. Insgesamt handelt es sich um einen verformungsarmen Bruch mit den Kennzeichen des Gewaltbruchs.

5.8.1.3 Schubbruch

Das Versagen von Kunststoffen wird durch das Überschreiten kritischer Schubspannungen eingeleitet. Die Verstreckung an den Trennflächen führt schließlich zu Fahnen und Zipfeln, die auf zwei zusammengehörigen Bruchflächen gegeneinandergerichtet sind, Bild 5.33. Nur auf zwei zusammengehörigen Bruchflächen kann man den Bruch durch Schubversagen vom Reißbruch unterscheiden. Der Trennmechanismus ist der des Normalspannungsbruchs und des Reißbruchs, da ein Gleiten entlang definierter Kristallebenen wie bei den Metallen nicht stattfinden kann, Bild 5.33.

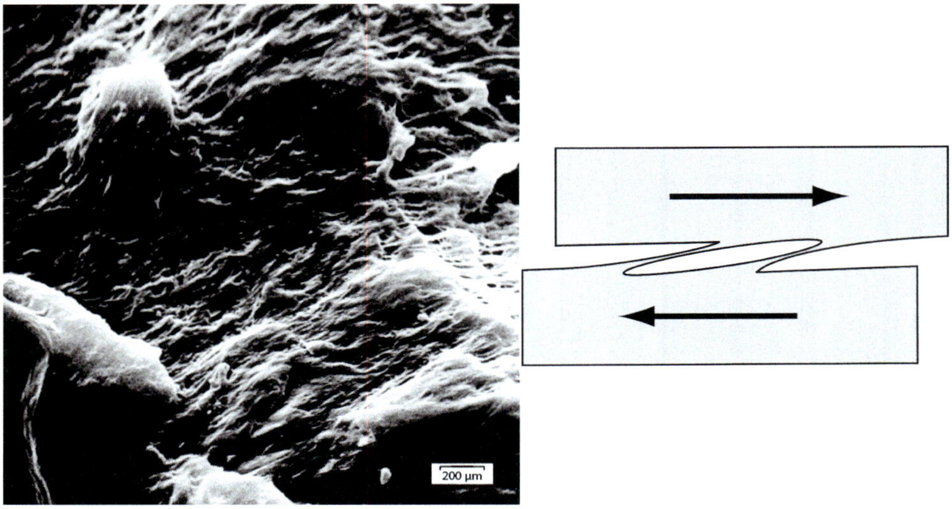

Bild 5.33 Laborprobe aus HDPE mit 8,8 N/mm^2 belastet, brach nach 547 Stunden

Bei geringer äußerer Einschnürung wurde die Verformung von Mikrogefüge aufgenommen. In Oberflächennähe am Bruchanfang ist kaum Zipfelbildung zu beobachten. Die Anordnung der in der Anrissfläche liegenden Fäden quer zur äußeren Oberfläche lässt auf Schubversagen schließen. Geringster Fadendurchmesser 100 nm.

5.8.1.4 Crazes

Unter Crazes- auch Spannungsrissbildung genannt, versteht man die Bildung von etwa geradflächig begrenzten Materialbereichen, die sich häufig unter Einwirkung von Netzmitteln nach einer Induktionszeit, dann aber spontan senkrecht zur größten Zugspannung öffnen. Im Gegensatz zu leeren Rissen überbrücken bei Crazes 10 bis 50 nm dicke Fibrillen die gegenüberliegenden Ufer, Bild 5.34.

Crazes bedeuten noch nicht das vollständige Versagen des Formteils, ihre Bildung kann sogar lokal belastete Werkstoffbereiche entlasten. Erst mit ihrem Weiterwachsen und anschließendem Aufbrechen, besonders bei stoßartiger Beanspruchung, entstehen Risse.

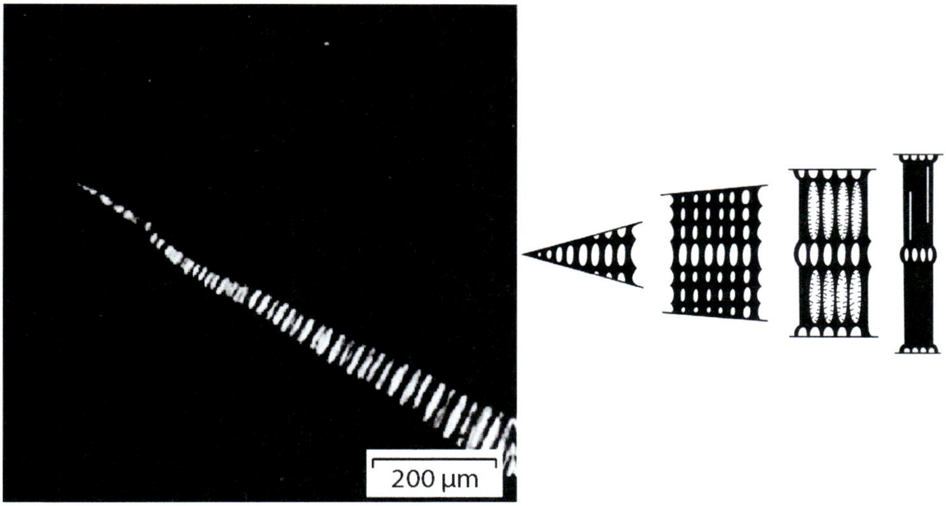

Bild 5.34 Crazebildung
rechts: Schema der Mikrostruktur eines Crazes mit zunehmender Crazeweite
links: Mikrostruktur an Rissspitze eines Craze

Crazes können an zentralen Stellen sowohl an freien Oberflächen als auch im Innern des Werkstücks entstehen und sind dementsprechend halbkreis- und kreisförmig begrenzt, Bild 5.32. Bei durchsichtigen Kunststoffen kann man die Ausdehnung des Kreises mit dem bloßen Auge erkennen (Weißbruch). Im REM sind an geöffneten Crazes folgende Merkmale zu sehen:

- Bogenförmige Begrenzungen, die sich deutlich vom Restgewaltbruch abheben, Bild 5.35
- Merkmale des duktilen Gewaltbruchs, d. h. Zipfel und Fäden, Bild 5.36.

Demnach handelt es sich bei Crazes um das Anfangsstadium eines duktilen Gewaltbruchs. An Oberflächen treten Crazes in homogenen Werkstoffen im Allgemeinen bei kontinuierlicher langsamer Zugbelastung, nicht jedoch bei Schlagbelastung auf. Damit sind die Crazes in ihrer Wirkung mit den Zeitstandsbrüchen bei Metallen vergleichbar. Bei kautschukmodifizierten Kunststoffen gibt es Crazes auch nach Schlagbeanspruchung. In der Regel erkennt man in aufgerissenen Crazes eine zentrale Normalspannungszone und eine anschließende Reißzone. Die konzentrische Ausbreitung von Crazes lässt sich anhand v-förmiger Markierungen verfolgen. Die Nebenvalenzbindungen lockernde Chemikalien, insbesondere Lösemittel, reduzieren die zur Crazebildung notwendige Zugspannung. Crazes und Normalspannungs-Fließbrüche beginnen daher häufig an den Chemikalien zugänglichen Oberflächen.

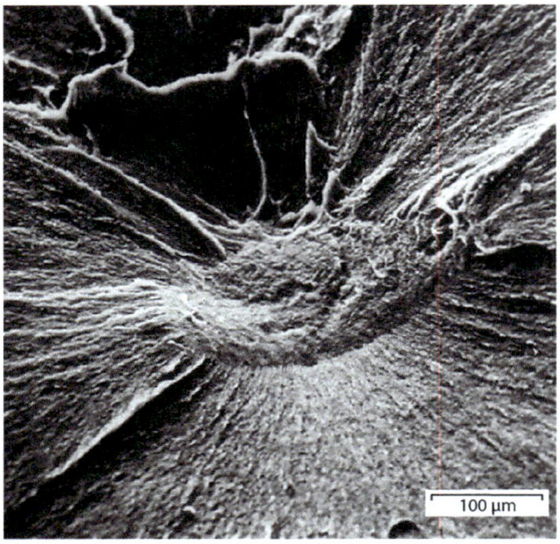

Bild 5.35
Der Craze-Bruch im Inneren einer ABS-Probe besteht aus einem inneren kreisförmigen Normalspannungsbruch im Zentrum und einem radial-strahligen ausbreitenden Reißbruch

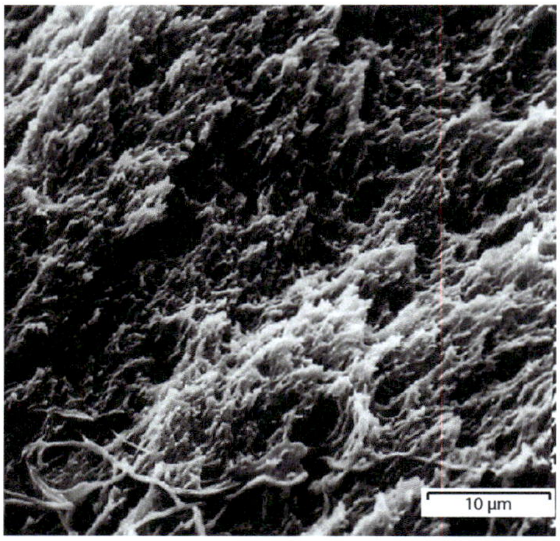

Bild 5.36
In einer ringförmigen Zone eines inneren Craze-Anrisses zeigen die schrägstehenden Zipfel einen Reißbruch, links unten abgerissene Craze-Fibrillen

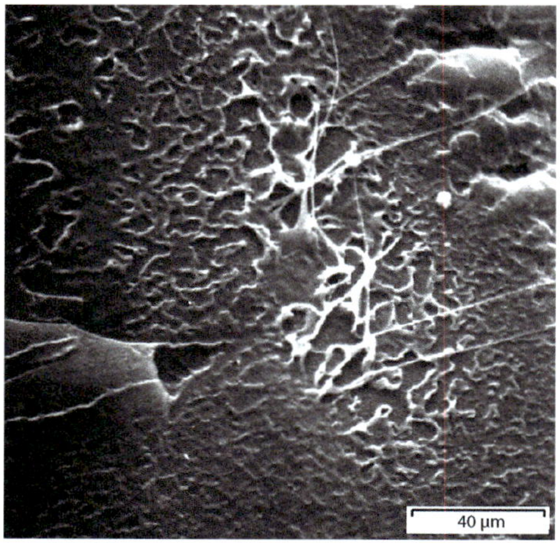

Bild 5.37
Laborgewaltbruch von SAN in einer Schicht von 150 nm mit Zipfeln von 1 µm auf beiden Bruchflächen. Wenige Fäden mit 20 µ Länge und 0,1 µm Dicke

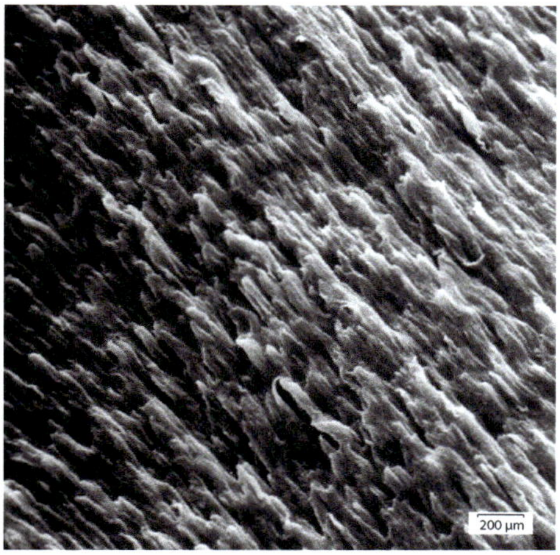

Bild 5.38
Reißbruch mit schräg stehenden Zipfeln in PA 66 von unten rechts nach oben links; größte Faserlänge 10 µm, kleinster Faserdurchmesser innerhalb eines geschlossenen Faserbündels 10 µm

5.8.1.5 Spröde Gewaltbrüche

Bei Kunststoffen gibt es keinen 100 %-igen Sprödbruch, der mit dem Spaltbruch bei Metallen mit kubisch-raumzentriertem Gitteraufbau vergleichbar wäre. Selbst bei Tieftemperaturbrüchen werden bei hohen Vergrößerungen duktil verformte Folien und Zipfel sichtbar. Allerdings beschränken sich die Verformungen auf eine ebene Schicht von weniger als 1 µm Dicke. Da das verformte Volumen sehr klein ist, kann makroskopisch von einem Sprödbruch gesprochen werden. Mikroskopisch beobachtet man, dass sich die beanspruchte 1 µm Schicht nach der Trennung auf die beiden Bruchflächen verteilt. Dadurch entstehen ovale Deckel oder aufgerissene Blasen, Stufen und Streifenmuster. Die Ränder der Mikrostrukturen sind mit feinen Wülsten und manchmal mit kurzen Fäden gesäumt. Da der Sprödbruch sich quer durch den Werkstoff ausbreitet, hinterlässt er Strukturen, die Ruckschlüsse auf die Bruchfortschrittsrichtung zulassen. Es handelt sich um Keilstufen, die an Inhomogenitäten des Werkstoffes entstehen. Hier teilt sich die Bruchfront in mehrere Teilbahnen, die sich im weiteren Bruchlauf in einer Ebene wiedervereinigen. Auf diese Weise entstehen Treppenmuster und absplitternde Späne, Bild 5.39 bis Bild 5.41.

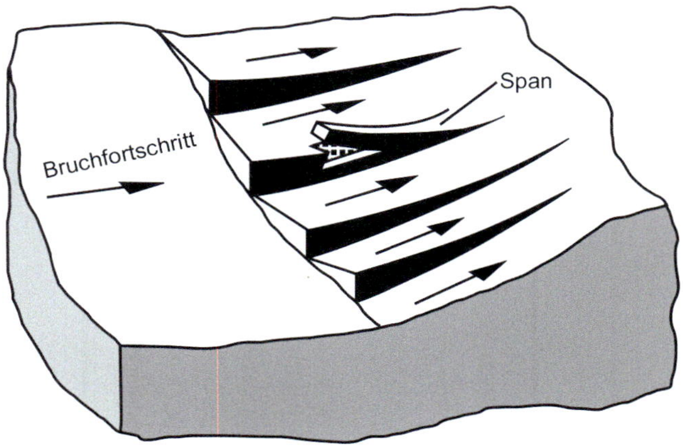

Bild 5.39 Entstehung von Keilstufen (Sprödbruchbahnen) bei der Überschreitung von Inhomogenitäten durch einen Sprödbruch (manchmal splittern dabei Späne ab)

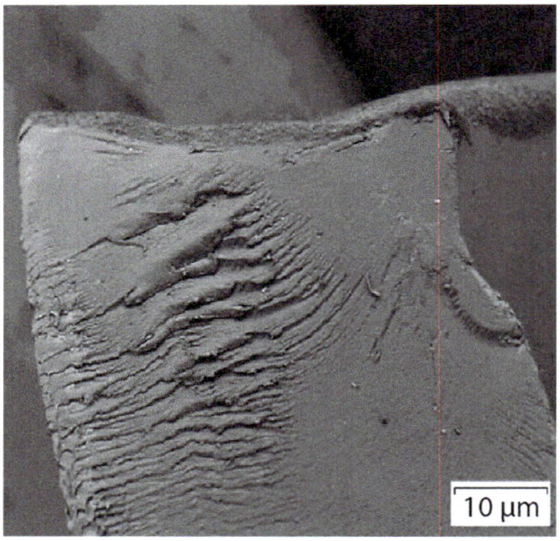

Bild 5.40
Keilstufen bei Sprödbruch in PBT bei Raumtemperatur, Bruchausbreitung von unten nach oben

Auf vielen parallelen Sprödbruchbahnen sind kaum Verformungsspuren zu erkennen. Grate und Zipfelformen bleiben in der Größenordnung 0,1 µm, Bild 5.21. Kennzeichen des Sprödbruches sind auch absplitternde Späne, Bild 5.41.

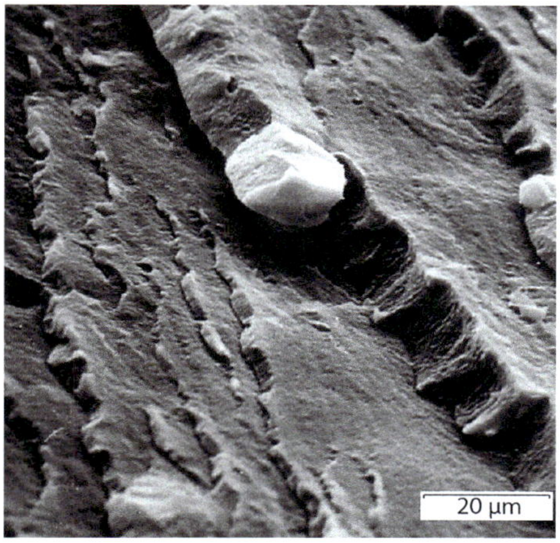

Bild 5.41
Parallele Sprödbruchbahnen mit absplitterndem Span bei einem Sprödbruch von PBT bei RT

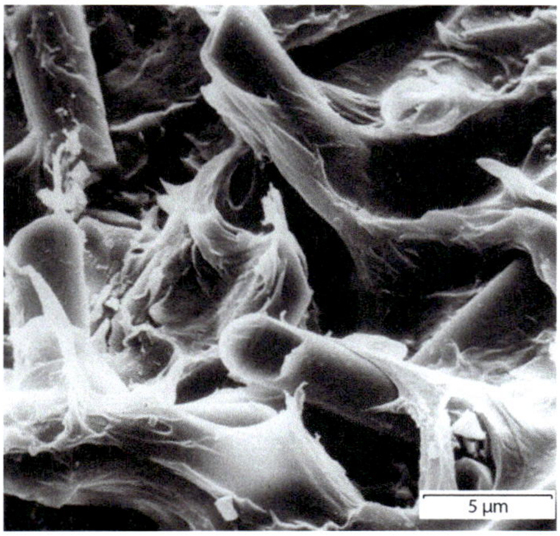

Bild 5.42
Gewaltbruch von hochschlagzähem PA-GF30 mit ausgezogenen Glasfasern und gut anhaftender, duktil versagender Matrix. Wegen guter Haftung des PAs sind freie Faserenden bedeckt

5.8.1.6 Schwingungsbrüche

Kunststoffe ertragen wie andere Werkstoffe, besonders bei Zugbeanspruchung, auch unter Schwingungsbeanspruchung, eine geringere Belastung als bei statischer Beanspruchung. Bei Biegebelastung mit abnehmender Wechselspannung nimmt die ertragbare Lastspielzahl zu. Dies ergibt eine sich abflachende Zeitfestigkeitskurve, die gelegentlich eine Dauerfestigkeit vortäuscht.

5.8.1.6.1 Schwingungsinduzierte Gewaltbrüche

Eine echte Dauerschwingfestigkeit wäre nur dann möglich, wenn die wechselnde Last auf Dauer rein elastisch aufgenommen würde. Dafür wäre jedoch Voraussetzung, dass auch im Mikrobereich weitgehend elastisches Verhalten vorliegt. Es muss jedoch damit gerechnet werden, dass an Inhomogenitäten an der Oberfläche oder im Innern des Werkstoffs irreversible Verstreckungsvorgänge stattfinden.

Dabei entsteht gleichzeitig Wärme, die wiederum die Beweglichkeit der Molekülketten fördert.

Deshalb gibt es in Kunststoffen eine Form des Schwingungsbruchs, die mit einem kontinuierlichen Kriechbruch gleichzusetzen ist: der schwingungsinduzierte Kriechbruch. Wegen der schlechten Wärmeleitfähigkeit ist der schwingungsinduzierte Kriechbruch auch frequenzabhängig. Hohe Frequenzen und hohe Belastungen bergen die Gefahr örtlicher Erweichungen und sogar Aufschmelzungen in der Mitte des Querschnitts. In diesem Fall darf in der Bruchfläche nicht mit Kennzeichen eines periodischen Bruchfortschritts gerechnet werden, d.h. es gibt keine Schwingungsstreifen, Bild 5.43 und Bild 5.44.

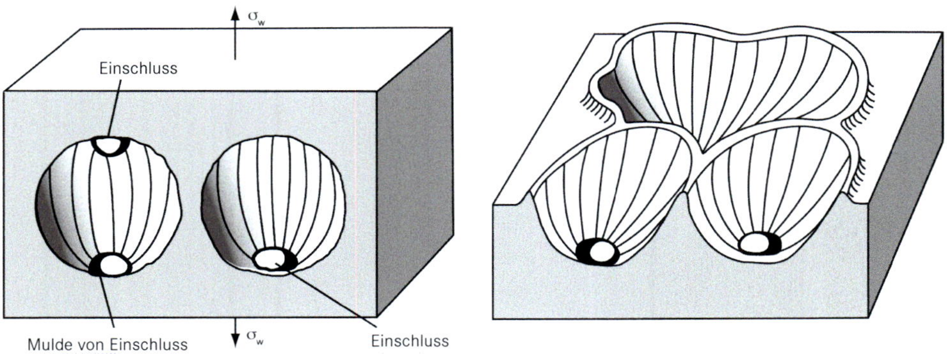

Bild 5.43 Durch Schwingungen stark erwärmte Kunststoffe bilden Hohlräume, die infolge starker Verstreckung etwa kugelige Formen annehmen, nach der Trennung verbleiben Trichter oder Halbkugeln mit Wulsträndern

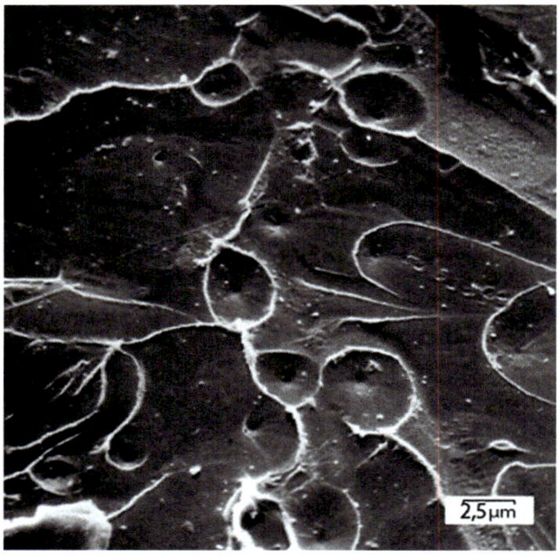

Bild 5.44
Schwingungsinduzierter Kriechbruch in PS, durch Bildung von sich ausdehnenden Hohlräumen entstehen letztlich reißende, stark verstreckte Zwischenwände

Wenn sichere Schwingungsbruchmerkmale, wie Bruchbahnen (Bild 5.54, Bild 5.57 und Bild 5.58) Schwingungsstreifen, Nebenrisse (Bild 5.45, Bild 5.56) oder kugelige Schmelzholräume (Bild 5.44) auftreten, kann der Schwingungsbruch identifiziert werden. Auf Bild 5.45 breitet sich der Bruch in Bahnen aus und hinterlässt duktile Schwingungsstreifen und Nebenrisse. Lappenförmige Trennungen begrenzen die Bruchbahnen. Es ist jedoch auch möglich, dass Schwingungsbelastung ausschließlich Gewaltbruchmerkmale hinterlässt. Schwingungsbrüche ohne Schwingungsstreifen sind insbesondere bei sehr duktilen Kunststoffen, bei hoher Betriebstemperatur und bei hohen Lastwechselfrequenzen zu erwarten. Theoretisch denkbar wäre ein Schwingungsbruch mit extremer Brucheinschnürung und punkt- oder schneidförmiger Trennung. Normalerweise wird ein stark verrundeter Anriss von der Oberfläche her oder von einer inneren Fehlstelle her durch den Werkstoff wandern.

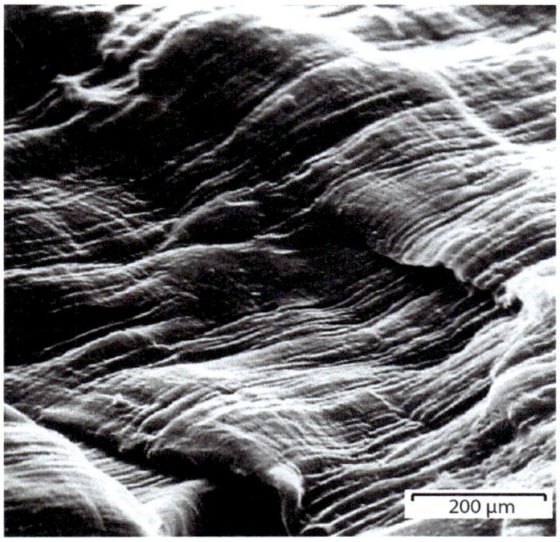

Bild 5.45
Ausbreitung eines Schwingungsbruches in versetzten Bruchbahnen mit Schwingstreifen und lappenförmigen Trennungen, die die Bruchbahnen begrenzen, PA 66

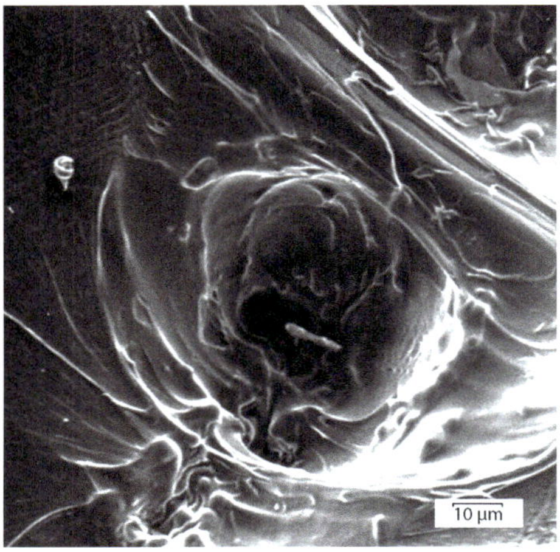

Bild 5.46
Schwingungsbeanspruchte Probe aus PBT mit Hohlraum mit deutlichen Schmelzformen

Eine schwingungsbeanspruchte Probe aus PBT (Bild 5.46) brach nach 468 000 Lastwechseln. Die starke Einschnürung wurde durch Wärmeeinwirkung begünstigt. Ein Hohlraum in der Mitte des Querschnitts zeigt deutlich Schmelzformen. Die Restquerschnitte am Umfang der Probe wurden in ruckartigen Gleitvorgängen gedehnt (links oben).

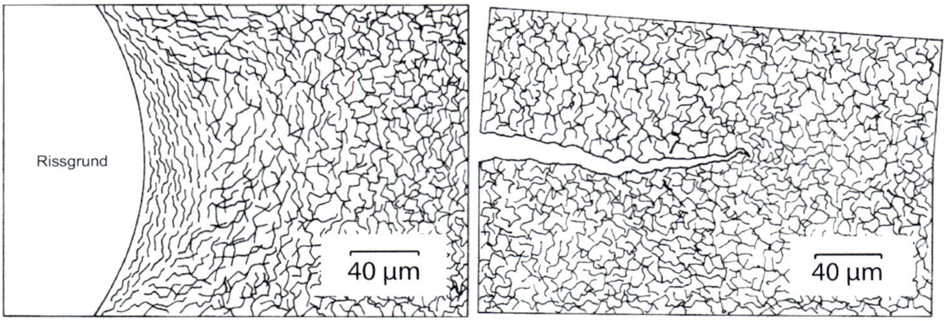

Bild 5.47 Schwingungsbruch
links: duktil ohne Schwingungsstreifen;
rechts: geringe Verstreckung

Unter schwingender Zugbelastung bildet sich ein verrundeter Rissgrund, Bild 5.46. Eine Rissausbreitung erfolgt kontinuierlich mit Fortschreiten der verstreckten Zone. Es bildet sich keine scharfe Rissspitze aus. Bei duktilen Kunststoffen gibt es keinen erkennbaren Bruchfortschritt mit jedem Lastspiel. Man erkennt nur die Merkmale eines duktilen Gewaltbruchs.

5.8.1.6.2 Echte Schwingungsbrüche

Bei wenig verformungsfähigen Kunststoffen wird sich unter der Wechselbelastung eine echte Rissspitze ausbilden. Wegen der räumlichen Steifigkeit des Molekülverbandes werden die Molekülketten nach geringer Verstreckung von der Rissspitze durchgetrennt. Es kann sich eine Rissfront mit scharfem Kerbgrund ausbilden und unter der Wechsellast durch den Kunststoff aber auch eingelagerte Verstärkungsfasern wandern, Bild 5.48 bis Bild 5.51. Dabei entstehen parallele Schwingungsstreifen. Diese Erscheinungsform ist außer vom Werkstoff noch von der Belastungsfrequenz und der Belastungshöhe abhängig. Beobachtet wurden echte Schwingungsbrüche in PC, SAN, PVC, PE, PA, PP. Nach der möglichen Verformung bis zur Trennung im Rissgrund kann man zwischen mehr oder weniger duktilen Schwingungsstreifen unterscheiden.

Der schwingungsinduzierte Kriechbruch legt Einschlüsse und Füllstoffe frei, die in der glatten Bruchfläche durch einen umgebenen Hohlraum abgesetzt sind. Große eingeschlossene Teilchen, z. B. Glasfasern, werden glatt durchbrochen, Bild 5.50.

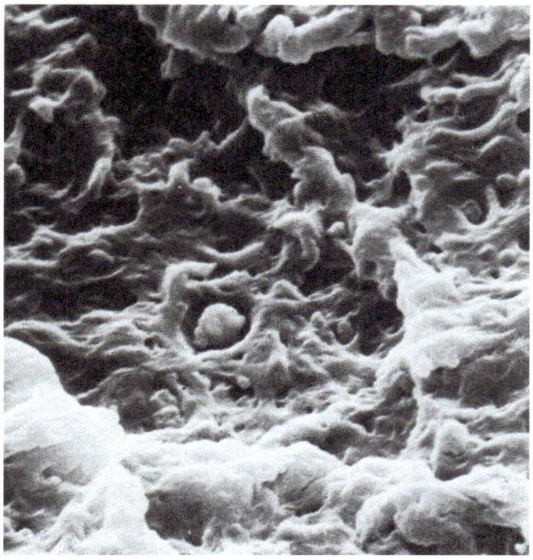

Bild 5.48
Schwingungsinduzierter Kriechbruch in PVC

Kennzeichen des schwingungsinduzierten Kriechbruchs sind Bruchbahnen und freigelegte primäre Polymerisationsstrukturen, Bild 5.48. Das runde Teilchen in der Mitte setzt sich beispielsweise aus mehreren primären Einzelteilchen zusammen. Die Wabenstruktur hat eine gewisse Ähnlichkeit mit Gewaltbrüchen, unterscheidet sich im Detail allerdings deutlich. Die verrundeten Bruchformen weisen auf Wärmeentwicklung an der Rissspitze hin.

Bild 5.49
Duktiler Schwingungsbruch in PA-GF10 mit verrundeten, faltigen Schwingungsstreifen und lappenförmigen Grenzen zwischen Teilbrüchen und freigelegten Glasfasern

Kennzeichen des Schwingungsbruchs sind Fronten von Schwingungstreifen. Diese hinterließ der Schwingungsbruch bei seiner Ausbreitung Glasfaser zu Glasfaser. Die verrundeten, faltigen Schwingungstreifen und die lappenförmigen Grenzen zwischen Teilbrüchen gelten als Kennzeichen des duktilen Schwingungsbruchs. Zum Vergleich s. a. Gewaltbruch, Bild 5.42.

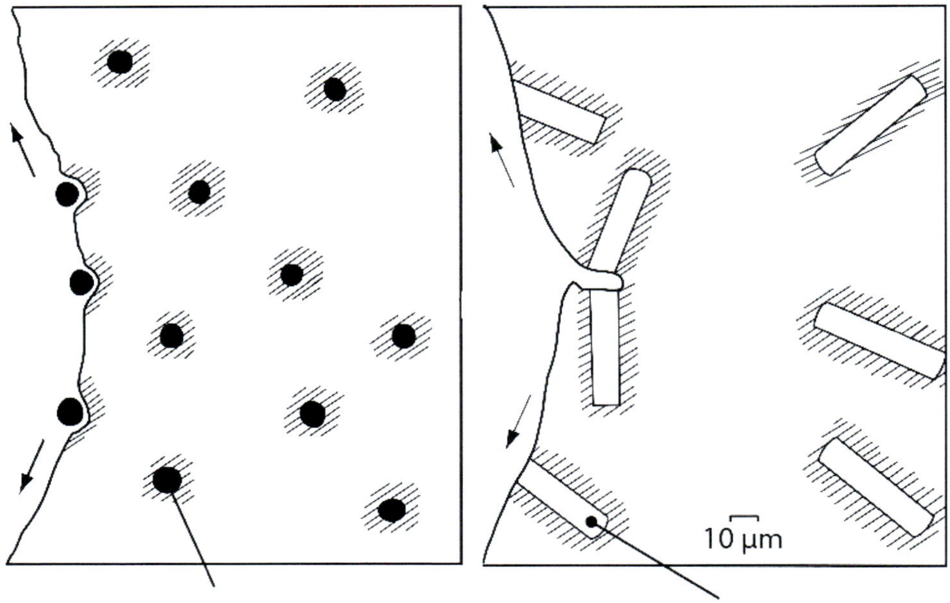

Bild 5.50 Einschlüsse bei schwingungsinduzierten Kriechbrüchen

Der schwingungsinduzierte Kriechbruch legt Einschlüsse und Füllstoffe frei, die in der glatten Bruchfläche durch einen umgebenden Hohlraum abgesetzt sind. Große eingeschlossene Fasern oder gestreckte Teilchen werden glatt durchbrochen, Bild 5.51.

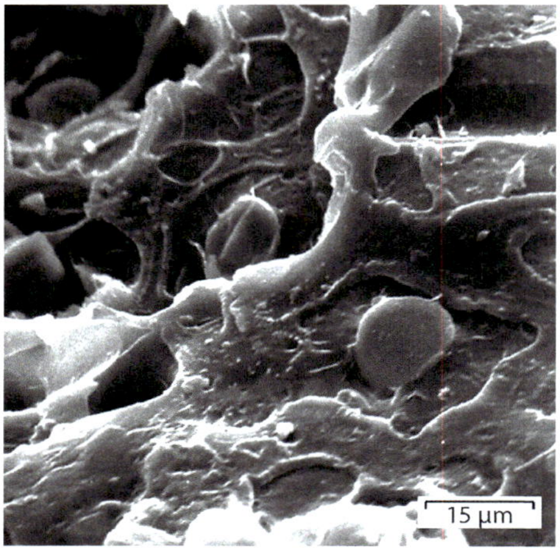

Bild 5.51
Schwingungsinduzierter Kriechbruch bei PP-GF 30 mit erweichten Höfen durch Wärmestau rund um die Fasern und kleine eingelagerte Füllstoffe.

Glasfasern sind bei Kriechbrüchen im Gegensatz zu Gewaltbrüchen, Bild 5.42, in der Bruchebene glatt durchtrennt, da sie beim Bruchvorgang von der Matrix allseitig gut haftend, eng umschlossen sind. Eine duktile Kriechverformung zeigt sich in einer Zipfelbildung.

5.8.1.6.3 Echte duktile Schwingungsbrüche

Schwingungsbrüche können auf unterschiedlichen Bruchbahnen fortschreiten und sich dabei zeitlich ausdehnen. Relativ gut verformbare Werkstoffe ergeben faltenartige und verrundete, lappenförmige Restbrüche zwischen den Bruchbahnen (Bild 5.52 und Bild 5.53). Auch die Schwingungsstreifen sind eher faltenartig und verrundet, und in der Bruchebene liegen Einschlüsse erhaben frei.

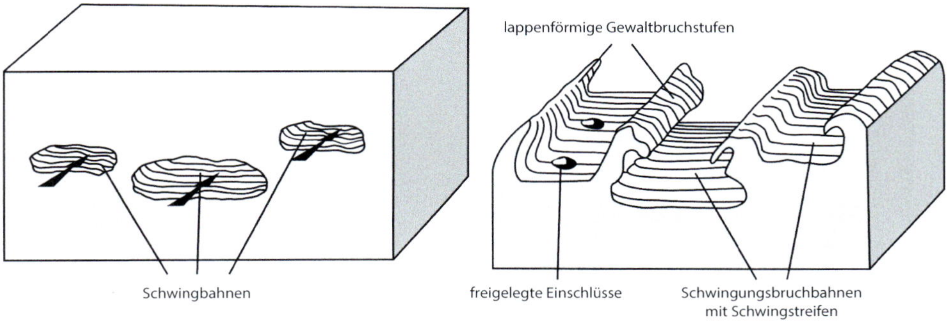

Bild 5.52 Ausbreitung des Schwingungsbruchs mit versetzten Schwingungsbruchbahnen in duktilen Kunststoffen

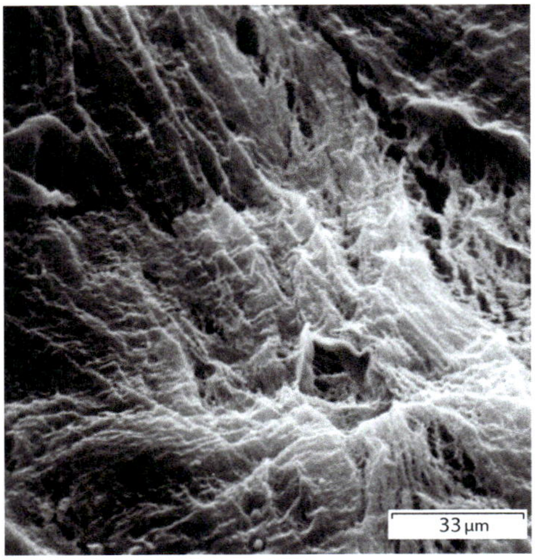

Bild 5.53
Schwingungsbruchausbreitung in POM mit Bruchbahnen und lappenförmigen Gewaltbrüchen zwischen den Bahnen und von vorneherein vorhandenen Hohlräumen. Die Oberflächen sind teilweise durch Wärme verrundet.

5.8.1.6.4 Echte spröde Schwingungsbrüche

Bei sehr schlecht verformbaren Kunststoffen entstehen Schwingungsstreifen mit sehr flachen Profilen und scharfkantigen Stufen zwischen den Bahnen. Schwingungsstreifen sind häufig nur schwach ausgeprägt und kaum erkennbar. Bei der Ausbreitung des Schwingungsbruchs in Form einer Rissfront wirken Einschlüsse als Hindernisse.

Harte Einschlüsse werden von der Bruchfront überklettert, so dass sie in der Bruchfläche offen oder verdeckt sichtbar werden, Bild 5.54. Weiche besonders gut haftende Einschlüsse werden von der scharfkantigen Risswurzel durchschnitten, Bild 5.55 bis Bild 5.58.

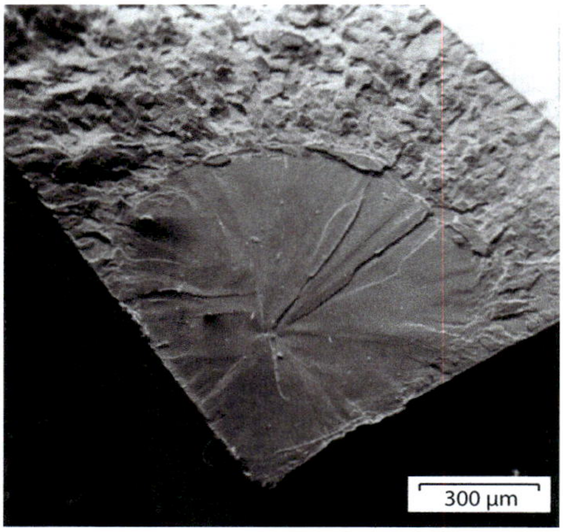

Bild 5.54
Schwingungsbruch in SAN mit scharfkantig begrenzten Bahnen ausgehend von Fehler im Inneren, außerhalb des Kreisbereichs spröder Gewaltbruch

Im Anfangsbereich von Bild 5.55 bildeten sich zwar die Schwingungsbruchbahnen mit scharfkantigen Begrenzungen sehr deutlich aus, jedoch sind nur Andeutungen von Schwingungsstreifen zu erkennen. Kennzeichnend für den spröden Schwingungsbruch sind auch die verdeckt erkennbaren Einschlüsse.

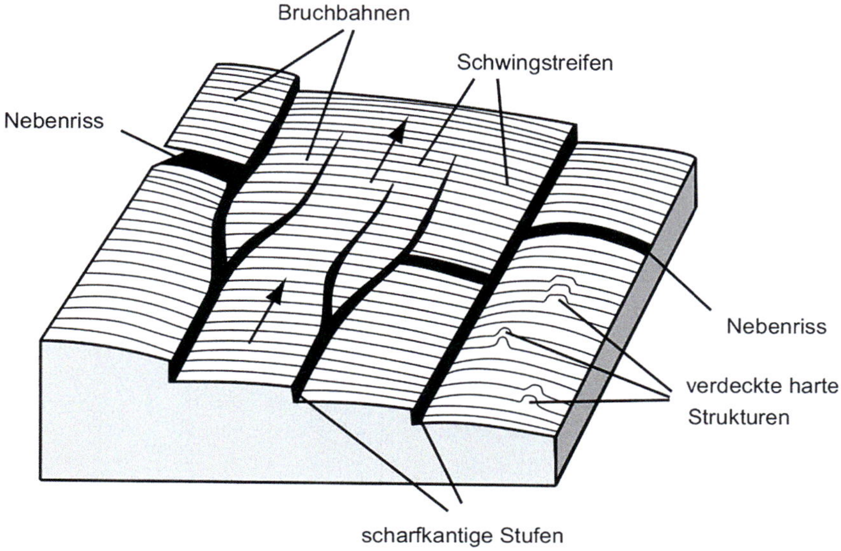

Bild 5.55 Schwingungsbruch in spröden Kunststoffen mit scharfkantig begrenzten Schwingungsbruchbahnen, Schwingungsstreifen und Nebenrissen

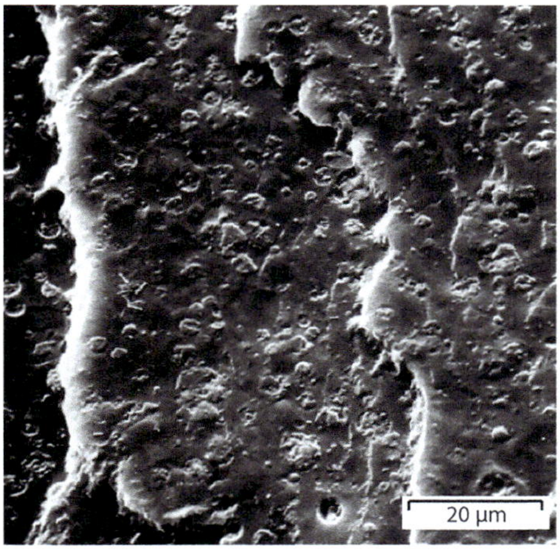

Bild 5.56
Von der Oberfläche strahlenförmig ausgehender spröder Schwingungsbruch bei SB mit eingelagerten, durchtrennten Butadienpartikeln (∅ 1 bis 3 µm) und scharfkantigen begrenzten Bruchbahnen ergab ein Strähnenmuster. Die scharfkantige Rissfront durchtrennte die eingelagerten Butadienkügelchen.

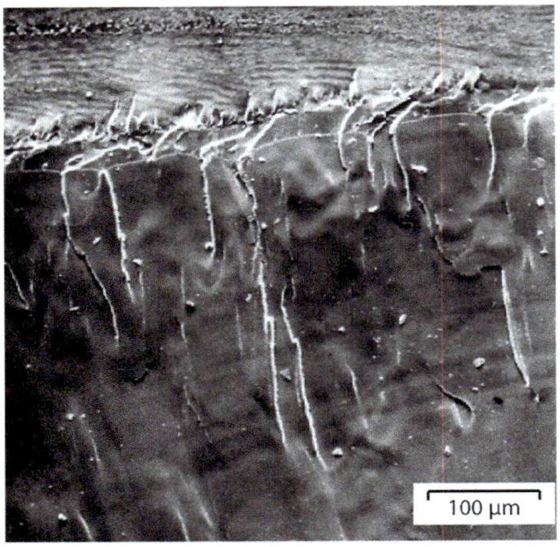

Bild 5.57
Spröder Schwingungsbruch in SAN (gepresst) nach 180 000 Lastspiel mit typischen Kennzeichen: scharfkantig begrenzte Bahnen ergeben ein radial-strahliges Strähnenmuster. Quer zu den Strähnen bildeten sich einige Rastlinien aus. An den Schwingungsbruch schließt sich ein ruckartig fortschreitender spröder Gewaltbruch an.

5.8.1.7 Einflüsse von Chemikalien – Spannungsrissbildung

Bei den Metallen versteht man unter Spannungsrisskorrosion (SpRK) das gleichzeitige Zusammenwirken eines bestimmten empfindlichen Werkstoffs mit einem spezifischen Medium und Zugspannungen. Fällt eine der drei Komponenten weg, so tritt keine SpRK auf. Bei Kunststoffen wird die vergleichbare Erscheinung meist Spannungsrissbildung genannt, besonders, wenn Lösemittel die physikalisch gebundenen Zwischenvalenzkräfte lösen oder schwächen. Daneben gibt es auch hier die Bezeichnung Spannungsrisskorrosion, um die seltenere chemische Einwirkung eines Angriffsmediums während des Bruchvorgangs zu verdeutlichen.

Außer der Spannungsrissbildung können über die Einlagerung von Fremdstoffen in den Molekülverband oder das Herauslösen bestimmter Bestandteile bleibende Veränderungen der mechanischen Eigenschaften eintreten. Diese führen zur Verminderung oder Erhöhung der Verformbarkeit. Hierzu gehört z. B. der Fall der Anlösung des Rissgrundes und damit der Beschleunigung der Trennung. Treten unter Zugspannungen zusätzlich Craze-Anrisse an der Oberfläche auf, so erleichtern diese dem Medium den Zutritt in das Innere des Werkstücks (Bild 5.58).

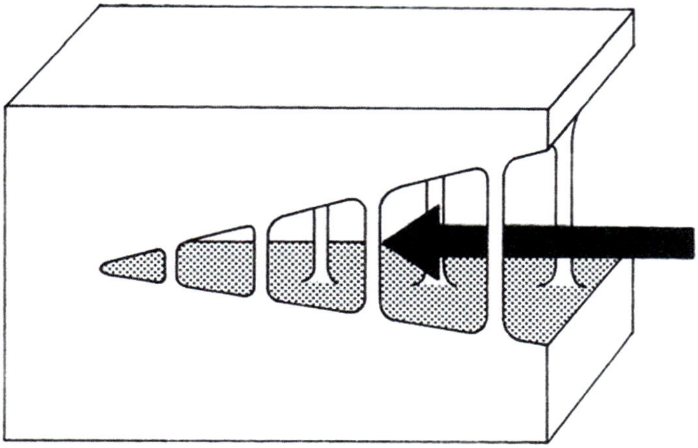

Bild 5.58 Craze an der Oberfläche verschafft Medium Zutritt in das Innere

Bei ein und derselben Kombination Werkstoff/Medium können in Abhängigkeit von der Höhe der Zugspannungen spröde oder duktile Brüche auftreten.

Spannungsrissbildung bei Kunststoffen tritt dann auf, wenn folgende Faktoren gleichzeitig wirken: empfindlicher Werkstoff, spezifisches Medium und Zugspannungen. Fällt eine der drei Komponenten weg, wird die Spannungsrissbildung stark reduziert.

Die Kennzeichen der echten Spannungsrissbildung sind Trennflächen mit federförmigen Ausbreitungsmustern, klaffende Risse quer zur Hauptbruchfläche und Mikrozipfel (0,1 µm Durchmesser, Länge 0,3 µm). Chemikalien können Nebenvalenzen erweichen und die Verformbarkeit der Kunststoffe erhöhen.

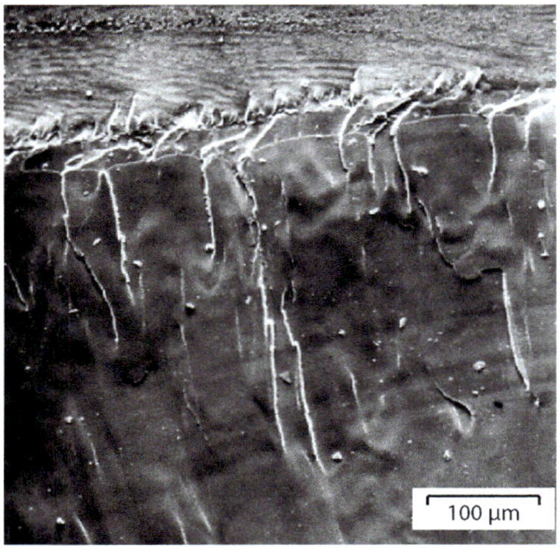

Bild 5.59
10 %ige NaOH bewirkt bei PE-HD hohe Duktilität mit großen Fadenlängen.

Durch Einlagerung von Chemikalien in Leerstellen kann die Beweglichkeit der Makromoleküle aber auch behindert werden und damit ein Verlust der Verformungsfähigkeit eintreten. Der Werkstoff ist bleibend verändert und unterscheidet sich in seinen Eigenschaften wesentlich vom Anlieferungszustand. Dieses Verhalten muss von der Spannungsrissbildung unterschieden werden. Die Trennung tritt nach genügender Versprödung durch äußere Beanspruchung oder durch Eigenspannungen, die durch die Versprödung erhöht werden, auf. Ein Anlösen des Rissgrundes durch Chemikalien kann zu duktilem Risswachstum führen und dadurch den Rissfortschritt beschleunigen.

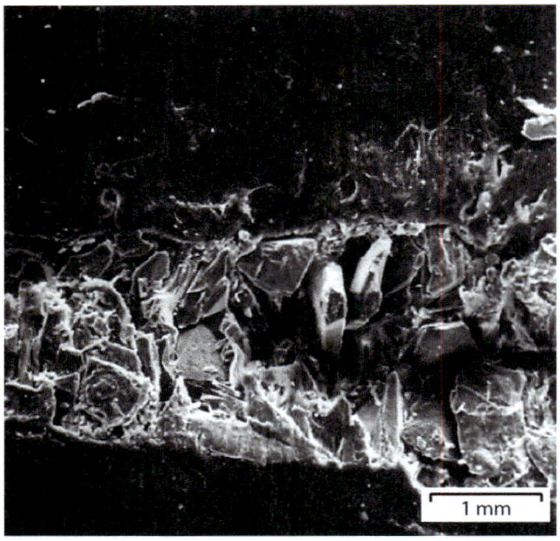

Bild 5.60
10%ige NaOH in PP bei 50 °C bewirkt in 40 µm Oberflächenschicht eine Versprödung

Die Einwirkung von 10%-NaOH auf PE-HD brachte eine Erhöhung der Duktilität (sehr große Fadenlängen) gegenüber dem ohne Medium erzeugten Bruch. Parallele Anrisse an der Oberfläche weisen darauf hin, dass ein Einfluss von außen maßgeblich an der Brucheinleitung beteiligt war. Hier liegt ein Weichmachereffekt vor, d.h. erhöhte Duktilität durch Verminderung der intermolekularen Bindungskräfte.

5.8.2 Oberflächenschäden unter dem REM

Oberflächen- und Bruchbilder von beschädigten Bauteilen aus Kunststoff zeigen charakteristische Merkmale, die differenzierte Aussagen über den Versagensablauf ermöglichen. Es handelt sich u.a. um Verformungsstrukturen (Zipfel, Fibrillen, Grate, Nebenrisse, Lappen, Späne, Verwerfungen, Ablösungen), um chemikalien- oder umweltbeeinflusste Verformungs- oder Oberflächenstrukturen (Versprödung, Schrumpfstrukturen, übersteigerte Duktilität, Craze-Fibrillen, Ablösungen), um thermisch beeinflusste Strukturen (Schmelzperlen, Blasenbildung, Verrundungen,

Schmelzefilme) oder, um direkt auf die Schadensursache zurückzuführende Oberflächenstrukturen (Schwingungsstreifen, Schwingungsbruchbahnen, geschlossene verstreckte Wände, Sprödbruchbahnen). Da sich einige Schadensmerkmale während des Schadensfortschritts ändern, andere bei unterschiedlichen Ursachen ähnliche Verformungsstrukturen ergeben, ist eine Aussage über die Schadensursache häufig erst durch eine differenzierte Analyse und Interpretation meist mehrerer Merkmale zu klären. Ein Sprödbruch kann z. B. bei hoher Belastungsgeschwindigkeit, tiefen Temperaturen, Chemikalienversprödung oder UV-Bestrahlung auftreten.

5.8.2.1 Strukturen in Kunststoffen

5.8.2.1.1 Primäre Grundstrukturen

Eine Reihe von Kunststoffen fällt bei der Polymerisation als viskose Lösungen an. Nach der Verarbeitung sind daher keine Grundstrukturen zu erkennen. Im Gegensatz dazu sind auf Schadensflächen häufig Muster von Polymerisationsgrundstrukturen zu erkennen, wenn ein fester Partikelzustand als Zwischenphase zwischen Herstellung des Polymerisats und dessen Verarbeitung auftritt. In Bild 5.61 sind Einzelheiten eines Suspensions-PVC-Pulvers dargestellt, in Bild 5.62 ein Laborgewaltbruch an S-PVC bei Raumtemperatur. Infolge der schlechten Homogenisierung des Ausgangsproduktes war die Duktilität eingeschränkt und es konnten sich nur wenige Fäden von maximal 15 µm Länge ausbilden.

Bild 5.61
PVC-Pulver im primär polymerisiertem Zustand

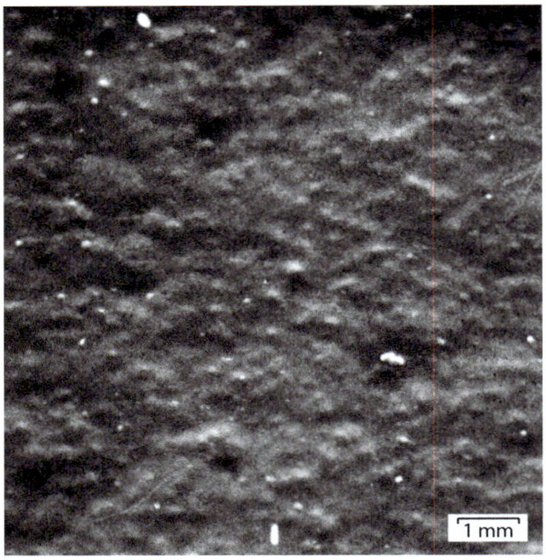

Bild 5.62
Oberfläche einer extrudierten Platte aus PVC, Noppen lassen Polymergrundstruktur erkennen

5.8.2.1.2 Verarbeitungsbedingte Oberflächenstrukturen

Die Unterteilung in Werkzeug-Kontaktflächen und Werkzeug abgewandte, freie Flächen wird durch verarbeitungsbedingte Verformungen überlagert. Bild 5.63 zeigt die Oberfläche einer gepressten Platte aus HDPE. Die Strukturen entstehen sowohl durch den Negativabdruck der Pressform als auch durch die Relativbewegung der Masse in der Pressform. Dies ist an den Überschiebungen erkennbar. Eine herstellungsbedingte freie Oberfläche zeigt die Innenoberfläche eines geblasenen Behälters aus PE-HD, man erkennt die Ausbildung von Sphärolithen, Bild 5.64. Andererseits wird z. B. bei einem Spritzgussteil die Werkzeugoberfläche sehr genau nachgebildet, so dass Bearbeitungsstrukturen des Werkzeugs auf der Oberfläche eines Spritzgussteils Merkmale zeigen können, die der Spanbildung beim Sprödbruch ähnlich sind. Bild 5.65 zeigt dies anhand einer Oberfläche eines spritzgegossenen Teils aus Polyamid.

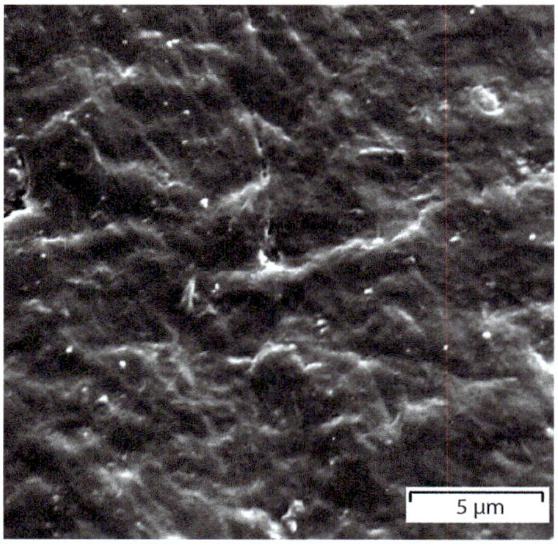

Bild 5.63
Oberfläche von gepresster Platte aus PE-HD mit Spuren des Negativabdrucks der Werkzeugoberfläche und Überschiebungen durch Bewegungen der Masse in der Form

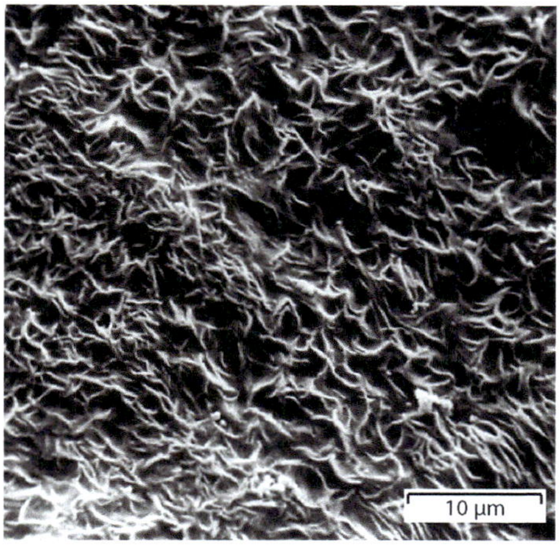

Bild 5.64
Lamellenmuster einer freien Oberfläche eines geblasenen PKW-Waschbehälters aus PE-HD

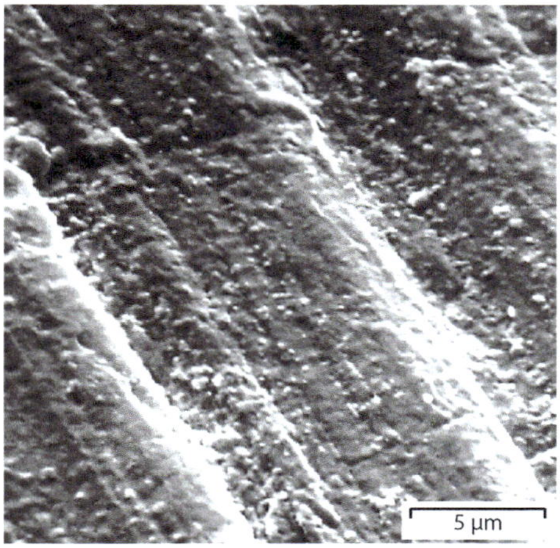

Bild 5.65
Oberfläche eines Formteils aus PA mit Abdruck der Bearbeitungsriefen der Spritzgießwerkzeugoberfläche

5.8.2.2 Oberflächenschäden durch mechanische Einwirkungen

Bei der Berührung der Oberfläche eines Kunststoffs durch einen anderen Festkörper oder ein anderes Medium kann es zu folgenden Wechselwirkungen kommen:

- elastische und viskoelastische (reversible) Verformung
- viskose (irreversible) Verformung
- abrasiver Materialabtrag
- Erwärmung durch viskoelastische und viskose Verformung
- Bewegungsenergie aus Relativbewegungen
- Erwärmung durch Wärmeübergang (Folgen der Erwärmung sind erhöhte Verformbarkeit, Schmelzen und thermische Zersetzung)
- chemische Reaktionen
- Diffusion.

Die elastische Verformung hinterlässt keine bleibenden Spuren auf den Oberflächen. Eine Erwärmung durch Wärmeübergang kann, die anderen genannten Wechselwirkungen müssen Spuren hinterlassen. Ob es zu flächigen oder örtlichen Beschädigungen kommt, hängt von der Verteilung und Zahl der zerstörenden Ereignisse je Flächeneinheit ab. Zu gleichmäßiger Abtragung wird es dann kommen, wenn die Partner (fest, flüssig, gasförmig) großflächig aufeinander einwirken. In der Praxis wirken oft mehrphasige Ströme auf eine feste Fläche ein, z. B. Flüssigkeitsstrom mit Festkörperteilchen. Aber nicht nur Festkörper, sondern auch Flüssigkeiten und Gase können mechanische Beschädigungen auf den Oberflächen hervorrufen.

5.8.2.2.1 Gleitverschleiß

Ebenmäßiger Gleitverschleiß kann auftreten, wenn zwei aufeinanderpassende Flächen gegeneinander gleiten. Hier soll zunächst der Fall ohne Schmierung betrachtet werden: der trockene Gleitverschleiß. Man muss davon ausgehen, dass im Mikrobereich keine Oberfläche völlig glatt ist. Zwei erstmalig mit geringem Druck aneinander gefügte Flächen berühren sich nur an wenigen erhabenen Punkten und Linien. Bei der ersten Relativbewegung der Flächen stoßen Erhebungen und Grate der einen Fläche seitlich gegen Erhebungen und Grate der anderen Fläche. Der jeweils leichter verformbare Teil gibt nach und wird in Bewegungsrichtung langgezogen, Bild 5.66. Dadurch entstehen Fahnen, Zipfel und Fäden. Diese reißen schließlich ab und rollen zwischen den Reibpartnern. Bei füllstoffhaltigen Kunststoffen werden bei diesem Vorgang auch Füllstoffe freigesetzt, die als Korn zwischen den Reibpartnern den Verschleiß beschleunigen können.

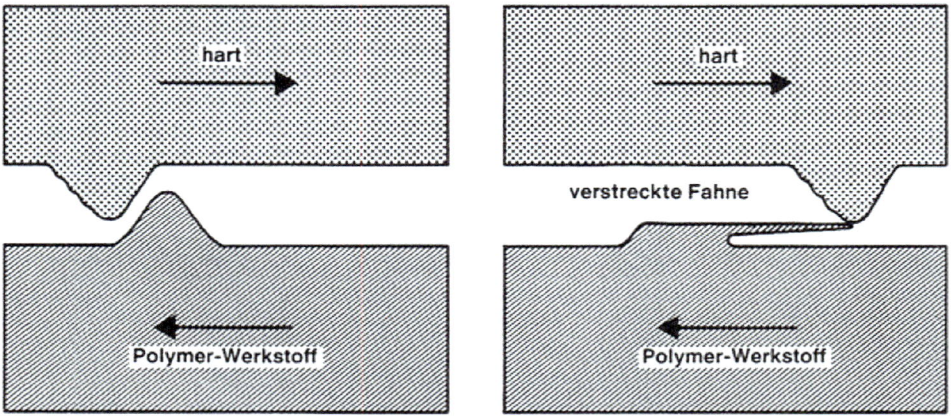

Bild 5.66 Trockener Gleitverschleiß führt bei Kunststoffen zu Verstreckungen erhabener Stellen zu Zipfeln und Fahnen, die schließlich abreißen und zwischen die Reibpartner rollen

Es prägt sich im Kunststoff ein Riefenmuster ein. Bei Reibpaarung Kunststoff gegen Kunststoff, z. B. in Getrieben, bringt die durch den geringen E-Modul hervorgerufene Verformbarkeit der Zähne häufig ein großflächigeres Tragbild und damit auch eine großflächigere Verformung als bei Paarung Metall gegen Metall. Durch die Vielzahl und zeitliche Aufeinanderfolge kleinflächiger Verstreckungen entsteht häufig ein Wellenmuster. Die Abtragung unter Verschleiß schreitet fort, solange die Reibpartner unter Druck stehen. Nicht nur gleichsinnige, sondern auch oszillierende Relativbewegungen können millimetertiefen Verschleiß hervorrufen. Bei erhöhter Flächenpressung oder erhöhter Gleitgeschwindigkeit kommt auch die Reibungswärme verschleißfördernd hinzu. Zunächst wird nur örtliches Erweichen erreicht. An solchen Stellen kommt es zu momentaner Verschweißung und nachfolgender Trennung. Wiederholter Materialtransport zwischen den Gleitflächen ist die Folge. Dieser Vorgang tritt bevorzugt beim Zusammentreffen gleichartiger Kunststoffe mit ähnlicher Erweichungstemperatur auf.

Die beschriebenen Verschleißvorgänge werden stark gemildert, wenn ein Schmierfilm die direkte Berührung der Gleitpartner teilweise oder völlig verhindert. Im Einlaufstadium werden jedoch zuerst immer hervorstehende Partien in der beschriebenen Weise eingegeben. Der Vorgang kommt nach einer Einlaufzeit zum Stillstand.

Bild 5.67 und Bild 5.68 zeigen die durch Schubkräfte verstreckte Oberflächenschicht in einer PBT-Zahnflanke nach Trockenlauf. Die Gegenfläche bewegte sich von links unten nach rechts oben. In dieser Richtung fanden Materialverschiebungen statt. Die dabei erzeugten Gräben werden durch Fäden überbrückt. Beim weiteren Verschleißen werden Abriebteilchen gebildet, Bild 5.69. Es handelt sich in diesem Fall um Abriebteilchen aus einer verschlissenen PBT-Zahnflanke nach Trockenlauf, d. h. um abgerissene und eingerollte Fahnen, die bei Temperaturen weit unterhalb der Schmelztemperatur aus der Oberfläche herausgerissen wurden.

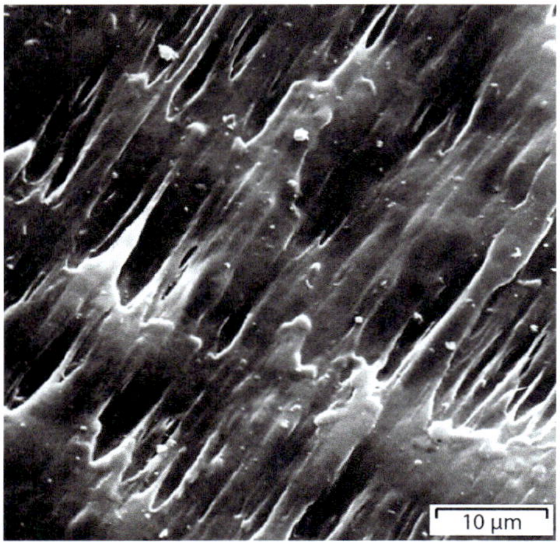

Bild 5.67
Trockener Verschleiß mit Bewegungen von links unten nach oben rechts führt auf PBT-Oberfläche zu Materialverschiebungen und erzeugt dabei Gräben, die durch Fäden überbrückt werden

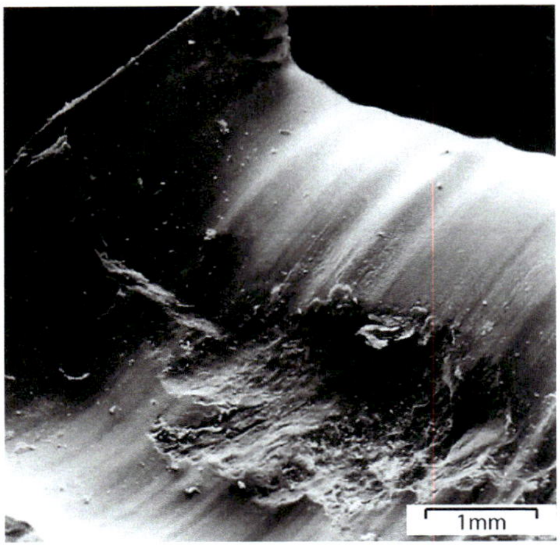

Bild 5.68
Verschleiß 0,5 mm tief in einer PBT-Oberfläche im Trockenlauf, großflächig verstreckte Bereiche

Bild 5.69
Bei Temperaturen weit unter der Schmelztemperatur abgerissene und aufgerollte Fahnen bei Trockenlauf von PBT-Oberflächen

Gleitverschleiß einer Lagerschale aus PA 66 mit 8 % PE-HD gegen eine Welle aus Stahl 14N16 zeigt Bild 5.70: Links im Bild wurde der erweichte Werkstoff breitflächig verschmiert, rechts sind Aufwölbungen zu sehen, die vermutlich durch Aufschmelzen von PE-HD (bei ~ 140 °C) entstanden sind. PA 66 schmilzt hingegen erst bei etwa 250 °C, Bild 5.70.

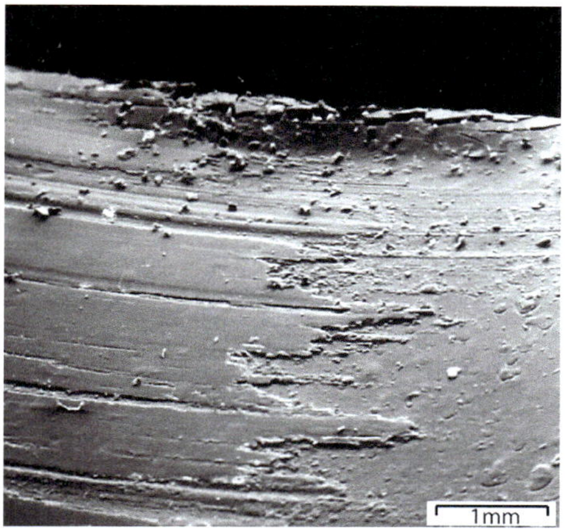

Bild 5.70
Gleitverschleiß von PA 66 mit 8 % PE-HD mit verschmierten Bereichen, Aufwölbungen der PE-HD Einlagerungen deuten auf Temperaturen oberhalb deren Schmelztemperatur hin

Ein besonders starker Verschleißangriff wird verursacht, wenn von vornherein Fremdteilchen, z. B. Fertigungsspäne oder Mineralstaub zwischen die Gleitpartner geraten. Man spricht dann von Kornverschleiß (Bild 5.71). Die harten Körner wirken wie kleine Werkzeuge. Dies wird klar, wenn man einige im gewöhnlichen Flugstaub enthaltene kristalline Körner im REM betrachtet (Bild 5.72). Größe und Form des Zwischenkorns haben entscheidenden Anteil an der Verschleißrate. Beim Kornverschleiß müssen die Rauigkeit der verschlissenen Oberfläche und die Verschleißrate (Abrieb) nicht parallel verlaufen.

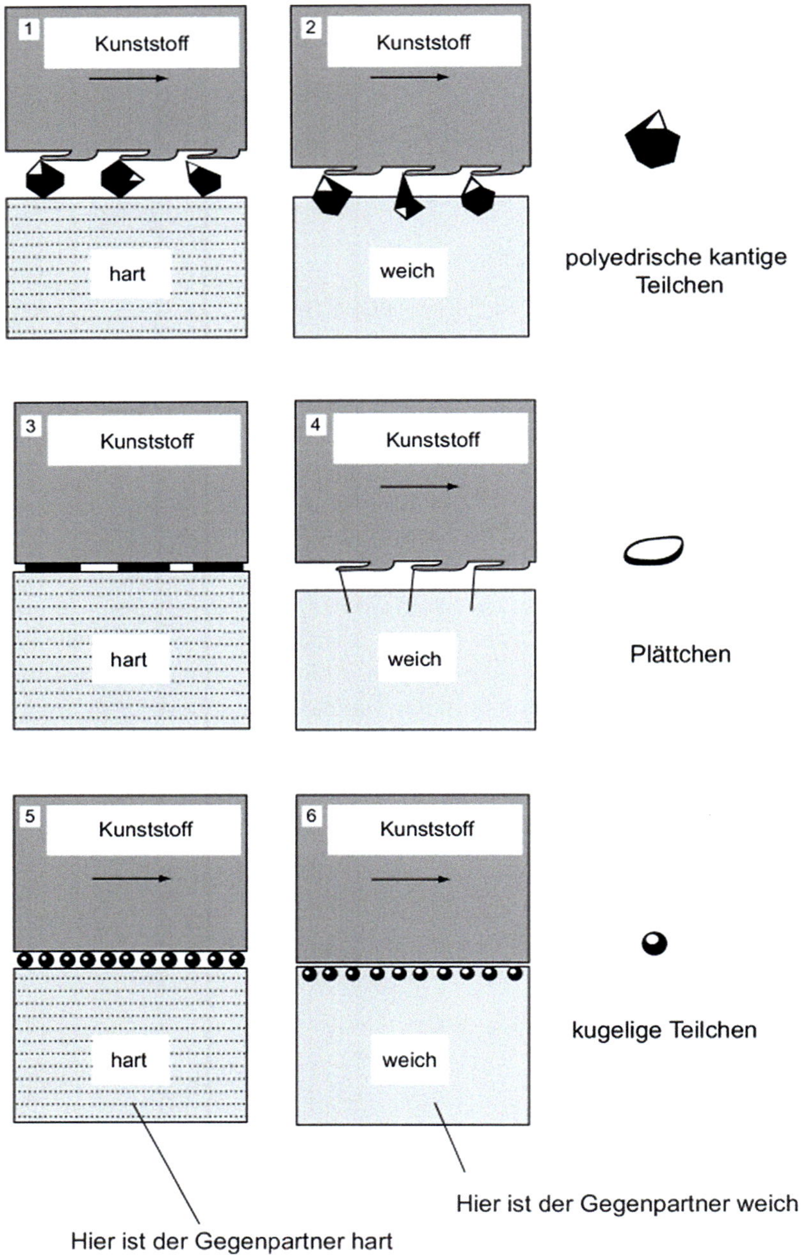

Bild 5.71 Abrasiver Verschleiß von Kunststoffen mit Zwischenkorn, die Verschleißrate der Oberflächen nimmt von Fall 1 bis Fall 6 ab, identisches Material, d. h. identische Härte des Zwischenkorns vorausgesetzt, mit der Härte des Zwischenkorns ändert sich auch die Verschleißrate, der Verschleiß des im Bild 5.70 unteren Partners bleibt unberücksichtigt; *Keramik hart; Polymer-Werkstoff weich*

Bild 5.72
Unter Staubkörnern aus normalem Flugstaub zeigt das größte Korn Sprödbruchflächen und -kanten, die zwischen zwei Reibpartnern wie kleine Werkzeuge wirken können

5.8.2.2.2 Verschleißrate (Abrieb)

Die Verschleißrate wächst mit der Größe, Kantigkeit und Härte des Zwischenkorns. Dies gilt für alle Teilchenformen. Nicht so einfach ist der Einfluss der Gegenfläche zu erfassen. Auf einer harten Gegenfläche (z.B. Keramik) finden die Teilchen des Zwischenkorns keinen Halt. In eine weiche Gegenfläche dagegen werden die Teilchen eingedrückt und festgehalten. Auf diese Weise wird für alle Teilchenformen die Schnittkraft erhöht. Die wirksame Schnitthöhe dagegen wird nur für plättchenförmige Teilchen erhöht (Spreizeffekt), für polyedrische und kugelige Teilchen dagegen erniedrigt, Bild 5.73 und Bild 5.74. Daraus ergibt sich: Plättchenförmige Teilchen ergeben mit weicher Gegenfläche immer höhere Abriebwerte als mit harter Gegenfläche (Verhältnis ungefähr 10:1). Polyedrische und kugelige Teilchen folgen manchmal auch dieser Regel. Meist gibt jedoch die Reduzierung der Schnitthöhe durch die weiche Gegenfläche den Ausschlag, so dass sich mit weicher Gegenfläche niedrigere Abriebwerte als mit harter Gegenfläche ergeben.

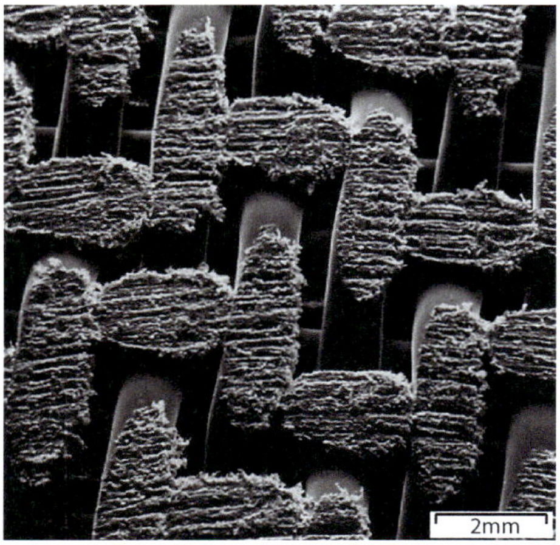

Bild 5.73
Abrasion eines Papiersiebs aus PET mit Gegenfläche aus Keramik und Talkum als Zwischenkorn. Das plättchenförmige Zwischenkorn konnte sich in die harte Gegenfläche nicht eindrücken und erzeugte deshalb auf dem PET-Sieb eine faserige, raue Oberfläche

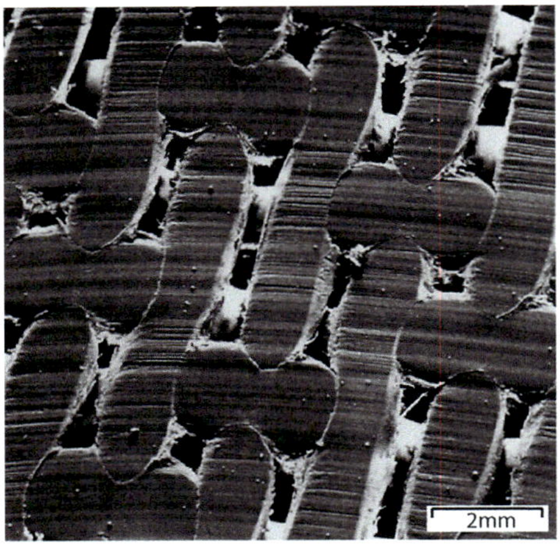

Bild 5.74
Abrasion eines Papiersiebs aus PET mit Gegenfläche aus PVC mit Calciumcarbonat ($CaCO_3$) als Zwischenkorn mit kantig bis kugelig gemahltem Zwischenkorn wurde in PVC-Oberfläche eingedrückt und wirkte spanabhebend. Deshalb entstehen sehr glatte Verschleißflächen mit parallelen Mikroriefen (Poliereffekt}

5.8.2.2.3 Rauigkeit der verschlissenen Oberflächen

Die Rauigkeit wächst mit der Größe, Kantigkeit und Härte des Zwischenkorns und auch mit der Härte der Gegenfläche. Auf einer harten Gegenfläche werden die Teilchen nicht festgehalten, sie führen taumelnde Bewegungen aus und erzeugen deshalb zerrupfte, faserige, raue Verschleißstrukturen. Auf weichen Gegenflächen dagegen werden die Teilchen festgehalten und gleichzeitig in ihrer wirksamen Schnitthöhe reduziert. Die Folge sind weitgehend parallele Riefen geringer Tiefe, d.h. eine glatte Verschleißfläche (Poliereffekt, vgl. Poliermittel und weiches Tuch).

Bei faserverstärkten Werkstoffen wird der Verschleiß überwiegend von den harten Fasern getragen. Dies ist nur möglich, wenn die Fasern im Werkstoff fest verankert sind. Parallel zur Verschleißoberfläche liegende Fasern brechen nach kurzer Zeit aus und wirken als Zwischenkorn verschleißfördernd. Dieses Glasfaserzwischenkorn bewirkt den Verschleiß von Glasfaser verstärktem Kunststoff gegen Stahl, es wirkt auf den Stahl in zweierlei Weise:

- Die Stahlmatrix wird plastisch verformt, es bilden sich Zungen, die schließlich abbrechen und als Zwischenkorn wirken.
- Harte Phasen in der Stahloberfläche (Karbide) bleiben als Relief stehen und greifen den Kunststoff an, der nun rapide verschleißt.

Während Glasfasern hoch abrasiv wirken, zeigen Kohlenstofffasern ein günstiges Verschleißverhalten. Nahe der Oberfläche liegende C-Fasern lösen sich wegen der schwachen Grenzflächenhaftung relativ leicht aus dem Matrixverbund, Bild 5.75 und Bild 5.77.

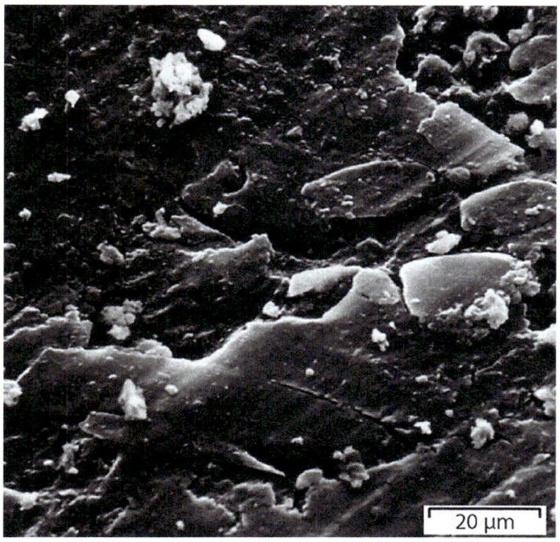

Bild 5.75
Gleitverschleiß von EP-CF gegenüber Kobalt-Basis-Legierung einer Hüftgelenkprothese mit physiologischer NaCl-Lösung. Verschleißminderung durch C-Fasern, bei denen eine tiefe Verankerung im EP notwendig ist. Parallel zur Verschleißfläche liegende Fasern lösen sich nach kurzer Zeit aus der Oberfläche.

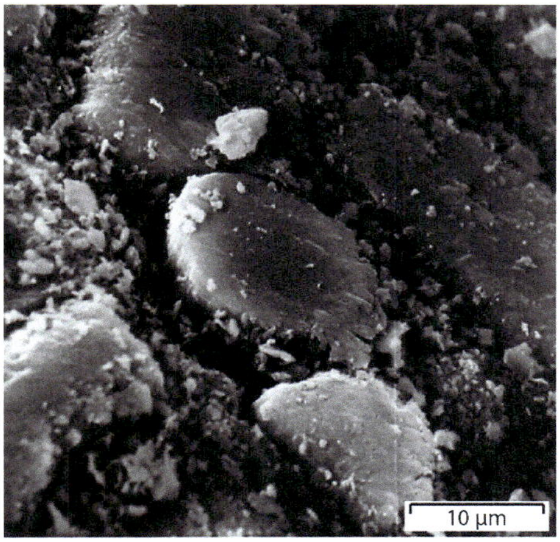

Bild 5.76
Verschleiß an der Tasche eines Lagerkäfigs aus PTFE-GF. Verschleiß betrifft Glasoberflächen mit gut anhaftenden PTFE

5.8.2.2.4 Örtlicher Gleitverschleiß (Pittings)

Eine häufige Art der Verschleißform ist die Pitting-Bildung an geschmierten Zahnflanken. Die kleinen Pfeile in Bild 5.78 geben die Richtung der Gleitverschiebung eines getriebenen und eines treibenden Zahnes an. In Richtung dieser Pfeile wird der Werkstoff der Zahnflankenoberfläche verstreckt. Dabei bilden sich stellenweise verstreckte Fahnen von einigen Millimetern Länge und darunter flachliegenden Spalten. Von derartigen Spalten können unter der Wechselbelastung Schwingungsbrüche ausgehen, deren Ausbreitungsrichtung in Bild 5.78 durch Schlangenlinien angedeutet ist. Die Hauptrichtung der Bruchausbreitung deckt sich mit der Wanderrichtung W der belasteten Punkte auf den Zahnflanken. Schließlich brechen Teile der vom Schwingungsbruch unterwanderten Schuppen ab und hinterlassen Pittings (Grübchen).

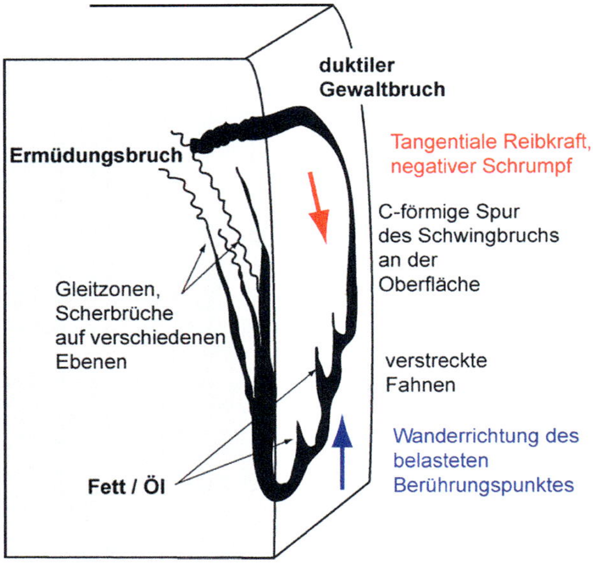

Bild 5.77 Entstehung von Pitting-Bildung auf getriebenen Zahnflanken

Bei gleicher Werkstofffestigkeit der belasteten Zahnflanken treten die Pittings am häufigsten am Fuß des treibenden Rades auf (Stelle **b** in Bild 5.78). Bei geringerer Festigkeit des getriebenen Zahnrads bilden sich die Pittings bevorzugt am Fuß der Zähne dieses Rades. An den Stellen **a** und **d** treten Pittings sehr selten auf. Die vom Schaden bevorzugten Stellen **b** und **c** haben gemein, dass die belasteten Berührungspunkte von den Enden der Fahnen zu deren Wurzeln laufen (negativer Schlupf).

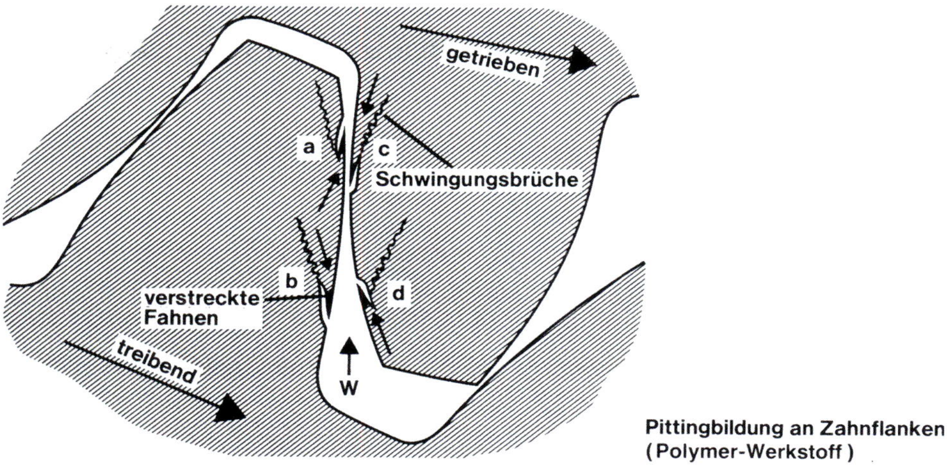

Bild 5.78 Pitting-Bildung an Kunststoff-Zahnrädern

Die Schwingungsbrüche in einem Pitting-Gebiet können so tief in den Werkstoff eindringen, dass sie zum Zahnbruch führen. Bei Trockenlauf unter starkem abrasiven Abtrag kommt es nicht zur Grübchenbildung. Dann verschleißen die Flanken abrasiv, so dass sich das Tragbild verändert. Dies wiederum führt wegen zu hoher Momentenbelastung zu Schwingungsbrüchen, die den Zahnquerschnitt durchdringen. Zahnräder aus Kunststoff werden häufig (bei niedrigen Belastungen) ohne Schmierung betrieben.

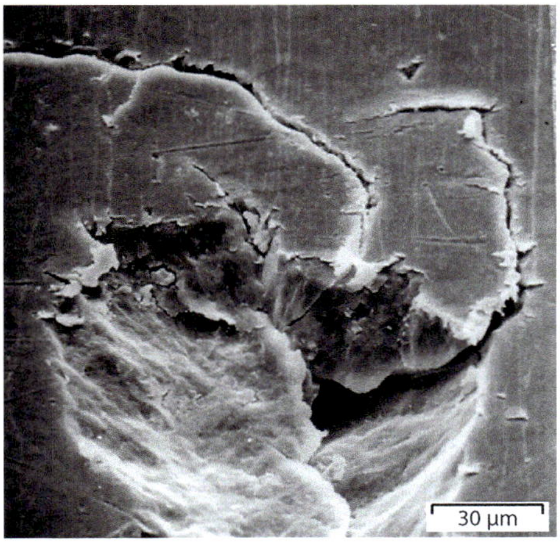

Bild 5.79
Pitting-Bildung an einer Zahnflanke aus PA66 eines treibenden ölgeschmierten Zahnrads; Gleit-Verschleißrichtung von oben nach unten, Ausbreitung des Schwingungsbruchs von unten nach oben, sie ist an der C-Form der Risspur an der Oberfläche zu erkennen

Bild 5.79 zeigt Pitting-Bildung an der Zahnflanke eines treibenden ölgeschmierten Zahnrades aus PA 66. Bei hohen Beanspruchungen (Hertzsche Pressung) ist bei Kunststoffen als weitere Schädigungsart das starke Erwärmen auch bis zum Aufschmelzen an der Stelle maximaler wechselnder Schubspannungen möglich. Da diese Stelle bei Kunststoffen wegen des deutlich niedrigeren E-Moduls viel tiefer unter der Kontaktfläche liegt als bei Stahl, erfolgt hieraus keine unmittelbare Schädigung.

Beim Laufen von Laufrollen und Kugellagern spielen sich ähnliche Vorgänge wie bei der Gleitreibung ab. Die Wechselbelastung erzeugt von der Oberfläche ausgehend Schwingungsbrüche, die schließlich zu Ausbrüchen (Pittings) führen. Ebenso kann die durch Reibung bedingte Erwärmung unterhalb der Oberfläche mit den entsprechenden Folgen eintreten, z. B. Erweichen und Schmelzen, verbunden mit verstärkter Verformung. Es handelt sich um Wälzverschluss.

5.8.2.2.5 Örtliche mechanische Oberflächenschädigung

Örtliche mechanische Oberflächenbeschädigungen können bei der Herstellung, beim Transport, bei der Montage oder im Betrieb durch Fremdkörpereinwirkung entstehen. Diese Beschädigungen sind in beanspruchten Maschinenteilen häufig Ausgangspunkte für Risse aller Art. Andere denkbare Auswirkungen sind Störungen von Strömungsverhältnissen angrenzender Flüssigkeiten sowie lichtoptische Beeinträchtigungen (Glanzverlust, Trübung). Unter mechanischer Beschädigung können auch Spuren mechanischer Bearbeitung eingereiht werden. Sie greifen in die natürliche Oberfläche eines Werkstücks ein und verzerren das Mikrogefüge. Im Mikrobereich sind Gewaltbruchstrukturen zu erkennen.

5.8.2.2.6 Strahlverschleiß

In der Verfahrens- und Fördertechnik stellt sich oft die Aufgabe, Ströme fester Teilchen zu führen oder abzuschneiden. Die dazu benutzten Werkstoffe sind starkem Strahlverschleiß ausgesetzt. Man unterscheidet zwischen senkrechtem und tangentialem Strahl. Die aufprallenden Teilchen rufen bei Kunststoffen eine elastische und plastische Verformung hervor. Bei weiterem Eindringen des Fremdkörpers verstreckt dieser den Kunststoff, Bild 5.80. Die Abtragung, der Materialverlust oder Abrieb, entstehen durch Abreißen von verstreckten Fahnen und Fäden.

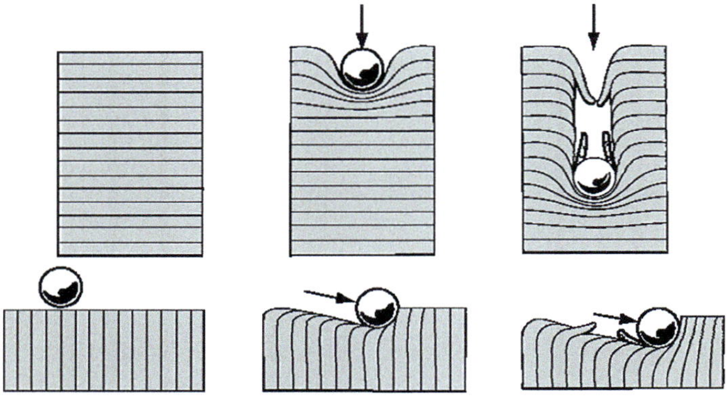

Bild 5.80 Schema eines Fremdkörpereinschlags in Kunststoffoberfläche mit senkrechtem und schrägem Einfallswinkel

Kunststoffe und Gummi sind gegenüber Strahlverschleiß häufig beständiger als Metalle. Der Grund liegt in der mehrfachen elastischen Verformbarkeit (Wirkung eines elastischen Fangnetzes). Typischen Strahlverschleiß zeigt ein hochmolekulares PE-HD nach Einschlägen von Hartgusssand, Bild 5.81. Der Werkstoff wurde bis zum Reißen gedehnt. Zusammenhängende oder einseitig abgetrennte, stark verstreckte Fahnen und Fäden sind die kennzeichnenden Merkmale dieses Schadens. Links oben in Bild 5.81 hat ein von rechts unten tangential einschlagendes Korn einen Wulst aufgestaucht.

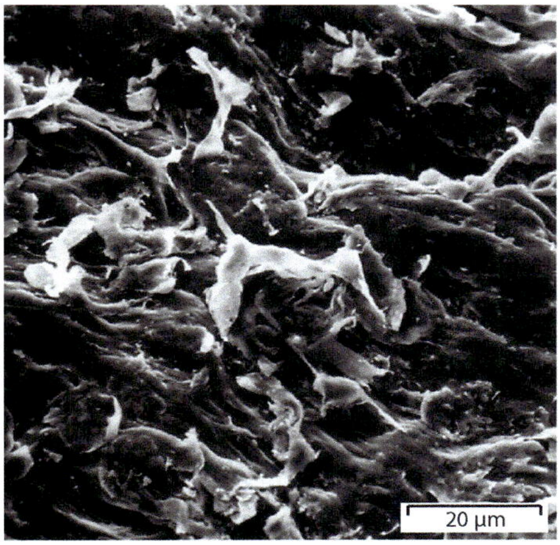

Bild 5.81
Strahlverschleiß durch Einschläge von Hartgusssand auf PE-HD hochmolekular unter 45° mit v = 40 m/s mit zusammenhängenden oder einseitig abgetrennten, stark verstreckten Fahnen und Fäden sowie fangnetzartigen Schlaufen. In der Mitte ist eine fangnetzartige Schlaufe zu sehen, die an zwei Enden mit dem Grundwerkstoff zusammenhängt.

5.8.2.2.7 Tropfenschlag

Die Wirkung schnell fliegender Wassertropfen beim Einschlag auf Kunststoff-Oberflächen ist ähnlich wie die des Strahlverschleißes. Kennzeichen sind ausgeprägte Fahnen, Zipfel und Verstreckungen bei den duktilen teilkristallinen Thermoplasten, geringe plastische Verformung sowie Spaltflächen bei amorphen Thermoplasten und Elastomeren. Bild 5.82 zeigt das Schadensbild durch Wassertropfen mit ~ 400 m/s auf leicht verstreckbaren PE. Von Einfluss ist die Beanspruchungsgeschwindigkeit, da die Duktilität mit zunehmender Beanspruchungsgeschwindigkeit abnimmt.

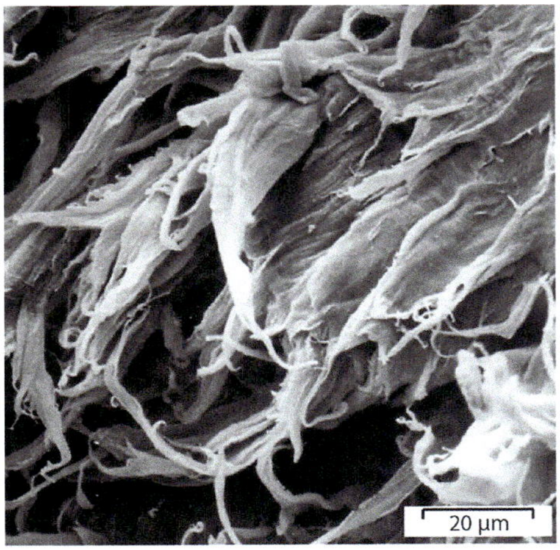

Bild 5.82
Tropfenschlag auf bei der hohen Geschwindigkeit duktilem PE durch senkrechten Aufprall eines Wassertropfens mit v = 400 m/s unter starker Fahnenbildung. Materialverlust durch Abreißen feinster Faserenden.

Bild 5.83 verdeutlicht das Werkstoffverhalten bei hoher Beanspruchungsgeschwindigkeit. Der senkrechte Aufprall von Wassertropfen auf PVC ruft viele aufeinander folgende muschelförmige Sprödbrüche hervor. Die kleinen Zipfel auf den Sprödbruchflächen zeigen eine geringe Duktilität an. Bei hoher Verformungsgeschwindigkeit verhält sich der amorphe Thermoplast demnach relativ spröde.

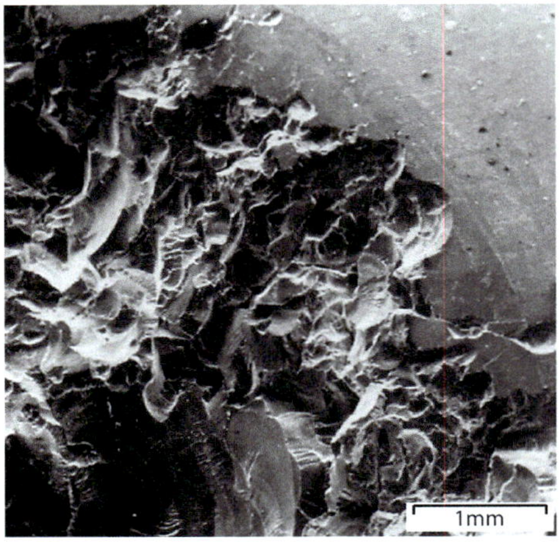

Bild 5.83
Tropfenschlag auf bei hoher Geschwindigkeit spröden PVC durch senkrechten Aufprall eines Wassertropfens mit v = 400 m/s mit vielen aufeinanderfolgenden muschelförmigen Sprödbrüchen mit geringer Duktilität.

5.8.2.2.8 Erosion

Trifft ein strömendes Medium (Festkörperteilchen, Flüssigkeiten, Gase oder Gemische derselben) in einer begrenzten Bahn auf einen Festkörper, so ruft es dort meist rinnenförmige Auswaschungen hervor. Die äußere Form der Zerstörung richtet sich nach den Strömungsverhältnissen entlang des Werkstücks. Die Abtragung kommt durch rein mechanische Wirkung, ohne chemische Reaktion zustande.

Die im REM sichtbaren Schädigungen ähneln denen, die bei tangentialem Strahlverschleiß zu beobachten sind. Die Festkörperteilchen verstrecken die Oberflächenpartien in Strömungsrichtung. Die Abtragung, der Materialverlust oder Abtrieb, entstehen durch Abreißen von verstreckten Fahnen und Fäden. Die Innenfläche eines Rohres aus PE, durch das sandhaltiges Wasser floss, zeigt Abtragungen, die durch Verstreckung der Oberflächenpartien und durch Abreißen von Fahnen und Fäden zustande kam, Bild 5.84.

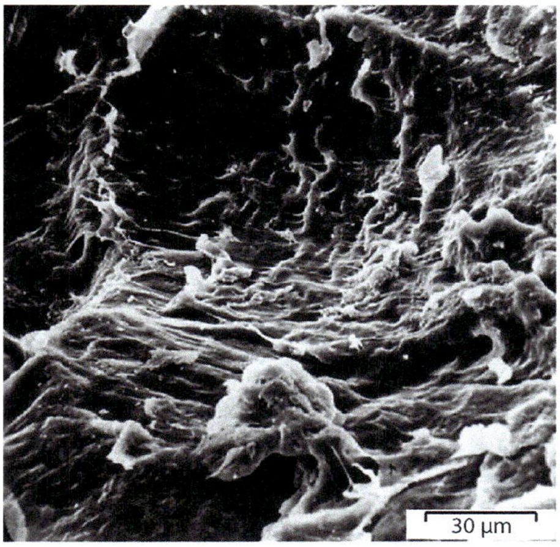

Bild 5.84
Abtragungen und Fahnenbildung an der Innenoberfläche eines PE-Rohres durch sandhaltiges Wasser

5.8.2.2.9 Kavitation

Kavitation bedeutet Hohlraumbildung in Flüssigkeiten, d. h. Dampfblasenbildung durch örtlichen Druckabfall. Die Implosion dieser Dampfblasen (Durchmesser der Blasen einige zehntel Millimeter) in der Grenzschicht zwischen Flüssigkeit und Werkstoffoberfläche erzeugt Schäden, die als Kavitation bezeichnet werden. Es gibt keinen Werkstoff, der der Kavitation auf die Dauer standhält. Man unterscheidet zwischen Strömungs- und Schwingungskavitation. Die Strömungskavitation tritt an Stellen erhöhter Strömungsgeschwindigkeit auf, an denen der Druck unter den Dampfdruck abfällt. Bekannte Beispiele sind Schiffschrauben, Wasserturbinen, Rohrbögen und Düsen. Schwingungskavitation tritt auf, wenn eine schwingende Wand an eine Flüssigkeit grenzt. Sie wird z. B. an den Wänden von Ultraschallbädern beobachtet. Bei verschiedenen Werkstoffen wurde eine Ähnlichkeit zwischen Tropfenschlag und Kavitation festgestellt. Bei Kavitation schießt aus implodierenden Gasblasen ein hoch beschleunigter Flüssigkeitsstrahl. Daraus ergeben sich zwei Belastungsarten für die angrenzende Oberfläche:

- Mechanische Wirkung des Mikrostrahls, ähnlich wie bei Fremdkörpern. Es entstehen Gewaltbruchmerkmale wie Fahnen, Zipfel, Fäden, Folien und/oder Sprödbruchflächen.
- Schwingungsbeanspruchungen, die von der schnellen Folge der Strahleinschläge herrühren.

Im Laborversuch wurde Schwingungskavitation an einer Probe aus PE-HD in Wasser erzeugt. Die beschädigte Fläche weist eine Vielzahl kleiner Krater auf. Im weniger beaufschlagten Randbezirk lösten sich nur einige Fasern von der Oberfläche ab, Bild 5.85 und Bild 5.86. In der schwach beaufschlagten Randzone eines Kavitationsgebiets ist das Anfangsstadium der Schädigung zu erkennen. Die Vielzahl der Strahleinschläge bedeutet für die Oberfläche eine Wechselbeanspruchung, die zu Daueranrissen führt. Da diese parallel zur herstellungsbedingten Orientierung angeordnet sind, macht sich die geringe Festigkeit quer zur Orientierung bemerkbar. In der Oberfläche liegende Fasern werden völlig vom Grundmaterial getrennt.

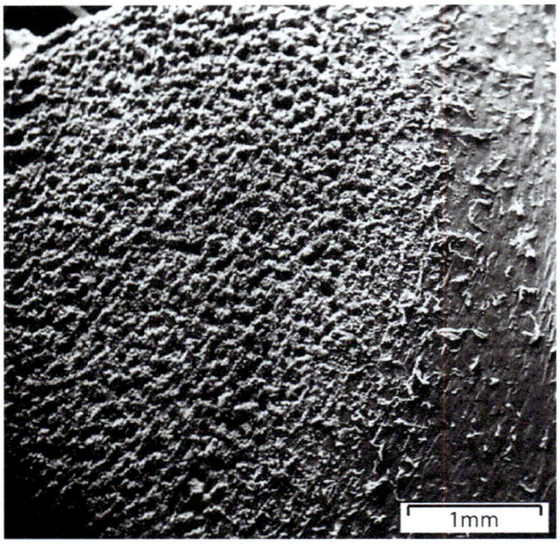

Bild 5.85
Krater durch Kavitation in Wasser auf PE-Oberfläche
Maßstab: 24 : 1

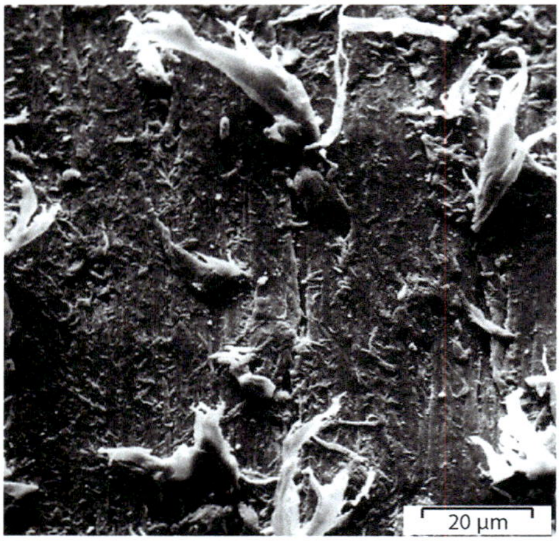

Bild 5.86
Beginn einer Kavitation durch Schwingungsanrisse, die die Faserbildung senkrecht zur Oberfläche erleichtert

5.8.2.3 Oberflächenschäden durch physiko-chemische Einwirkungen

5.8.2.3.1 Chemikalieneinwirkung

Kunststoffe werden von vielen Flüssigkeiten und Gasen geschädigt. Es gibt Fälle, in denen bestimmte Chemikalien nur bestimmte Bestandteile eines Mehrphasen-Kunststoffs angreifen. So wird z. B. der Butadienkautschuk in ABS durch Chrom-Schwefelsäure entfernt, während das ihn umgebende SAN erhalten bleibt, Bild 5.86, Glasfasern in GFK-Werkstoffen werden durch eindiffundierende Flusssäure (HF), Natronlauge (NaOH) und Chlorbleichlauge (NaOCl) herausgelöst.

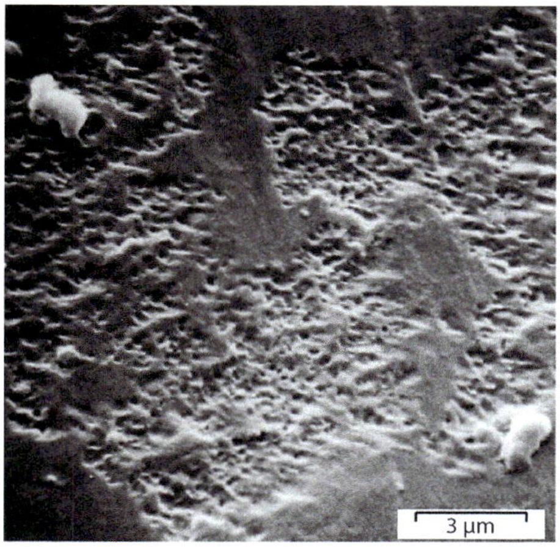

Bild 5.87
Einwirkung von einem Aceton-Wassergemisch (20/80; 20 min) auf SAN mit lochförmigem Angriff, orientiert vermutlich an polymerisationsbedingter Grundstruktur

Eine häufige Form der physikalischen Einwirkung ist die Wasseraufnahme, besonders zu beachten bei Polyamiden, bei denen allerdings gleichzeitig mit einer Verbesserung der Zähigkeit zu rechnen ist. Quellungen hinterlassen in der Probe nach dem Trocknen Schrumpfmuster. Dabei ist zu berücksichtigen, dass die Probe bei der Präparation und anschließenden Betrachtung im REM einem Vakuum ausgesetzt ist, d. h. sie wird getrocknet und entgast. Die selektive Lösung hinterlässt Löcher in der Oberfläche.

Einen interessanten Effekt zeigt Bild 5.88. Neben der Klebverbindung eines PVC-Rohres wölbten sich unter dem Einfluss verspritzten Klebers Blasen auf. Dies ist vermutlich durch den Gasdruck des eindiffundierten Lösungsmittels bewirkt worden. Unter einer geöffneten Blase wurde die Struktur eines radialen Reißbruchs sichtbar. Die V-Muster in der Bruchstruktur beweisen die Ausbreitung vom Zentrum zum Blasenrand, Bild 5.89. Die duktilen Bruchstrukturen deuten auf die weichmachende Wirkung des eindiffundierten Lösungsmittels hin.

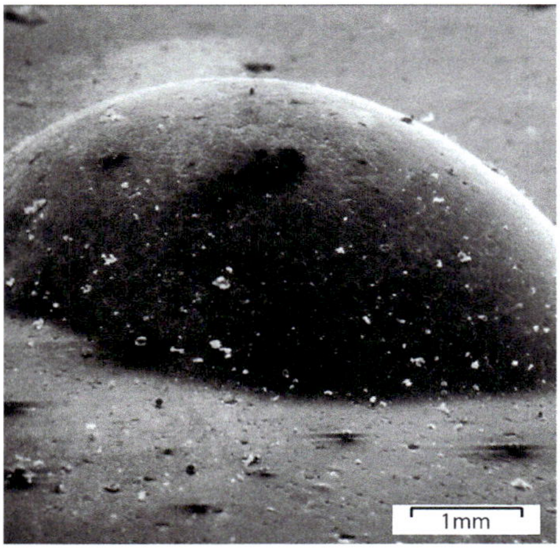

Bild 5.88
Blasenbildung auf PVC-Rohr-Oberfläche durch eindiffundierendes Lösemittel

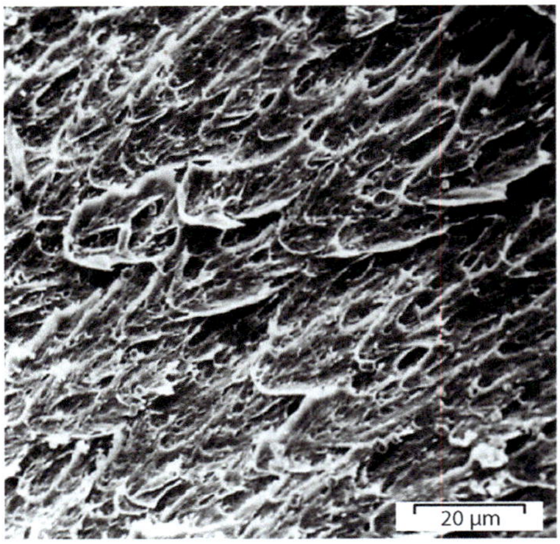

Bild 5.89
Duktile Bruchstrukturen in Reißbruch an Blase auf Bild 5.87

Ein Bauteil aus Glasfaser verstärktem PA66 versagt vorzeitig. Das Bauteil ist mit verdünnter Schwefelsäure in Kontakt. Während des Einsatzes kann der Rest der Stabilisierung, der während der Verarbeitung schon geschädigt wurde, eine weitere Schädigung durch einwirkende verdünnte Schwefelsäure nicht verhindern. Die Ursache des Versagens liegt in einer Versprödung der Innenseite des Bauteils, das mit Schwefelsäure in Kontakt kommt. Die Untersuchung der Schwefelsäure zeigte, dass sich diese im Betrieb stark aufkonzentriert hat (67 %). Rückfragen zeigten, dass bei der Ausfallcharge die Verarbeitungsmaschine wegen Reparaturarbeiten gewechselt werden musste. Die Bestimmung des Molekulargewichts mittels der Viskositätszahl zeigt den Angriff im Inneren des Schadensteils, wo die verdünnte Schwefelsäure wirkte.

Tabelle 5.2 Viskositätszahl

Viskositätszahl in ml/g	
Granulat	142
Neuteil, innen	138
Neuteil, außen	137
Schadensteil, innen	92
Schadensteil, außen	140

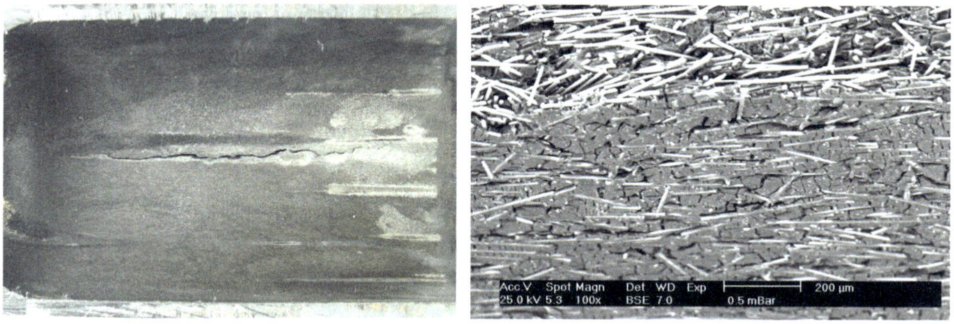

Bild 5.90 Bauteilwand aus PA66 GF30 mit verdünnter Schwefelsäure benetzt [Pongratz]

5.8.2.3.2 UV-Bestrahlung

Energiereiche UV-Strahlen rufen Veränderungen hervor, die zur Versprödung und Rissbildung an der Oberfläche führen. Nach intensiver UV-Bestrahlung kann ein Kunststoff in kleine Segmente (einige Mikrometer) zerfallen. Zum Schutz gegen Schädigung durch UV-Strahlung können dem Werkstoff Stabilisatoren zugesetzt werden. Die Wirkung der Stabilisatoren ist unterschiedlich. Nicht alle Kunststoffe sind gleich gut zu stabilisieren. Eine Probe aus Polyacetal (POM) wurde im Labor 1000 h mit UV-Licht bestrahlt. Im Randbereich des bestrahlten Flecks traten Risse auf, Bild 5.91. In der stark bestrahlten Mitte ist ein deutlicher Zerfall des POM zu beobachten. Die Ausrichtung der Risse deuten auf eine Verarbeitungsorientierung hin. Das Fehlen von Verstreckungen zeigt die Versprödung an.

Bild 5.91
UV-beaufschlagte POM-Probe, Ausrichtung der Risse deutet auf Verarbeitungsorientierungen hin

5.8.2.3.3 Bewitterung

Die Wirkung der Bewitterung setzt sich aus den folgenden Effekten zusammen:

- UV-Strahlen
- Wärme aus Sonnenstrahlung

- Aufnahme von Wasser und anderen Bestandteilen der Atmosphäre
- Sprengwirkung von gefrorenem Wasser
- Befall von Bakterien und Pilzen
- Fremdkörpereinschlag (z. B. Hagel).

Dementsprechend sind Schädigungen verschiedener Art zu erwarten, z. B. Schrumpfrisse, Sprödbrüche, Spannungsrissbildung und mechanische Verletzungen. Neunjähriger Witterungs- und Betriebseinfluss erzeugte auf der Oberfläche eines Bierkastens aus PE-HD ein Netzwerk spröder Risse, Bild 5.92. Die darunter liegenden Werkstoffbereiche waren ebenfalls versprödet und splitterten beim Aussägen der REM-Probe spröde ab, (rechts unten im Bild). Eine Besonderheit sind kleine muldenförmige Mikrokrater, die besonders um kleine Einschlüsse herum zu beobachten sind, sowie oberflächliche Gitterstrukturen.

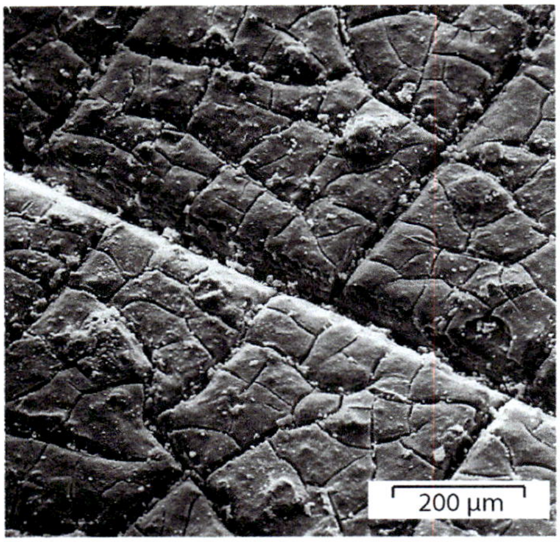

Bild 5.92
Versprödung und Splitterbildung auf der Oberfläche eines Bierkastens aus PE-HD nach neunjährigem Witterungseinfluss

5.8.2.3.4 Thermische Wirkung auf Thermoplaste

Mit steigender Temperatur nimmt bei **Thermoplasten** die Festigkeit stetig ab, der Werkstoff beginnt zu erweichen und bei weiterer Temperaturerhöhung zu fließen und zersetzt sich schließlich. Eine Besonderheit der teilkristallinen Thermoplaste ist das Erweichen der amorphen Anteile, bevor das Material schmilzt. Die Schmelztemperatur ist bei den Teilkristallinen definiert, bei den Amorphen seltsamerweise nicht. Als Merkmale thermischer Einwirkungen auf Thermoplaste gelten weiche und unter Einfluss der Oberflächenspannungen verrundete Schmelzstrukturen, Schlieren, Falten, Poren, lange Zipfel- und Säulenformen.

Eine Besonderheit sind kleine muldenförmige Mikrokrater, die besonders rund um kleine Einschlüsse zu beobachten sind. Oberflächlich mechanisch verformte Bereiche neigen unter dem Einfluss erhöhter Temperatur zu orientierten Strukturen quer zur mechanischen Verformungsrichtung.

Duroplaste hängen im Vergleich zu Thermoplasten in ihrem mechanischen Eigenschaften sehr viel weniger von der Temperatur ab, da das chemisch gebundene Kettengerüst bis zur thermischen Zersetzung erhalten bleibt und daher keine Fließerscheinungen auftreten.

Bei **Elastomeren** ist zwischen vernetzten und unvernetzten Typen zu unterscheiden, damit ähneln sie den Thermoplasten bzw. Duroplasten mit dem Unterschied der Weitmaschigkeit des Kettengerüsts und der damit bedingten leichteren Verformbarkeit.

Bei teilkristallinen Thermoplasten kann man Schmelzstrukturen auf temperaturbeaufschlagten Oberflächen erwarten. Beim Heizelementschweißen von PVC lag die Temperatur des Heizelements mit 310 °C zu hoch (normal 250 °C). Starker Materialfluss, thermische Zersetzung mit Gasabspaltung und Blasenbildung waren die Folge, Bild 5.91. Bei einer Heißluftschweißung von PVC lag die Lufttemperatur mit 230 °C zu niedrig (normal 310 °C). Die zu fügenden Flächen wurden nur teilweise aufgeschmolzen.

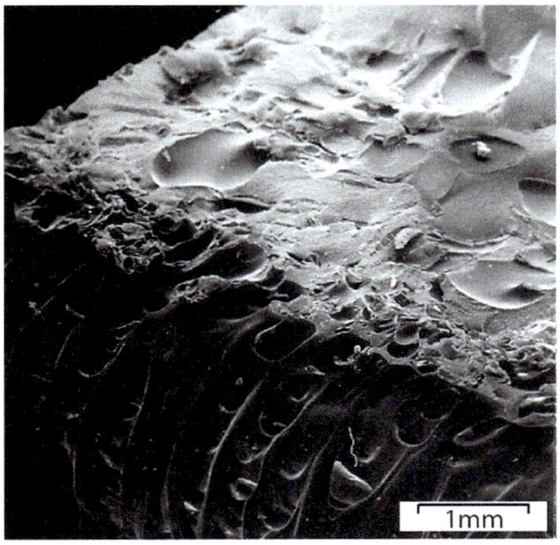

Bild 5.93
Blasenbildung durch Gasabspaltung bei Heizelementschweißung von PVC mit zu hoher Temperatur (310 °C) statt normal 250 °C. Starker Materialfluss, thermische Zersetzung mit Gasabspaltung und Blasenbildung waren die Folge.

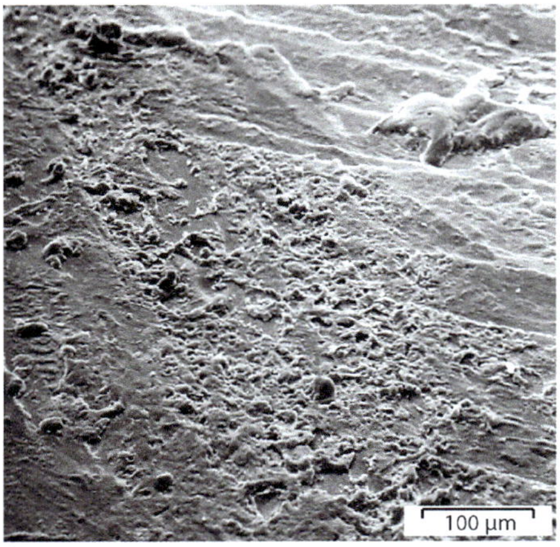

Bild 5.94
Zu niedrige Temperatur beim Heißluftschweißen von PVC mit 230 °C gegenüber normal 310 °C führt zu geringem Aufschmelzen der Fügeflächen, Bearbeitungsriefen noch erkennbar

5.8.2.3.5 Oberflächenschäden durch biologische Einwirkung

Aufgrund der organischen Struktur polymerer Werkstoffe können diese durch Sekrete von Mikroorganismen angegriffen werden. In Frage kommen vor allem Bakterien und Pilze. Der Vorgang dürfte ähnlich ablaufen wie das Faulen von Holz unter dem Einfluss von Pilzkulturen. Dort legen sich die Pilzhyphen auf die Zellwände und lösen diese an, so dass in unmittelbarer Umgebung der Hyphen im Holz Zerfallsstrukturen sichtbar werden. Aus Verrottungsversuchen in Komposterde geht hervor, dass ehemals glatte PVC-Oberflächen von Mikroorganismen loch- und narbenartig angefressen werden. Auch Bodensäuren können Kunststoffe angreifen. Bild 5.95 zeigt eine PVC-Oberfläche, die durch Lagerung in Komposterde von Mikroorganismen loch- und narbenartig angefressen wurde. Möglicherweise sind für den Lochfraß die wurzelförmigen Pilzhyphen verantwortlich.

Bild 5.95
Lochfraß durch wurzelförmige Pilzhyphen auf PVC-Oberfläche nach Lagerung im Komposthaufen. Verstärkte Kunststoffe im REM (RE-Detektor) und Mikroradiografie

Zur Darstellung von Verstärkungsmitteln, deren Verteilung und Orientierung in Kunststoffen, wird sich üblicherweise der Lichtmikroskopie an Anschliffen bzw. Dünnschliffen bedient. Teilweise werden jedoch aufgrund fehlender Tiefeninformationen bzw. geringer Kontraste nur unbefriedigende Ergebnisse erhalten. Eine Alternative stellt deshalb die Darstellung im REM mittels des RE-Detektors dar. Um höhere Tiefeninformationen zur Faserorientierung zu erhalten, steht ein weiteres Verfahren die Mikroradiografie zur Verfügung. Die Mikroradiografie nutzt den in der Elektronensäule des REM fokussierten Primärelektronenstrahl, um Röntgenstrahlung zu erzeugen und ausreichend dünne Präparate (bis 250 µm) zu durchstrahlen. Anhand der mikroradiografischen Bilder können z. B. Bindenähte aufgrund der Faserorientierung erkannt werden, die mittels Lichtmikroskopie bzw. REM nicht darstellbar sind.

Anschliffe im Lichtmikroskop ermöglichen Informationen aus der Präparatoberfläche zur Faserverteilung und deren Ausrichtung. Während Glasfasern und Kunststoffmatrix das Licht ähnlich stark reflektieren und nur durch spezielle Kontrastverfahren, z. B. Differentieller-Interferenz-Kontrast (DIK) die Glasfasern sichtbar gemacht werden können, ergeben sich bei Nutzung des RE-Detektors im REM gute Kontraste mit Informationen aus der oberflächennahen Schicht.

5.8.2.4 REM-Verfahren – Rückstreuelektronen (RE-Detektion)

Eine Methode, um die Füllstoffe in Kunststoffen darzustellen, ist der RE-Detektor im REM. Die zur Bildentstehung genutzten Rückstreuelektronen (RE) werden aus größerer Tiefe (bis 10 µm bei Kunststoffen) und verbreiteter Basis rückgestreut. Diese Austrittsvolumina bestimmen direkt die erreichbaren Auflösungsgrenzen und hängen neben Einstellungsparametern am REM hauptsächlich von der Ordnungszahl (OZ) der in der Probe enthaltenen Elemente ab. Bei Kunststoffen beträgt deshalb die Auflösung 0,1 bis 10 µm. Damit können Vergrößerungen bis ca. 2000-fach scharf abgebildet werden. Auch die Anzahl der emittierten RE und damit die Kontrastentstehung hängt von der OZ der Probenelemente ab. Je höher die OZ eines Elementes ist, desto mehr RE werden emittiert und desto heller erscheint das Element in der elektronenmikroskopischen Abbildung. Das bedeutet, dass für Elemente mit stark differierenden Ordnungszahlen, z. B. Glasfaser aus Silizium mit OZ 14 und Polymermatrix hauptsächlich aus Kohlenstoff mit OZ 6, hohe Kontraste erreichbar sind. Für die Kohlenstoff- und Aramidfasern, welche ebenfalls überwiegend wie die Kunststoffmatrix aus Kohlenstoff bestehen, ist der Kontrast zur Matrix mittels RE-Detektor gering. Diese Fasern werden im Lichtmikroskop, welches zur Bilderzeugung z. B. das Reflexionsvermögen der Materialien und deren Oberflächenrauigkeit nutzt, stärker kontrastiert.

Um Aufladungen an der Kunststoffoberfläche, die eine Abbildung erheblich stören, zu vermeiden, muss die Oberfläche für die Untersuchung im REM leitfähig gemacht werden. Sie wird deshalb mit einer dünnen elektrisch leitfähigen Schicht bedampft, z. B. 50 nm Schichtdicke bei Gold/Palladium. Solange die Sputterschichtdicken dünner als die Austrittstiefen der Rückstreuelektronen sind, werden die Materialinformationen nicht überdeckt.

Tabelle 5.3 Parameter für Rückstreuelektronenaufnahmen (RE-Detektor im REM)

Bildentstehung	Rückstreuelektronen
Beschleunigungsspannung	15 bis 20 keV
Resolution*	3 bis 4
Kontrast	Ordnungszahldifferenz der Probenelemente
Informationstiefe	Oberflächennahe Schicht ca. 0,1 bis 10 µm
Auflösung	0,1 bis 10 µm
Maximalvergrößerung	Ca. 2000-fach

* Apparatespezifische Einstellung zur Kondensorlinsenregelung, mit welcher u. a. der Durchmesser des Primärelektronenstrahls beeinflusst werden kann

5.8.2.5 Mikroradiografie

Die Aufnahmen an bis zu 150 µm dicken Präparaten erfolgen mit im REM erzeugten Röntgenstrahlen. Dazu wird der Primärelektronenstrahl des REM auf eine dünne Metallfolie (Target) fokussiert. Das dadurch erzeugte elementspezifische Röntgenspektrum durchstrahlt ein hinreichend dünnes und in einem speziellen Probentisch positioniertes Präparat, so dass auf einem unter der Probe fixierten Film ein Schattenbild über die gesamte Probendicke projiziert wird, Bild 5.96. Zwischen Probe und Film wird zusätzlich eine 10 µm dicke durchgehende Aluminiumfolie fixiert, um Streuelektronen abzuschirmen.

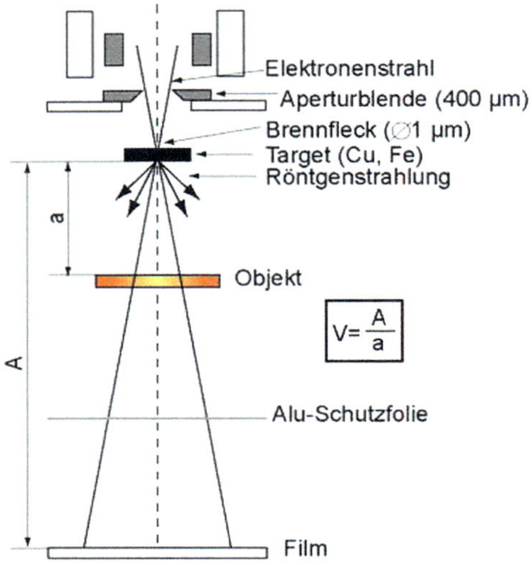

Bild 5.96
Mikroradiografie im REM
unten: schematische Darstellung
oben: Röntgenprojektionstisch für Rasterelektronenmikroskop

Die Auflösung der Abbildung ist umso höher, je kleiner der Durchmesser der Röntgenquelle ist. Ein kleinstmöglicher Durchmesser wird durch eine geringe Targetdicke (1 bis 10 µm) und einen kleinen Durchmesser des Primärelektronenstrahls im Fokus, z. B. durch ein hohes Vakuum, kleine Blenden (50 bis 70 µm) und hohe Anregung der Kondensorlinsen erreicht. Je dünner das Target ist, desto kompakter und feiner aber auch umso geringer ist die Intensität der emittierten Röntgenstrahlen. Bei zu geringer Intensität wird die Probe nicht mehr durchstrahlt, so dass keine Abbildung erhalten wird. Daraus folgt, dass es für die Targetdicke ein Optimum bzgl. der notwendigen Intensität der Strahlung und der Auflösung der Abbildung gibt.

Die Intensität der Röntgenstrahlung wird außerdem über die Energie des Primärelektronenstrahls beeinflusst. Die Anregungsspannung sollte so gewählt werden, dass genügend Röntgenstrahlung zum Durchstrahlen des Präparates angeregt wird, jedoch ohne dass die Primärelektronen Target und Präparat direkt durchstrahlen und den Film unerwünscht belichten.

Die Kontrastentstehung in der Mikroradiografie beruht auf der verschieden starken Absorption der Röntgenstrahlung durch die im Präparat enthaltenen Elemente. Der Massenabsorptionskoeffizient hängt neben der Ordnungszahl (OZ) der Elemente im Präparat auch von der Wellenlänge der zu absorbierenden Strahlung ab. Letztere kann über das Element des Targets variiert werden, z. B. Kupfer (OZ = 29), Titan (OZ = 22) und Aluminium (OZ = 13). Für Glasfasern in einer Kunststoffmatrix ergeben sich unter Verwendung eines Kupfertargets hohe Kontraste, da die Glasfasern im Vergleich zur Matrix einen hohen Anteil der Röntgenstrahlung absorbieren. Die Fasern erscheinen deshalb in der Abbildung dunkel. Die Mikroradiografie ist daher wie der RE-Detektor weniger geeignet für Kohlenstofffasern und Aramidfasern, wegen der ähnlichen Zusammensetzung von Fasern und Matrix.

Die zwischen Probe und Film fixierte Aluminiumfolie schirmt Streuelektronen ab. Die Dicke muss so gering sein, dass die Röntgenstrahlung nur geringfügig absorbiert wird. Als noch handhabbar hat sich eine Aluminiumfolie von 0,01 mm erwiesen. Sie ist in einem Abstand von 5 mm über dem Film angebracht.

Die Vergrößerung wird durch das Verhältnis der Abstände vom Target/Film (A) zu Target/Präparat (a) bestimmt, Bild 5.96. Der Abstand zwischen dem Target und dem Film (A) ist durch die Geometrie des Mikroradiografisches vorgegeben und beträgt 45 mm. Der Abstand vom Target zum Präparat (a) beträgt je nach thermischer Belastbarkeit der Probe durch die Röntgenquelle 1 bis 2 mm. Dementsprechend ist die Vergrößerung 45- oder 22,5-fach. Zur Wärmeableitung kann die Probe mit einer dünnen Gold/Palladium-Schicht (ca. 50 nm) besputtert werden.

Die Auflösung des erhaltenen Abbildes ist letztendlich festgelegt durch die Körnung des Filmes, welche auch die Höhe der möglichen Nachvergrößerung bestimmt. Es können Auflösungen um ca. 1 µm erhalten werden, Tabelle 5.4.

Tabelle 5.4 Parameter für Mikroradiografieaufnahmen (REM)

Bildentstehung	Röntgenstrahlung
Beschleunigungsspannung	30 keV
Resolution*	1
Kontrast	Ordnungszahldifferenz der bestrahlten Elemente und des Targets
Informationstiefe	50 bis 150 µm
Auflösung	> 1 µm
Maximalvergrößerung	45-fach

* Apparatespezifische Einstellung zur Kondensorlinsenregelung, mit welcher u. a. der Durchmesser des Primärelektronenstrahls beeinflusst werden kann

5.8.2.6 Probenpräparation – RE-Proben

Die Proben werden an der untersuchungsrelevanten Stelle entnommen und in ein kalthärtendes wenig schrumpfendes Harz eingebettet, um den für die RE-Detektor notwendigen Anschliff bzw. für die Mikroradiografie notwendigen Dünnschnitt/Dünnschliff herzustellen. Für die RE-Untersuchung werden angeschliffene Oberflächen von ca. 3 × 3 cm verwendet. Die Präparation des Anschliffs erfolgt von Hand oder mit einem Automaten, Tabelle 5.5 und Tabelle 5.6. Die Rauigkeiten der präparierten Oberflächen dürfen bis 3 µm betragen.

Tabelle 5.5 Handpräparation von RE-Proben aus glasfaserverstärkten Kunststoffen

Körnung in µm Schleif-Poliertuch, Suspension			Flächenpressung	Zeitdauer in min	$v^*_{Rotation}$ in U/min]
1	80 bis 1200	SiC-Schleifpapier	normal	30	200
2	6	Diamantsuspension, hartes Poliertuch		20	
3	3	Diamantsuspension, mittel-hohes oder flaches Poliertuch		10	

* Schleifscheibendurchmesser 200 mm

Tabelle 5.6 Automatenpräparation von RE-Proben aus glasfaserverstärkten Kunststoffen

Körnung in µm, Schleif-Poliertuch, Suspension			Flächenpressung in g/mm²	Zeitdauer [min]	$v^*_{Rotation}$ in U/min
1	220	Diamant-Wabenscheibe	1	20	200
2	6	Diamantsuspension, harte Wabenscheibe	0,5	20	
3	3		0,5	10	

* Schleifscheibendurchmesser 300 mm

Die Präparation am Automaten kann mit Wabenschleifpapier durchgeführt werden, bei dem das Mahlgut zwischen den einzelnen Waben abtransportiert wird.

Der fertige Anschliff wird anschließend mit in Xylol gelöstem Grafit auf einen leitfähigen Probenteller zur Befestigung am Probentisch des REM geklebt und z.B. mit Gold/Palladium bedampft. Die thermische Belastung beim Sputtern kann durch 3- bis 5-mal wiederholte kurze Sputterintervalle von je 10 s gering gehalten werden. Ein Schichtauftrag von ca. 30 bis 50 nm beeinflusst die Rückstreuelektronen kaum.

Im Folgenden sind die einzelnen Arbeitsschritte der Probenpräparation und die apparativen Einstellungen für den RE-Detektor im REM aufgelistet:

- Probenentnahme mittels wassergekühlter Säge (ca. 20 min).
- Einbettung der Probe in ein kaltaushärtendes, wenig schrumpfendes Harz (ca. 20 min).

- Herstellung eines Anschliffs bis zur Polierstufe 3 µm Diamantsuspension (ca. 50 min bis 1 h; siehe auch Tabelle 5.5 und Tabelle 5.6).
- Leitfähiges Aufkleben des Anschliffes, z. B. mit in Xylol gelöstem Grafit auf den Probenteller für das REM (ca. 5 min)
- Besputtern der Probe mit Gold/Palladium – kurze Sputterintervalle 10 s (ca. 10 min).
- REM (ca. 30 min): Beschleunigungsspannung bei Thermoplasten ca. 15 kV, bei Duroplasten ca. 20 kV, Resolution 3 bis 4, Abstand zwischen Probe und Detektor < 30 mm.
- Apparatespezifische Einstellung zur Kondensorlinsenregelung, mit welcher u. a. der Durchmesser des Primärelektronenstrahls beeinflusst werden kann.

5.8.2.7 Probenpräparation – Mikroradiografie

Für die Mikroradiografie wird ein durchstrahlbares flaches Präparat als Dünnschnitt oder Dünnschliff hergestellt. Da die Oberflächenqualität des Präparates die Abbildung nur geringfügig beeinflusst, muss die Probe nicht poliert werden. Für den weniger aufwendigen Dünnschnitt sind wassergekühlte Innenlochsägen mit diamantbeschichtetem Trennblatt geeignet. Die eingebetteten Proben werden entweder auf einen Teller geklebt, mit welchem sie in dem Probenhalter der Innenlochsäge mit einer Feststellschraube fixiert werden oder direkt in den Probenhalter gespannt. Bei der Einstellung der Vorschubgeschwindigkeit (Innenlochsäge) ist darauf zu achten, dass die zu analysierende Füll- und Verstärkungsstofforientierung durch die Präparation nicht verändert wird. Eine weitere Möglichkeit besteht in der Dünnschlifftechnik. Von einem Anschliff, der mit 6 µm Diamantsuspension poliert wurde, wird eine ca. 1 mm dicke Schicht abgesägt, auf die Dicke von 50 bis 250 µm heruntergeschliffen und wiederum mit 6 µm Diamantsuspension poliert.

Die Präparate werden anschließend mit einem Klebestreifen auf die mit Madenschrauben im Mikroradiografietisch zu befestigenden Probenhalteteller fixiert. Dieser Teller hat in der Mitte eine rechteckige durchstrahlbare Aussparung von 12 × 8 mm. Abschattungen im Randbereich der Probe reduzieren die nutzbare Probengröße auf 10 × 6 mm. Um die Wärmeleitfähigkeit der Probe zu erhöhen, kann das Präparat mit Gold/Palladium (Schichtdicke 30 bis 50 nm) besputtert werden. Das Besputtern der Probe hat den weiteren Vorteil, dass vor der Mikroradiografie die Oberfläche mit dem REM beobachtet werden kann.

Zur Abbildung ist ein Elektronenfilm mit geringer Körnung und hohem Kontrast zu verwenden, z. B. Kodak® Electron Image Film SO-163. Eine geringe Körnung ermöglicht hohe Nachvergrößerungen. Die Belichtungszeiten betragen 1 bis 10 min.

Im Folgenden sind die einzelnen Arbeitsschritte zur Probenpräparation, die apparativen Einstellungen für die Mikroradiografie am REM und der geschätzte Arbeitsaufwand aufgelistet:

- Probenentnahme mittels wassergekühlter Säge (ca. 20 min).
- Einbettung der Probe in ein kalthärtendes wenig schrumpfendes Harz (ca. 20 min).
- Herstellung einer flachen durchstrahlbaren Probe mit Innenlochsäge (ca. 1 h) oder Herstellung eines Dünnschliffes (Oberfläche bis 6 µm bearbeiten, ca. 4 h).
- evtl. Besputtern der Probe mit Gold/Palladium - kurze Sputterintervalle wählen (ca. 10 min).
- Einlegen des Präparates in den Probenhalter, des Targets und des Films (ca. 10 min).
- Belichtung des Filmes, REM (ca. 20 min): Beschleunigungsspannung 30 kV, Spot, Resolution 1; Abstand zwischen Probe und Target entsprechend gewünschter Vergrößerung.
- Entwicklung des Filmes, Nachvergrößerung am Vergrößerungssystem (Negativ-Vergrößerer) oder Mikroskop (ca. 1 h).
- Apparatespezifische Einstellung zur Kondensorlinsen-Regelung, mit welcher u. a. der Durchmesser des Primärelektronenstrahls beeinflusst werden kann.

5.8.2.7.1 Beispiele

Üblicherweise werden Anschliffe im Auflicht betrachtet. Bei sehr feinen Verstärkungsfasern oder Verstärkungsmitteln mit ähnlichem Reflexionsverhalten wie die Matrix erbringt die Lichtmikroskopie, im Gegensatz zur zeit- und kostenintensiveren Rasterelektronenmikroskopie, jedoch keine zufrieden stellenden Ergebnisse. Bild 5.97 zeigt die Aufnahmen einer geschweißten PA 6-Probe gefüllt mit Glasfasern. Im Lichtmikroskop ist die Faserorientierung relativ gut und die Lunker sehr gut erkennbar. Im REM ergibt sich wegen der elementspezifischen Emissionsrate ein wesentlich höherer Kontrast zwischen Fasern und Matrix.

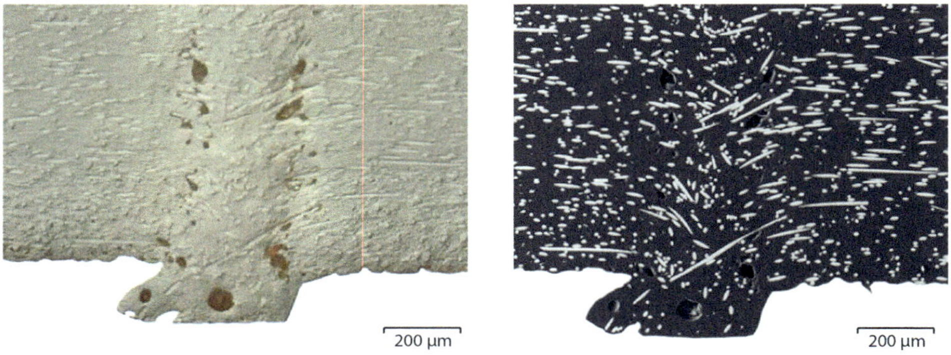

Bild 5.97 PA 6 + 26 Gew.-% Glasfaser
links: Auflichtmikroskop Differentieller-Interferenz-Kontrast, Anschliff
rechts: REM RE-Detektor, Anschliff

Bild 5.98 zeigt einen Vergleich einer Probe aus einem Wärmedämmsteg aus PA-GF. Während der Anschliff auf eine Faserorientierung senkrecht zur Schliffebene mit überwiegend runden und elliptischen Konturen hindeutet, betont die mikroradiografische Aufnahme die Faserorientierung.

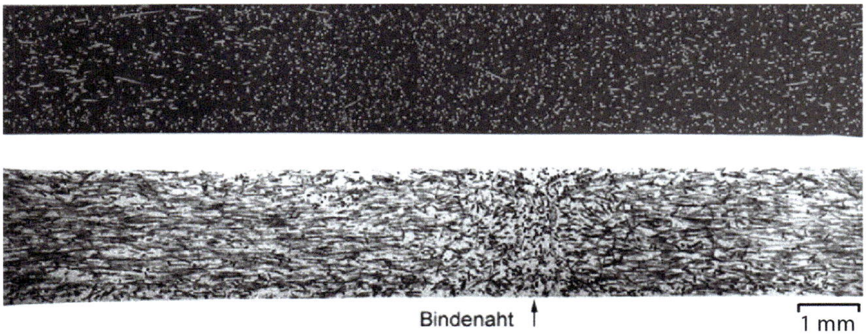

Bild 5.98 Wärmedämmsteg PA 66 + 30 Gew.-% Glasfaser mit Bindenaht
oben: REM, RE-Detektor, Anschliff
unten: Mikroradiografie, Aluminiumtarget 3 µm, Dünnschnitt 100 µm

Polierriefen und abgerundete Faserenden eines UD-Laminats sind in einer Auflichtaufnahme störend zu erkennen, Bild 5.99. Im Gegensatz dazu werden diese Präparationsartefakte in der RE-Aufnahme wegen der größeren Austrittstiefe der Rückstreuelektronen (bis ca. 10 µm) nicht abgebildet.

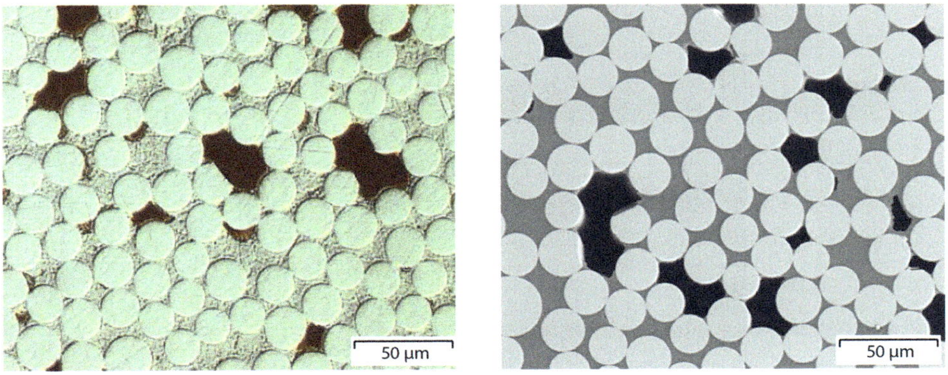

Bild 5.99 VE-Harz + 85 Gew.-% UD-Glasfaserverstärkung
links: Auflichtmikroskop Differentieller-Interferenz-Kontrast, Anschliff
rechts: REM RE-Detektor, Anschliff

Ein weiterer Vorteil der RE-Aufnahme im REM ist die höhere Vergrößerung (bis zu 2000-fach). In Bild 5.100 ist der feine Füllstoff Aluminiumoxid in Kunststoffmatrix dargestellt, dessen Orientierung nur bei hohen Vergrößerungen sichtbar und damit auswertbar wird. Vergrößerungen über 2000-fach sind mit dem RE-Detektor aufgrund der geringen Ausbeute an Rückstreuelektronen nicht scharf abbildbar.

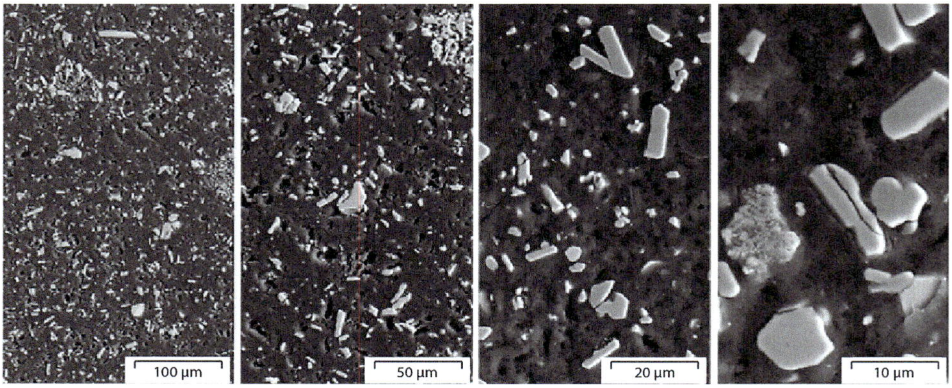

Bild 5.100 PA 6 + 30 Gew.-% Aluminiumoxid, vier unterschiedliche Vergrößerungen
REM RE-Detektor, Anschliff

Ein Nachteil des RE-Detektors des benutzten Gerätes ist, dass bei sehr geringen Vergrößerungen von 20 - 40-fach so genannte Kissenverzeichnungen auftreten, d.h. der Randbereich der Aufnahmen wird unscharf, Bild 5.101.

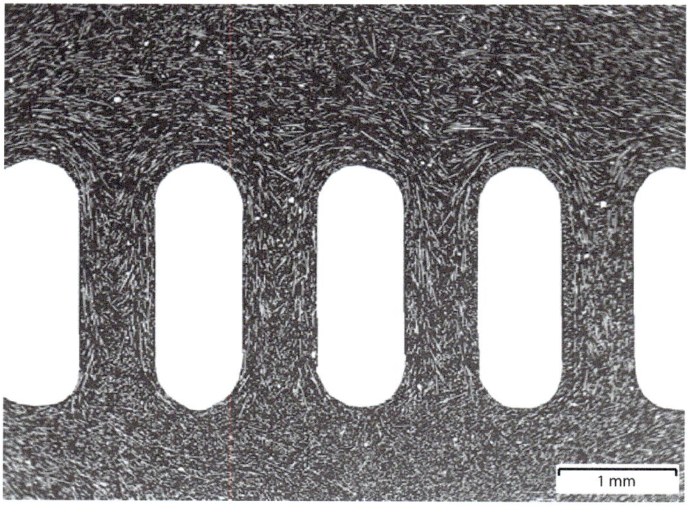

Bild 5.101 Kissenverzeichnung bei PA 6 + 30 Gew.-% Glasfaser (Hintergrund bearbeitet)
REM RE-Detektor, Anschliff

5.8.2.7.2 Aufnahmen mit der Mikroradiografie

Die Qualität der Mikroradiografie-Aufnahmen wird durch Apparate- und Präparationsparameter beeinflusst.

Bei größerer **Blende** (50, 70 und 100 µm) treffen mehr Primärelektronen auf das Target, intensivieren die Röntgenstrahlung und damit letztendlich die Schwärzung des Filmes und den Kontrast. Jedoch wird der Primärelektronenstrahl weniger stark gebündelt, was zu einer geringeren Auflösung und damit Schärfe der Bilder führen kann, Bild 5.102.

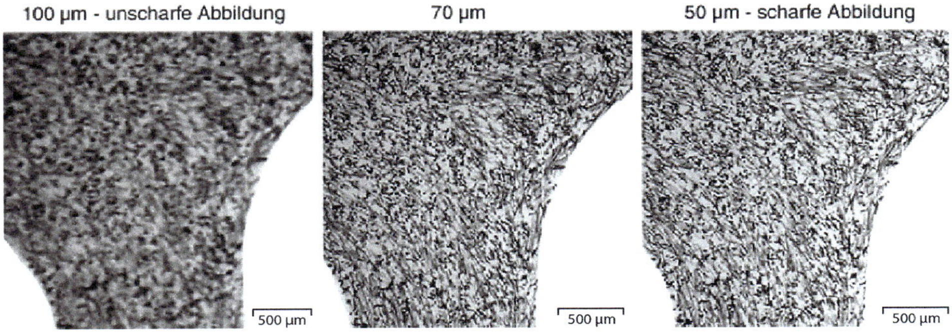

Bild 5.102 Einfluss des Blendendurchmessers auf Schärfe der Abbildung eines PA 6 + 25 Gew.-% Glasfasern (Hintergrund bearbeitet)
Mikroradiografie Kupfertarget 10 µm, Dünnschnitt 80 µm, Belichtungszeit (von links nach rechts) 180 s, 60 s, 30 s

Mit zunehmender **Belichtungszeit** steigt die Schwärzung des Filmes und die thermische Belastung der Probe insbesondere des Kunststoffanteils. Die Belichtungszeit muss für jedes Präparat entsprechend dem gewünschten Kontrast optimiert werden.

Eine über dem Film fixierte **Aluminiumfolie** schirmt Streuelektronen ab. Mit Abschirmfolie ergibt sich eine gleichmäßigere Ausleuchtung des Filmes und ein stärkerer Kontrast, jedoch können Details verloren gehen.

Eine **Beschichtung des Präparates** erhöht die elektrische Leitfähigkeit der Probe und vermeidet somit Aufladungen an der Probenoberfläche. Außerdem erweitert die erhöhte Wärmeleitfähigkeit die Belastbarkeit der Probe. Beschichtungen aus Kohlenstoff vermindern den Kontrast erheblich, Beschichtungen aus Gold-Palladium haben dagegen keinen Einfluss auf die Bildqualität. Eine Beschichtung der Probe scheint bei kurzen Belichtungszeiten kleiner 10 min nicht notwendig zu sein.

Die zu präparierende **Präparatdicke** hängt von der Faserart, der Fasergröße und dem Fasergehalt ab. Mit der Innenlochsäge können Schnitte mit Dicken > 30 µm präpariert werden. Empfohlen wird eine Schnittdicke von mindestens doppelter Faserdicke. Bei Glasfasern mit 10 bis 20 µm Durchmesser sind es 40 bis 50 µm, bei größeren Verstärkungsmitteln, wie z. B. Kupferfasern, mit einem mittleren Durchmesser von ca. 50 bis 100 µm, sind die minimalen Schnittdicken 100 bis 200 µm. Es muss gewährleistet sein, dass die Fasern zu einem großen Anteil mit Kunststoff umgeben sind und somit in der Matrix gehalten werden können. Einen weiteren Einfluss auf die Schnittqualität hat neben der Haftung die Festigkeit des Verstärkungsmaterials. Weiche Fasern, wie z. B. Aluminium, führen zu geringeren Artefakten als harte Materialien, wie z. B. Glasfasern. Des Weiteren muss der Fasergehalt beachtet werden. Je mehr Verstärkungsstoffe enthalten sind, desto dünner sollte die Probe präpariert werden.

Je dünner das **Target** ist, desto kleiner ist der Durchmesser der erzeugten punktförmigen Röntgenquelle und umso höher die Auflösung der Abbildung. Sehr dünne Targets sind jedoch nicht handhabbar und geben Röntgenstrahlung geringer Intensität ab. Außerdem tritt häufig bei sehr dünnen Targets in der Mitte der Aufnahmen eine Überstrahlung auf. Bei Aluminiumtargets wurde der Effekt ab einer Targetdicke von 3 µm und bei Kupfer ab einer Targetdicke von 1 µm und teilweise 3 µm beobachtet. Weitere Effekte der Targetdicke sind, dass der Kontrast und damit die erzielte Information mit dicker werdenden Targets steigen. Bei einer Targetdicke von 10 µm erscheint die Matrix jedoch sehr dunkel und der Kontrast zu den Fasern wird geschwächt. Der optimale Kontrast wird mit einer Targetdicke zwischen 3 µm und 10 µm erhalten.

Je höher die Ordnungszahl des Targets ist, desto kleiner ist die Wellenlänge und desto höher die Intensität (Al < Cu < Ti) der emittierten Röntgenstrahlung. Der geringste Kontrast wird bei der Verwendung des Aluminium-Targets erhalten, jedoch auch die höchste Detailgenauigkeit, Bild 5.102. Aufgrund der geringeren Intensität der von dem Aluminiumtarget emittierten Röntgenstrahlung müssen längere Belichtungszeiten gewählt werden. Bei der Verwendung des Kupfer-Targets ist der Kontrast und auch die Schärfe höher, jedoch gehen einige Details verloren. Für das Titan-Target sind die Effekte noch deutlicher. Der Kontrast ist wiederum höher und es sind wesentlich weniger Fasern erkennbar, Bild 5.103.

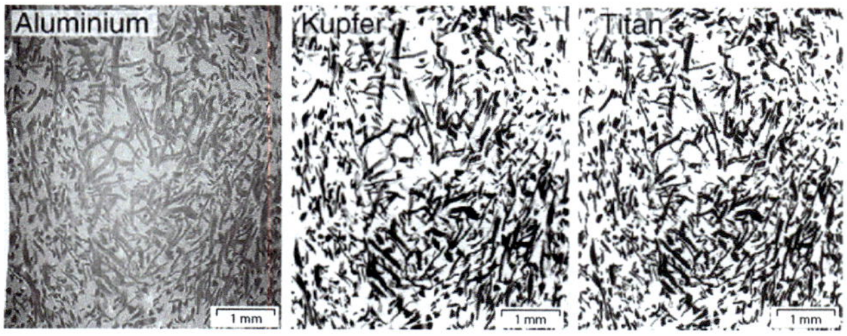

Bild 5.103 Einfluss des Targetmaterials bei PA 6 + 30 Gew.-% Aluminiumfaser
Mikroradiografie Targetdicke 3 µm, Dünnschnitt 120 µm

Die Kontrastentstehung hängt nicht nur von der Ordnungszahl des Targetelementes, sondern auch von den Ordnungszahlen der Präparatelemente ab. Generell erscheint das Titan-Target aufgrund der fehlenden Detailgenauigkeit ungeeignet und das Aluminium-Target dagegen sehr gut geeignet. Sollen die Belichtungszeiten insbesondere bei hohen Vergrößerungen jedoch verringert werden, stellt das Kupfer-Target einen guten Kompromiss dar.

5.8.2.7.3 Vergleich Mikroradiografie und RE-Detektor

Mittels RE-Detektor und Mikroradiografie sind verschiedene Aussagen zur Faserorientierung erzielbar, die mit der Informationstiefe der zwei Untersuchungsmethoden begründbar sind. Über einen Anschliff für den RE-Detektor ist es wahrscheinlicher, Fasern mit einem Orientierungswinkel kleiner 30° zur Präparat-Oberfläche anzuschneiden als Fasern mit einem größeren Neigungswinkel. Daraus entsteht ein numerisches Übergewicht an eher senkrecht zur Präparat-Oberfläche orientierten Fasern. Des Weiteren erscheinen Fasern bis zu einem Neigungswinkel von 45° eher als Kreis und können von 0° geneigten Fasern nur schwer unterschieden werden, Bild 5.104.

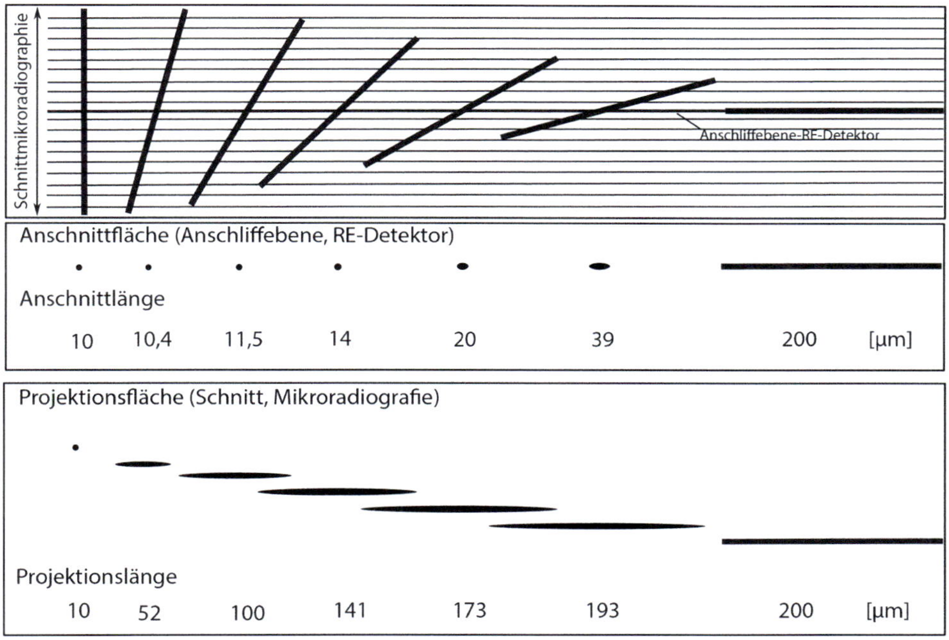

Bild 5.104 Wahrscheinlichkeit des Anschnitts von Fasern mit verschiedenen Neigungswinkeln *(oben)*, Anschnitt- bzw. Projektionsfläche von Fasern mit verschiedenen Neigungswinkeln mit Angabe der abgebildeten Länge (Faserdurchmesser 10 µm, Faserlänge 200 µm) *(unten)* *von links nach rechts Faserneigung 0° bis 90° in 15°-Schritten*

In der Mikroradiografie entsteht dagegen eine Übertonung von Längsorientierungen, da die abgebildete Projektionsfläche schon bei geringen Neigungswinkeln ein großes Längen/Breitenverhältnis aufweist, Bild 5.105.

Da die Länge der Fasern nicht konstant und damit unbekannt ist, kann aus der Projektionslänge nicht ausreichend zuverlässig auf den Neigungswinkel geschlossen werden. Die Schwärzung der Fasern im Mikroradiografiebild lässt jedoch eine vergleichende Bewertung der Neigung zu. Je stärker eine Faser geneigt ist, desto kürzer ist die Durchstrahlungslänge und desto weniger geschwärzt erscheinen die Fasern. Die Lage der Faser im Schnitt (Abstand zum Film) hat dagegen keine Auswirkung auf die Schwärzung.

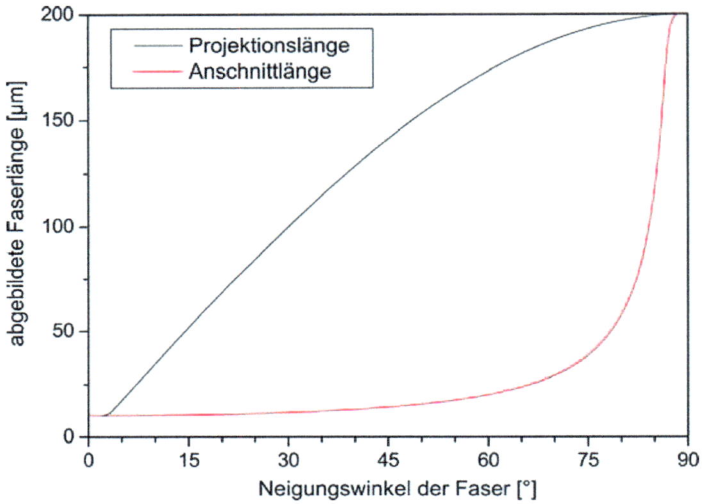

Bild 5.105 Abgebildete Faserlänge in Abhängigkeit von dem Neigungswinkel der Faser
Faserlänge 200 µm, Faserdurchmesser 20 µm

5.8.2.7.4 Wärmedämmsteg

Die Aufnahme mittels RE-Detektor zeigt einen guten Kontrast zwischen Glasfaser und Matrix, Bild 5.106. Alle Fasern sind scheinbar senkrecht zur Präparatoberfläche ausgerichtet. Das entspricht der Probenentnahme, denn die Probe wurde senkrecht zur Fließrichtung präpariert, d. h. die Verstärkungsfasern sind eher senkrecht als parallel zur Präparatoberfläche orientiert.

Durch die Mikroradiografie-Aufnahme wird eine ergänzende Aussage zur Faserorientierung erhalten, Bild 5.107. Am Beispiel des Wärmedämmsteges kann die unterschiedliche Schwärzung in der maximal möglichen Vergrößerung, welche mittels Mikroradiografie erreicht werden kann, erkannt werden. Die Aufnahme wurde mikroradiografisch ca. 15-fach original und 5- bis 7-fach nachvergrößert, so dass sich eine Gesamtvergrößerung von 75- bis 100-fach ergibt.

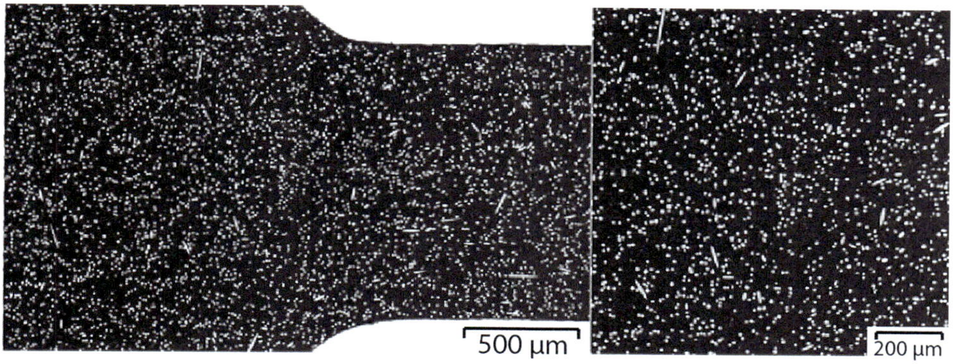

Bild 5.106 Wärmedämmsteg PA 6 + 30 Gew.-% Glasfaser
REM-Detektor, Anschliff

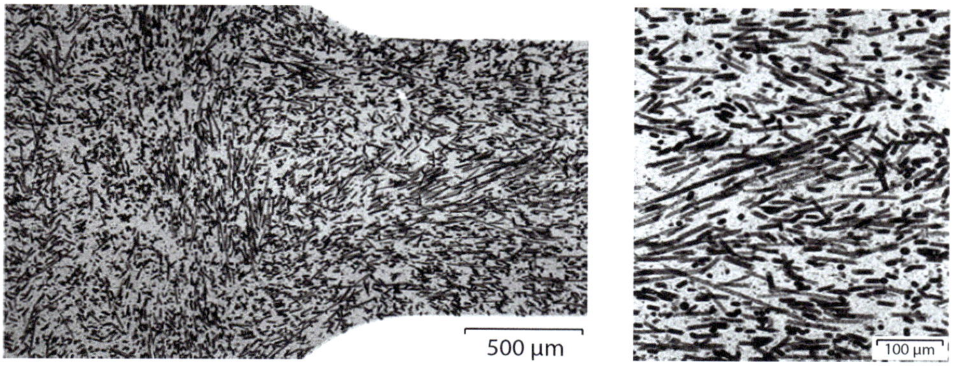

Bild 5.107 Wärmedämmsteg PA 6 + 30 Gew.-% Glasfaser (Hintergrund bearbeitet)
Mikroradiografie Kupfertarget 3 µm, Dünnschnitt 100 µm

Die realisierte Vergrößerung ist nicht sehr hoch, aber ausreichend, um die Faserverteilung und den Faserverlauf im Bauteil festzuhalten und anhand dessen Fließlinien, Bindenähte oder andere Besonderheiten der Bauteile aufzuzeigen.

5.8.2.7.5 Gitterelement

In Bild 5.108 ist ein Gitterelement aus mit Glasfasern, Ruß und Brandinhibitor gefülltem Polyamid abgebildet.

Mittels RE-Detektor und Mikroradiografie sind die Glasfasern gut gegenüber der Matrix kontrastiert. Der Brandinhibitor ist ebenfalls in der Matrix zu erkennen, kann von den Glasfasern aber nur anhand der Partikelgröße und -form unterschieden werden. Die Fließlinien sind in der Mikroradiografie-Aufnahme deutlicher erkennbar. Der Füllstoff Ruß, welcher wie die Kunststoffmatrix aus Kohlenstoff besteht und außerdem eine sehr geringe Partikelgröße aufweist, ist mit beiden Methoden nicht erkennbar.

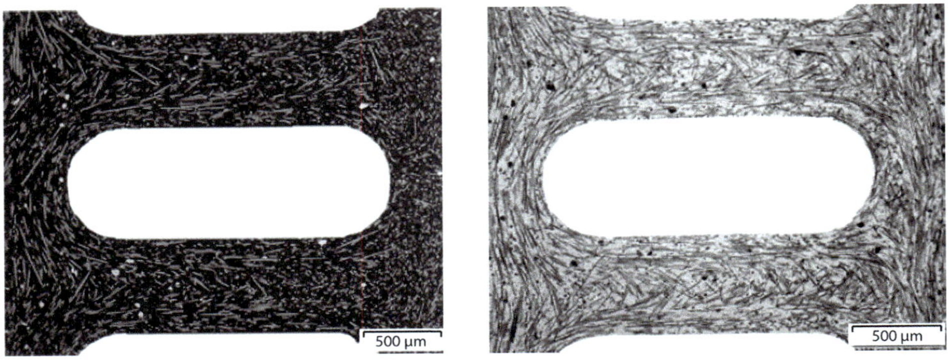

Bild 5.108 Gitterelement PA 6 + 30 Gew.-% Glasfaser + Ruß + Brandinhibitor
links: REM RE-Detektor, Anschliff (Hintergrund bearbeitet)
rechts: Mikroradiografie Kupfertarget 3 µm, Dünnschnitt 100 µm (Hintergrund bearbeitet)

5.8.2.7.6 SMC (Sheet-Moulding-Compound)

An einer SMC-Probe ist zu erkennen, in welchem Maße sich die RE-Aufnahmen und die Mikroradiografie ergänzen. Das untersuchte SMC besteht aus UP-Harz und enthält Glasfaserbündel sowie einen hohen Anteil an Calciumcarbonat. Im RE-Detektorbild sind die Faserbündel deutlich zu erkennen, Bild 5.109. Die elliptische Form der angeschliffenen Glasfasern lässt zunächst eine eher senkrechte Orientierung der Fasern zur Präparatoberfläche vermuten. Außerdem sind Lunker in der Harzmatrix und innerhalb einzelner Faserbündel sichtbar.

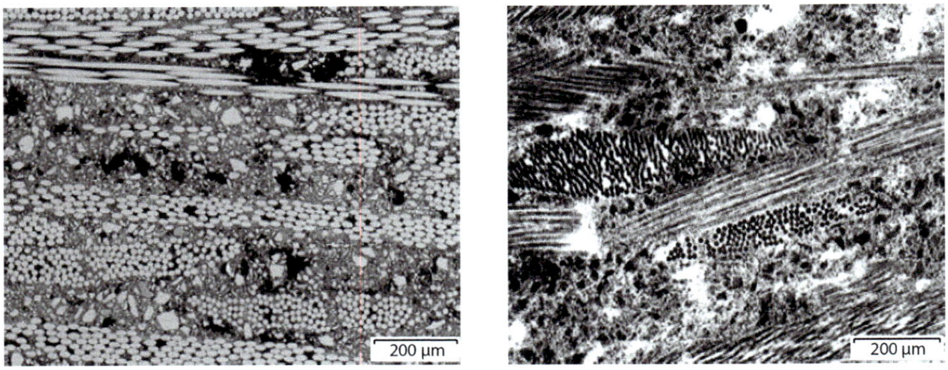

Bild 5.109 SMC – UP-Harz + 30 Gew.% Glasfaser und Calciumcarbonat
links: REM RE-Detektor, Anschliff
rechts: Mikroradiografie Kufpertarget 3 µm, Dünnschnitt 10 µm

Die Aufnahme mittels Mikroradiografie bestätigt, dass einige Faserbündel nahezu senkrecht zur Präparatoberfläche orientiert sind. Der Füllstoff Calciumcarbonat ist an den unterschiedlichen Schattierungen der Harzmatrix beobachtbar. Feine Füllstoffe bzw. deren Agglomerate, insofern sie nicht hauptsächlich aus Kohlenstoff bestehen, können mittels Mikroradiografie ermittelt werden. Die sich im RE-Bild durch ihre schwarze Färbung zeigenden Lunker und Poren sind in der Mikroradiografie-Aufnahme weiß, jedoch die Grenzen können aufgrund der großen Durchstrahlungslänge und den damit verbundenen sich überlagernden Schichten, z.B. Poren mit Harzschicht, nicht randscharf abgebildet werden.

5.8.2.7.7 Kohlenstofffaserverstärkte Kunststoffe

Die Kontrastierung von Kohlenstofffasern ist mit den verschiedenen Targetmaterialien nicht gelungen. Der geringe Dichteunterschied zwischen Fasern und Matrix erscheint nicht ausreichend, um eine Abbildung mittels Mikroradiografie zu erhalten. Bild 5.110 zeigt eine Mikroradiografie-Aufnahme von einer EP-Harz-Probe gefüllt mit Glas- und Kohlenstofffasern. Nur die Glasfasern sind sichtbar. Die elektronenmikroskopische Aufnahme mit dem RE-Detektor würde ebenfalls nur die Glasfasern zeigen, deshalb ist das inverse Bild der lichtmikroskopischen Aufnahme abgebildet, Bild 5.110

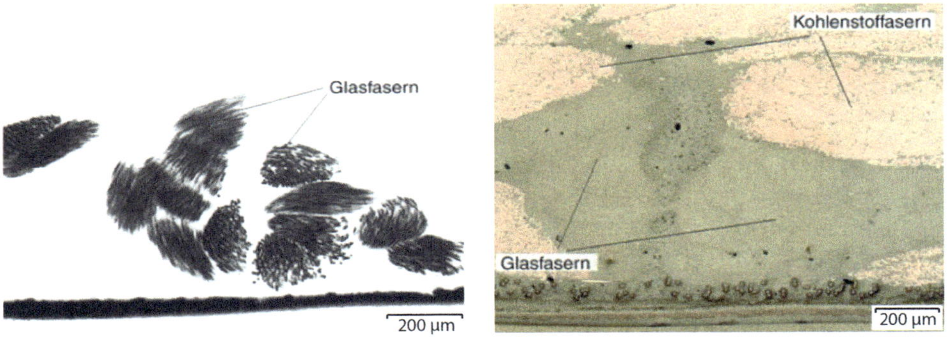

Bild 5.110 Faserverstärktes EP-Harz mit eingelagerten Glasfasern und Kohlenstofffasern
links: Mikroradiografie Kupfertarget 10 µm, Dünnschnitt 90 µm, gute Abbildung der Glasfasern, keine Abbildung der Kohlenstofffasern
rechts: Auflichtmikroskop Hellfeld, Anschliff, kontrastarme Abbildung der Glasfasern, gute Abbildung der Kohlenstofffasern

5.8.2.8 Oberflächenanalytik – Überblick

Es gibt eine Reihe oberflächenanalytischer Verfahren, die unterschiedliche Analysen ermöglichen. In Tabelle 5.7 sind die wichtigsten Verfahren zusammengestellt und gekennzeichnet nach Topographie, und organischen und anorganischen Analysemöglichkeiten gegliedert.

Tabelle 5.7 Verfahren zur Oberflächenanalytik [nach Pongratz]

Methode	Auflösung	Eindringtiefe	Information
Oberflächenanalytik – Topographie			
Weißlichtinferometrie	z: 1 nm x, y: 1 µm	< 1 µm	3D-Oberflächentopographie
Konfokal-Mikroskopie			3D-Oberflächentopographie
AFM (Rasterkraftmikroskopie)	Höhenunterschiede bis 1 nm aufgelöst		Darstellung einzelner Atome
Oberflächenanalyse – chemische Analyse (organisch)			
IR-Spektroskopie mit ATR Technik	15 µm	10 bis 30 µm	Molekülidentifikation, Bewertung von Alterungsvorgängen
ESCA (Elektronenspektroskopie für die chemische Analyse)	Z: < 1 nm x, y: 150 µm	2 bis 12 nm	quantitative Elementanalyse, Bindungszustand, Tiefenprofil, Grenze: vakuumfest, kein H, He
TOF-SIMS (Time of-flight Secondary Ion Mass Spectroskopie)	Ab 100 nm bei Molekülanalysen	oberste zwei Atomlagen	Moleküle, Molekülfragmente, Elemente, sehr geeignet für geringe Konzentrationen, relative, halbquantitative Analyse, Tiefenprofil, Proben werden durch Ionenstrahl verändert
Oberflächenanalytik – chemische Analyse (anorganisch)			
AES (Auger Elektronenspektroskopie)	20 bis 30 nm	1 bis 3 nm	hohe Empfindlichkeit für leichte Elemente, Elementzusammensetzung (quantitativ nur durch Vergleich), Tiefenprofil bis 1 µm, bedingt Aussagen über chem. Zustände, elektrisch leitende und halbleitende Proben
EDX-Analyse	1 µm	bis 30 µm	halbquantitative Elementanalyse, 2D-Bildgebung, Elemente mit Z > 4 (Bor)

5.8.2.9 Zusammenfassung

Zur Darstellung der Faser- und Verstärkungsmittelverteilung sowie deren Orientierung in Kunststoffformteilen stehen verschiedene mikroskopische Verfahren zur Verfügung. Die Lichtmikroskopie an Anschliffen liefert Informationen aus der Oberflächenebene. Bei ähnlichem Reflexionsverhalten von Füllstoff und Matrix und bei sehr feinen Füllstoffen ist eine Analyse des Anschliffes im REM mit dem RE-Detektor sinnvoll. Beide Verfahren eignen sich jedoch nicht zur abschließenden Bewertung der Orientierung der Fasern bzw. Verstärkungsstoffe, da durch die Abbildung nur einer Ebene ein querschnittsbetontes Bild erhalten wird.

Die Mikroradiografie zeigt gegenüber den anderen mikroskopischen Verfahren Vorteile in der Analyse der Faserorientierung. Da eine große Präparatdicke von bis zu 250 µm durchstrahlt wird, sind z. B. Faserorientierungen in Bindenähten, Fließlinien oder Schweißnähten deutlich zu erkennen. Aussagen zur genauen Faserorientierung sind allerdings nicht möglich. Dazu wäre eine dreidimensionale Untersuchung der Proben notwendig. Des Weiteren hat sich gezeigt, dass feinere Füllstoffe, deren Ordnungszahl sich von der umgebenden Matrix unterscheidet, ebenso wie Lunker erkennbar sind.

In Tabelle 5.8 sind die Vor- und Nachteile der einzelnen Verfahren gegenübergestellt.

Tabelle 5.8 Vor- und Nachteile der verschiedenen mikroskopischen Verfahren

	Lichtmikroskopie Auflicht	RE-Detektor	Mikroradiografie
Information zur Faserorientierung	aus der Oberfläche, querschnittsbetonte Darstellung	aus einer oberflächennahen Schicht (leichte Tiefeninformation), querschnittsbetonte Darstellung	hohe Tiefeninformation über 50 bis 250 µm Präparatdicke, längenbetonte Darstellung
Vergrößerung	max. 1000-fach	ca. 2000-fach	max. 45-fach
Mikroskopierbare Probenfläche (maximale Länge)	ca. 30 mm × 30 mm	ca. 30 mm × 30 mm	ca. 10 mm × 6 mm
Präparat	polierter Anschliff	auf 3 µm präparierter Anschliff	Dünnschnitt/ Dünnschliff
Präparationsaufwand	ca. 1 h	ca. 50 min	ca. 1 bis 2 h
Mikroskopischer Aufwand für eine Aufnahme	ca. 20 min	ca. 1 h	ca. 3 h

5.9 Normen

ASTM E 766:2014
Eichung der Vergrößerung von REM (Rasterelektronenmikroskopen) unter Verwendung der Eichprobe NBS-SRM-484

OENorm EN ISO 9220:1995
Metallische Überzüge – Messung der Schichtdicke; Verfahren mit Rasterelektronenmikroskop (ISO 9220:1988)

DIN SPEC 52407:2015
Nanotechnologien – Methoden zur Präparation und Auswertung für Partikelmessungen mit Rasterkraft-Mikroskopie (AFM) und Rasterelektronenmikroskopie im Transmissionsmodus/TSEM)

Verwendete Literatur

[1] Ackermann, J.: Handbuch für Rasterelektronenmiktroskopie SUPRA®. SUPRA® VP und ULTRA, Carl Zeiss SMT, Nachdruck 2008

[2] Ehrenstein, G. W., Engel, L., Klingele, H., Schaper, H.: SEM of Plastics Failure/REM von Kunststoffschäden. Carl Hanser Verlag, München, 2011

[3] Goldstein, J. I., et al.: Scanning Electron Microscopy and X-Ray Microanalysis. Springer Verlag, 3rd ed., New York, 2003

[4] Kaiser, B.: Rasterelektronenmikroskopie mit Feldemission und EDX. 11. Hochschulseminar - Präparation und Mikroskopie an Kunststoffen, LKT Erlangen, 25. 02. 2015

[5] Neumann, B., Weinhold, Kl.: Welches Rasterelektronenmikroskop (REM) für welche Anwendungen? Hochschulseminar - Präparation und Mikroskopie an Kunststoffen, LKT Erlangen, 2008

[6] Schmidt, P. F.: Praxis der Rasterelektronenmikroskopie und der Mikrobereichsanalyse. Expert Verlag, 1994

[7] Reimer, L., Pfefferkorn, G.: Raster-Elektronenmikroskopie. Springer Verlag, 1977

6 Ausgewählte Fachbegriffe der lichtmikroskopischen Untersuchungen

Analysator (Polarisator): Polarisationsoptische Vorrichtung, welche den Schwingungszustand des linear polarisierten Lichtes nach dem Durchgang durch den Polarisator und die isotrope oder anisotrope Probe analysiert.

Anisotrop (isotrop): Räumliche Verteilung der Eigenschaften von Materialien. In der Mikroskopie werden meist die optischen Eigenschaften, und hier besonders die Brechzahl, zur Bestimmung der Isotropie herangezogen. Ist diese Brechzahlverteilung in allen Raumrichtungen gleich, so liegt ein optisch isotroper Stoff vor. Weist die Verteilung dagegen einen Unterschied auf, so ist das Material optisch anisotrop. Diese Verhältnisse werden durch eine *Indikatrix* verdeutlicht.

Apertur (numerische): Bei Objektiven ein Kennwert für das optische Auflösungsvermögen. Die Apertur von Beleuchtungseinrichtungen ist ein Maß für die mit dieser Beleuchtung zu verwendenden Objektive. Die Apertur ist definiert als der Sinus des halben Öffnungswinkels der betreffenden optischen Komponente multipliziert mit der Brechzahl des Mediums zwischen der Probe und der an die Probe anschließenden Mikroskoplinsen.

Aperturblende: Irisblende im Beleuchtungsstrahlengang, welche den Kontrast und die Mikroskopauflösung beeinflusst. Bei großer Blendenöffnung ergeben sich ein geringer Kontrast und eine hohe optische Auflösung, bei kleiner Blendenöffnung umgedreht.

Auflicht: Mikroskopische Methode zur Untersuchung von *opaken Materialien*. Das Bild wird durch Reflexion an der Probenoberfläche erzeugt. Das setzt eine im Allgemeinen aufwändige *Präparation* durch *Schleifen*, *Polieren* und der abschließenden *Topographieerzeugung* voraus. Wichtigstes Anwendungsgebiet ist die Untersuchung von Metallen im Rahmen der Metallographie.

Auflösung (optische): Wichtigster Kennwert eines optischen Systems. Die optische Auflösung ist definiert als der Abstand zweier objektseitigen Punkte, die in der mikroskopischen Abbildung gerade noch erkennbar sind. Die optische Auflösung hängt von der Wellenlänge des zur Beleuchtung verwendeten Lichtes und von der Apertur des Objektivs ab. Eine hohe Apertur und eine geringe Wellenlänge (blau oder UV) ergeben eine hohe optische Auflösung.

Auslöschung (ondulöse Auslöschung): Verhalten von anisotropen Materialien zwischen gekreuzten Polarisatoren. Liegen die Hauptachsen der Probenindikatrix parallel zu den Polarisatorschwingungsrichtungen, so tritt Auslöschung auf. Liegen die Strukturelemente, welche die Anisotropie bestimmen makroskopisch in größeren Bereichen ungerichtet auf, kommt es zur fleckigen oder ondulösen Auslöschung.

Beilby-Schicht, s. Verformungsschicht

Beleuchtung: Die Regelung der Beleuchtungsstärke darf nicht durch die Mikroskopblenden oder die Lampenspannung erfolgen. Während die Blenden die mikroskopische Bildwiedergabe beeinflussen, wird mit der Lampenspannung gleichzeitig die spektrale Zusammensetzung des zur Beleuchtung verwendeten Lichtes beeinflusst.

Blenden: Öffnungen in optischen Systemen, welche in ihrer Größe verändert werden können. In der Mikroskopie kommen vorzugsweise Irisblenden zum Einsatz. Blenden haben die Aufgabe, in das abbildende Strahlenbündel einzugreifen, wie z. B. die *Aperturblende,* oder das Streulicht abzuschirmen, wie z. B. die *Leuchtfeldblende*.

Dispersion: Abhängigkeit optischer Daten wie z. B. der Brechzahl, der Doppelbrechung, des optischen Achsenwinkels und der Auslöschungsverhältnisse von der Wellenlänge des verwendeten Lichtes und der Temperatur während der Untersuchung.

Doppelbrechung: Eigenschaft optisch anisotroper Materialien, ein eingestrahltes Licht in zwei senkrecht zueinander polarisierte Lichtstrahlen aufzuspalten. Die Erscheinung kann gut an Kalkspatkristallen beobachtet werden.

Dunkelfeldbeleuchtung (Hellfeldbeleuchtung): Der Bildaufbau im Mikroskop erfolgt durch das gebeugte und gestreute Licht. Dabei erfolgt die Beleuchtung unter einem so schiefen Winkel, dass nur die Beugungsmaxima höherer Ordnung in das Objektiv gelangen. Das Hauptmaximum nullter Ordnung gelangt nicht ins Objektiv.

Dunkelstellung (Hellstellung): Lagebeziehung der Schwingungsrichtungen der gekreuzten Polare im Mikroskop zu den Hauptachsen der Probenindikatrix. Liegen die Polarisatorschwingungsrichtungen und die Hauptachsen der Probenindikatrix parallel, so ist das Mikroskopsehfeld im monochromatischen Licht dunkel. Es liegt die Dunkelstellung vor.

Fokussierung: Scharfstellen der Probe im Mikroskop. Wenn das Mikroskop optimal aufgebaut ist, liegt der Fokussierungspunkt für die Proben 1 mm über der Mikroskoptischfläche. Wird die Probe „scharf gestellt" (fokussiert), so wird das Sehfeld in der Nähe dieses Punktes immer heller bis schließlich das Bild der Probe erscheint.

Förderliche Vergrößerung (Vergrößerung): Mikroskopvergrößerung $V_{\text{Förderlich}}$, an deren oberer Grenze die Objektstrukturen vom *Objektiv* gerade noch aufgelöst werden. Nach der ABBE'schen Regel kann der Bereich der förderlichen Vergrößerung leicht aus dem auf dem Objektiv aufgravierten Wert, der numerischen *Apertur* nA, bestimmt werden. Die förderliche Vergrößerung ergibt sich zu: $500 \times nA < V_{\text{Förderlich}} < 1000\ nA$. Wird der Bereich der förderlichen Vergrößerung überschritten, so ergeben sich „leere Vergrößerungen", d. h. ein kleineres Objektfeld wird weiter vergrößert, wobei die Auflösung nicht gesteigert wird.

Gangunterschied: Als Gangunterschied wird die Differenz der optischen Weglängen zweier Lichtwellenlängen bezeichnet. Die Wellenzüge können sich durch Interferenz verstärken oder auslöschen.

Halbwertsbreite: Die Halbwertsbreite ist ein Maß für die spektrale Breite von Spektrallinien. Die Halbwertsbreite ist als Abstand der Frequenz definiert, bei dem die Intensität auf die Hälfte des Linienmaximums abgesunken ist. Damit wird z. B. die spektrale Durchlässigkeit von Filtern definiert. Normale Glasfilter besitzen eine sehr große Halbwertsbreite und damit eine hohe Lichtdurchlässigkeit. Die in der Mikroskopie zu Messzwecken verwendeten Spezialinterferenzfilter haben eine geringe Halbwertsbreite von wenigen nm und haben damit eine sehr geringe Lichtdurchlässigkeit.

Hellfeldbeleuchtung (Dunkelfeldbeleuchtung): Der Bildaufbau im Mikroskop erfolgt durch das direkte Licht. Dabei erfolgt die Beleuchtung senkrecht zur Schnittlage der Probe. Das Hauptmaximum nullter Ordnung und einige höhere Ordnungen gelangen ins Objektiv.

Hellstellung (Dunkelstellung): Lagebeziehung der Schwingungsrichtungen der gekreuzten Polare im Mikroskop zu den Hauptachsen der Probenindikatrix. Liegen die Polarisatorschwingungsrichtungen und die Hauptachsen der Probenindikatrix um 45° verdreht vor, so ist das Mikroskopsehfeld im monochromatischen Licht hell. Es liegt die Hellstellung vor. Polarisationsoptische Messungen werden vorwiegend in dieser Stellung durchgeführt.

Illuminator: Beleuchtungseinrichtung im Auflichtstrahlengang. Wesentliche Baugruppen des Illuminators sind die Apertur- und Leuchtfeldblende. Die Einrichtung für Dunkelfeld sowie die Durchbrüche zur Aufnahme von Polarisatoren und Filtern.

Immersionsmittel: Einbettmedien für die Durchlichtmikroskopie. Die Flüssigkeiten dürfen nicht mit der Probe reagieren oder diese beeinflussen. Durch das Immersionsmittel werden Reflexionen an den Übergängen Glas - Luft - Probe - Luft - Glas vermindert und störende Totalreflexionsränder an den Proben vermieden. Durch die Wahl des Immersionsmediums kann der Probenkontrast beeinflusst werden. Hohe Brechzahlunterschiede bewirken hohen Kontrast und umgekehrt.

Immersionsobjektiv: Zwischen die Frontlinse des Objektivs, die eingebettete Probe und die Kondensorfrontlinse wird ein Immersionsöl mit der Brechzahl 1.515 gegeben. Damit hat es eine ähnliche Brechzahl wie die Linsensysteme und erhöht einerseits die Numerische Apertur bis zum Wert 1,4 und andererseits werden die Bildkontraste verbessert.

Indikatrix: Das Brechzahlellipsoid oder die Indikatrix beschreibt die räumliche Verteilung der Brechzahlen in Materialien. Werden die Endpunkte der Brechzahlvektoren eines isotropen Materials verbunden, so ergibt sich eine Kugeloberfläche. Werden bestimmte Raumrichtungen bevorzugt, ist das Material optisch anisotrop und es ergeben sich Ellipsoide mit zwei oder drei Hauptachsen. In diesen Fällen liegen optisch ein- oder optisch zweiachsige Indikatrizen vor. Kubische Kristalle sind aufgrund ihrer hohen Symmetrie optisch isotrop, trigonale, tetragonale und hexagonale Kristalle sind optisch einachsig. Die triklinen, monoklinen und rhombischen Kristalle sind optisch zweiachsig.

Interferenz: Überlagerung von Wellen ausreichender Kohärenz. Dabei entsteht durch Interferenz bei einem *Gangunterschied* von einem ganzen vielfachen der betreffenden Wellenlänge ein Maximum, bei einem Vielfachen der halben Wellenlänge ein Minimum.

Isochromate: Linie gleicher Farbe und damit gleicher Phasendifferenz z. B. in polarisationsoptischen Bildern. Die Farben sind ein Maß für den in der Probe an genau dieser Stelle auftretenden optischen *Gangunterschied*. Durch die Interferenz werden aus dem *weißen Licht* bestimmte Wellenlängen ausgelöscht, das Licht erscheint farbig.

Isogyre: Schwarze Linien in den optischen Achsenbildern. Die Isogyren stellen wie die Isoklinen Bereiche gleicher räumlicher Schwingungsrichtung der anisotropen Strukturen in Bezug auf die Polare in polarisationsoptischen Achseninterferenzbildern dar. Die Isogyren sind zwischen gekreuzten Polaren im Achseninterferenzbild immer schwarz.

Isokline: Linie gleicher Schwärzung und damit gleicher Schwingungsrichtung der anisotropen Strukturen in Bezug auf die Polare in polarisationsoptischen Bildern. Isoklinen sind zwischen gekreuzten Polaren immer schwarz.

Isotrop, s. Anisotrop

Köhlersche-Beleuchtung: Beleuchtungsanordnung in der Mikroskopie, bei welcher Kontrast und Auflösung auf der einen Seite und die Größe des beleuchteten Feldes auf der anderen Seite getrennt eingestellt werden können. Das Bild der Lichtquelle wird zur Beleuchtung genutzt.

Kompensator: Ein Kompensator ist ein optisches Bauelement, welches den Gangunterschied der anisotropen Probe ausgleichen bzw. aufheben kann.

Kondensor: Optische Beleuchtungseinrichtungen, welche eine gleichmäßige Ausleuchtung des Bildfeldes bewirken. Dabei wird sichergestellt, dass bei Bedarf eine möglichst hohe *Leuchtdichte* erreichbar ist.

Kondensorblende, s. Aperturblende

Konoskopischer Strahlengang (orthoskopischer Strahlengang): Bei der konoskopischen oder indirekten Untersuchung anisotroper Strukturen werden die in der bildseitigen Mikroskopobjektivbrennebene entstehenden Interferenzfiguren durch eine AMICI-BERTRAND-Linse in die Zwischenbildebene abgebildet. Das Bild zeigt keine objektähnlichen Strukturen. Das abgebildete Interferenzbild gibt Auskunft über die räumliche Richtungsabhängigkeit der Doppelbrechung in dem vom Lichtkegel durchstrahlten Präparat.

Kontrast: Der Kontrast ist das Verhältnis der Leuchtdichten von aneinandergrenzenden Bereichen. Zur Bestimmung werden die Schwärzungen bestimmt und daraus der Kontrast als Differenz von maximaler und minimaler Schwärzung geteilt durch das Produkt von maximaler und minimaler Schwärzung errechnet. In der Fotografie wird der Kontrast in einer Gradationskurve dargestellt.

Kritische Beleuchtung: Beleuchtungsanordnung in der Mikroskopie, bei welcher die Lichtquelle direkt zur Beleuchtung genutzt wird.

Leuchtdichte: Die Leuchtdichte ist ein Maß für die Flächenhelligkeit einer strahlenden Fläche. Aufgrund von Leuchtdichteschwankungen wird stets eine mittlere Leuchtdichte angegeben.

Leuchtfeldblende: Irisblende im Beleuchtungsstrahlengang, welche die beleuchtete Fläche in der Probe beeinflusst. Bei einer Mikroskopeinstellung nach der *Köhlerschen-Beleuchtung* sollte der im Bildfeld sichtbare Rand der Leuchtfeldblende durch Öffnen der Blende gerade aus dem Bildfeld verschwinden.

Maßstabsgröße: Die Maßstabsgröße stellt das Verhältnis einer Größe im Bildraum zu der entsprechenden Struktur im Objektraum dar.

Metallinterferenzfilter (Spezialinterferenzfilter): Spezialfilter für die Herstellung monochromatischen Lichtes mit sehr eng begrenzter Wellenlänge.

Monochromator: Optische Einrichtungen, welche Licht einer bestimmten Wellenlänge zur Mikroskopbeleuchtung bereitstellen. Die geringsten Halbwertsbreiten bei relativ guten Transmissionen, bieten Metallinterfrequenzfilter: Spezialinterferenzfilter (SIF) für die Herstellung monochromatischen Lichtes mit sehr begrenzter Wellenlänge.

Objektiv: Objektive sind optische Systeme, welche die Beugungsmaxima des die Probe durchsetzenden oder von der Probe reflektierten Lichtes erfassen. Damit bestimmen sie die optische Auflösung. Alle für einen optimalen Gebrauch der Objektive benötigten Werte sind aufgraviert. Objektive sind gegenüber mechanischen, chemischen und thermischen Beanspruchungen unbedingt zu schützen. Eine Objektivfrontlinse darf nur mit Toluol und den dafür vorgesehenen Optiktüchern gereinigt werden.

Ondulöse Auslöschung (Auslöschung): Verhalten von anisotropen Materialien zwischen gekreuzten Polarisatoren. Liegen die Hauptachsen der Probenindikatrix parallel zu den Polarisatorschwingungsrichtungen, so tritt Auslöschung auf. Liegen die Strukturelemente, welche die Anisotropie bestimmen, makroskopisch in größeren Bereichen ungerichtet auf, kommt es zur fleckigen oder ondulösen Auslöschung.

Okular: Okulare sind optische Systeme, welche das mikroskopische Zwischenbild nachvergrößern und ausschließlich der visuellen Betrachtung des mikroskopischen Bildes dienen. Okulare erzeugen das Bild im Unendlichen.

Opak (transparent, transluzent): Die Materialien sind auch in geringen Dicken undurchsichtig. Der Transmissionsgrad ist im sichtbaren Licht Null. Typische opake Materialien sind alle Metalle.

Orthoskopischer Strahlengang (konoskopischer Strahlengang): Bei der orthoskopischen oder direkten Untersuchung anisotroper Strukturen werden die Strukturen des Präparates im Polarisationsmikroskop vergrößert und möglichst objektähnlich dargestellt. Es entsteht ein subjektiv oder objektiv auswertbares mikroskopisches Bild.

Polarisator, s. Analysator

Projektiv (Okular): Projektive sind optische Systeme, welche das mikroskopische Zwischenbild nachvergrößern und ausschließlich zur Projektion des mikroskopischen Bildes in die Bildebene einer Kamera dienen. Projektive erzeugen das Bild im Endlichen und sind für eine visuelle Betrachtung ungeeignet.

Schärfentiefe: Bereich eines Objektes, welches in der *Z-Ebene* vor und hinter dem exakten Fokussierungspunkt gerade noch scharf abgebildet wird. Die Schärfentiefe kann durch Schließen der *Aperturblende* vergrößert werden. Dabei sinkt gleichzeitig die *optische Auflösung* und der Kontrast nimmt zu.

Schnittlage: Präparatebene senkrecht zur optischen Achse des Mikroskops. Die Schnittlage muss immer so gewählt werden, dass die interessierenden Probendetails gut sichtbar sind.

Spezialinterferenzfilter, s. Metallinterferenzfilter

Transluzent: Transluzente Materialien sind in größeren Dicken lediglich durchscheinend. In den typischen Dicken der Dünnschnitte sind diese Materialien leicht durchstrahlbar. Der Transmissionsgrad liegt weit unterhalb von eins.

Transmission besitzen die Spezialinterferenzfilter SIF.

Transmissionsgrad: Der Transmissionsgrad beschreibt das Verhältnis des von der Probe hindurchgelassenen und des eingestrahlten Lichtstromes. In die Transmission gehen die Absorption und die Oberflächenreflexion ein.

Transparent: Transparente Materialien sind auch in größeren Dicken durchsichtig. Die Materialien besitzen einen *Transmissionsgrad* nahe eins.

Trockensystem: Objektive, bei welchen sich zwischen Probe und Objektivfrontlinse Luft befindet. Die Aperturen dieser Systeme können nicht über den Wert 1 kommen.

Vergrößerung: Die Vergrößerung wird im Mikroskop durch Multiplikation der Objektiv- und der Okularvergrößerung erreicht. Wenn der Wert des auf dem Mikroskopkörper aufgravierten Tubusfaktors von 1 abweicht, muss die errechnete Vergrößerung mit diesem Wert multipliziert werden. Bei der Vergrößerungsfestlegung muss immer die *förderliche Vergrößerung* berücksichtigt werden.

Verformungsschicht (Beilby-Schicht): Die Verformungsschicht entsteht bei der Bearbeitung von Materialoberflächen. Dabei werden die Gefügestrukturen zerstört und bei Metallen eine messbare Härtesteigerung der Oberfläche hervorgerufen. Die Schicht kann durch chemisches Ätzen bei Metallen weitgehend beseitigt werden. Bei Kunststoffanschliffen ist das nur sehr bedingt möglich, hexagonale Kristalle sind *optisch einachsig*. Die triklinen, monoklinen und rhombischen Kristalle sind *optisch zweiachsig*.

Z-Richtung: Als Z-Richtung wird in der Mikroskopie immer die Richtung der optischen Achse des Mikroskops bezeichnet. Diese fällt in den meisten Fällen mit der Probendicke zusammen. Auf dem Feintrieb des Mikroskops befindet sich eine Skala, mit welcher die Höhe von Probenstrukturen überschlägig bestimmt werden kann. Bei Messungen im Durchlicht muss die Brechzahl des Materials berücksichtigt werden.

Aus: Kern, Martin; Trempler, Jörg: Beobachtende und messende Mikroskopie in der Materialkunde, Brünne-Verlag, Berlin 2007

Index

H

I

K

L

M

R

S

T

U

V

W

X

Z